普通高等教育系列教材

工程文化

第2版

张　波　等编著

机械工业出版社

工程文化是一门综合性很强的边缘课程，工科类高等院校开设的这门课属于拓展性人文课程。它涉及文化学、工程学、建筑学、历史学、文学、哲学、人类学、心理学、经济学、制造学、环境学、法学等多个学科；跨越政治、经济、文化、科技等多个领域；交融生产、流通、消费等多个环节。"工程"与"文化"本来是两个很大的领域，长期以来，人们多是对"工程""文化"分别加以研究，成为两条道上跑的车。而工程文化是客观存在的普遍深刻的社会现象，有必要把它们作为一个整体来学习研究，"文化"是基础，"工程"是平台，而在这个"平台"上，不同的产业现象又不断演绎着文化的发展与变迁。本书是从运用的角度谈理论，目的是培养学生正确分析问题、准确判断问题和有效解决问题的能力。

图书在版编目（CIP）数据

工程文化／张波等编著. —2版. —北京：机械工业出版社，2017.6（2025.3重印）
普通高等教育系列教材
ISBN 978-7-111-59430-7

Ⅰ.①工… Ⅱ.①张… Ⅲ.①文化-关系-工程技术-高等职业教育-教材 Ⅳ.①TB-05

中国版本图书馆CIP数据核字（2018）第051336号

机械工业出版社（北京市百万庄大街22号 邮政编码100037）
策划编辑：王玉鑫 责任编辑：王玉鑫
责任校对：张 力 封面设计：张 静
责任印制：郜 敏
北京富资园科技发展有限公司印刷

2025年3月第2版第6次印刷
184mm×260mm · 14.25印张 · 289千字
标准书号：ISBN 978-7-111-59430-7
定价：38.00元

电话服务
客服电话：010-88361066
010-88379833
010-68326294

网络服务
机 工 官 网：www.cmpbook.com
机 工 官 博：weibo.com/cmp1952
金 书 网：www.golden-book.com
机工教育服务网：www.cmpedu.com

会当凌绝顶

——代序

在听了张波同志介绍本书的创意和编写过程后，我读完书稿，感到颇有新意，就像科学与艺术的结合可能会相得益彰、创造出精彩绝伦的产品一样，工程与文化的互补和渗透，必将使本课程令人耳目一新，碰撞出新的火花。

这使我想起了杜甫“会当凌绝顶，一览众山小”的佳句。

这本书主要是为工科类专业的大学生而写。在我多年从事技术教育和工程技术工作的岁月中，也尝到了工程与文化艺术紧密结合的甜头。

许多在科学技术领域里卓建功勋者，往往也是文化艺术修养的佼佼者，反之亦然。

——如果马克思、恩格斯没有对科学技术的深入了解，也难以结合自然辩证法创立出他们的唯物辩证法成为一代伟人。

——如果爱因斯坦没有对音乐的深刻领悟，恐怕也难以创造出相对论。

——两院院士杨叔子是机械工程技术的权威科学家，他却对中国传统文化有着深刻的理解和研究。

——工程院院士张尧学既是计算机科学技术的专家，还是作家协会的会员……

其实，从事研究和工程技术的专家如此，对高技能人才也不例外。

2006 年 9 月，我有幸在人民大会堂结识了一批全国技术能手，其中有“中国十大高技能人才楷模”之一的高凤林。他是在“神五”“神六”焊接工作中做出突出贡献的特级熔焊技师。2007 年 11 月的一天，我到北京专程约高凤林交流切磋业务。我们又一次彻夜长谈，当他在打开计算机给我介绍他的一项技术成果时，我分明看见——他的 PPT 的每一页左上角都飘扬着五星红旗。

跃然于外的文化的物质表象——一个 PPT 模板设计，反映出的却是高凤林忠诚于祖国与人民的精神内核。我一直认为，爱国主义精神应该是体现人文精神的最高境界！

2009 年初，我与高凤林交流传统文化对育人的作用时，他说：“我正在组织我的班组学习《论语》。”我问他那是为什么，他回答：“半部《论语》能治天下，我用其皮毛总可以治班组吧”。

进而我们又从儒家谈到道家。

我问：“道家认为‘道生一，一生二，二生三，三生万物’，在您的班组管理中如何应用?”

他回答：“我们的‘道’就是为中国航天事业的发展做出自己的贡献，由此制订出班组的奋斗目标，这是‘生一’；为实现这个目标制订出大家的具体任务和管理程序与制度，这是‘生二’；为完成这些任务，大家努力去创造性地工作，这是‘生三’；当大家都在创造性地工作了，就必能攻克许多技术难关，取得更多的成果，此为‘生万物’……”

从高凤林对传统文化层面的运用中，展示出了他深厚的文化底蕴。

多年来，我一直在思考和研究高凤林们成长的历程和内因。

结论：他们是工程人，更是文化人。

一个有强烈爱国主义精神、社会责任感和深厚文化底蕴的人，才能做到不求名利、勇往直前，才能成为一个正真高尚的人、有远大理想和人格魅力的人，才能站得高看得远，才能在自己所从事的专业领域实现无人能及的卓越成就。

本书体现了工程技术与文化的相互融合、互补、促进，让读者明白它们之间的辩证关系，从而在从事工程技术工作时，有意识地去思考怎么从文化的角度来提升技术、改良技术、促进技术的进步和发展，并在工程技术工作中体现人文关怀。

学习本书，不仅有助于我们成为合格的工程人，更有助于我们成为文化人。

会当凌绝顶，一览众山小。

杨跃

第 2 版 前 言

随着经济全球化与我国市场经济的不断发展，工程文化日益繁荣，工程活动与文化的结合日趋紧密，二者相互联系，相互促进，共同发展，呈现出工程文化化与文化工程化的发展趋势。为适应这种发展的需要，提高学生的职业素养，期望学生通过本课程的学习，能够从深入浅出的理论讲解与对经典案例的透辟分析中理解工程文化的精髓，把握工程文化的规律和特征，树立工程文化的理念，在未来从事工程活动的过程中，能自觉将所学到的人文精神融入，并不断发现、不断创新。

开设“工程文化”课程的目的是培养学生工程文化化的素养，使其了解、认识国内外工程文化现状，传承和发扬优秀的工程文化传统。把握工程文化的规律，树立工程文化的理念，在工程活动中，自觉将所学的科学知识与人文精神融入，不断发现和创新，从文化层次上解决工程建设与社会需求、工程服务与工程竞争的矛盾，从而提高整个社会的工程建设水平。

2009 年，本书第 1 版出版前，国内尚无可供用于开设本课程的教材或专著，当时为解决此教学需要，由十多位具有“双师型”资格的文化、经济学者与技术专家共同编写而成。

本书既可作为个人提高工程文化知识的普及读物，也适合各类院校尤其是工科院校作为教材使用；它既可以作为工程文化的理论基础课程，也可以单独设课。就前者而言，书中的每一章节，都可以扩充成为一部专著；就后者而言，它可以作为文化学的一个分支，独立设置课程进行教学。

本书在张波主持下，由蒋祖国、张文玲、杨凯、李汝顶、张戈、廖善维、梅敬、沈民权、张恩俊、冯美香、邓兰、姜娟娟、邹毓文、邹平、邹翔、籍广艳、朱小兵等文化、经济学者与陈洪涛、赖诚、徐鸿等技术专家共同编写而成。

张戈在本书编写过程中，一直担任张波的助手；四川工程职业技术学院杨海涛在本书统稿时也参与了部分工作。

焊接工艺专家、教授级工程师杨跃对本书的编写提出了很多宝贵意见并撰写了“会当凌绝顶——代序”，同时为本书的封面题写了书名。

由于本书为首部将工程与文化融合起来讲解的著作，疏漏之处在所难免，还望读者不吝赐教。

编　者

目　录

下　篇

绪　论

作家梁晓声用四句话解释“文化”：植根于内心的修养；无须提醒的自觉；以约束为前提的自由；为别人着想的善良。你认为这可以作为对“文化”概念的解释吗？为什么？

有人说：工程就是需要耗费巨大人力、物力、财力而做的事情的总称，如“面子、豆腐渣”工程，这样对工程的理解对吗？为什么？

还有人说：工程就是文化。这样的理解正确吗？为什么？

正是带着诸多问题，我们开始了对工程文化探索的历程。

一、文化与工程文化

文化是指人类在历史过程中所创造的物质财富与精神财富的总和。

1945 年 11 月 16 日，联合国为“促进与保护全人类文化的多样性与发展”，创建了教育、科学及文化组织。其首要任务：“通过教育、科学、文化与传播，于人之思想中建设和平。”

“文化”是一个有机的整体，它通过自身的新陈代谢和时代的变迁在不断地演变进化着。我们将其分为三个层次来理解：核心价值层——个性中间层——物质表象层。核心价值层中的价值观是文化中最核心的部分，是文化的基石，不同文化对世界和自然有着不同的理解和看法，形成不同的好、坏、美、丑的标准，价值观影响人的思维方式和行为规范；个性中间层是文化中最独特与富有魅力的平台，世界各国、各民族的文化永远没有一模一样的，就如同自然界中没有两片完全相同的树叶一样，文化无高无低、无贵无贱，但由其差异性与多样性，构成了文化生态环境即文化的中间平台层；文化的物质表象层，我们是能够一目了然的，如衣着服饰、机械电子产品外形与功能、建筑物的外在构成与布局、人们交流沟通使用的语言、礼仪等等。

二、中国人的文化核心价值

（一）国学文化

1、国学文化是指以儒学为主体的中华传统文化与学术。国学包括了医学、戏剧、书画、星相、数术等。

2、分类

（1）按学科分为哲学、史学、宗教学、文学、礼俗学、考据学、伦理学、版本学等，其中以儒家哲学为主流。

（2）按思想分为先秦诸子、儒道释三家等，儒家贯穿并主导中国思想史，其他列从属地位。

（3）按《四库全书》分为经、史、子、集四部，但以经、子部为重，尤倾向于经部。

（二）国学的主体思想

从世界观与方法论两方面去把握

1、儒家——孔孟之道

世界观：仁、法先王。

方法论：中庸、入世。

2、道家——老庄哲学

世界观：道（老子的《道德经》与庄子的《逍遥游》）。

方法论：无为、退让、出世。

3、墨家——墨子

世界观：非命、尚力、七患。七患包括：轻视国防而重宫室；不睦邻国；滥用民力；君主专断；臣下不忠；赏罚不明；国库空虚。

方法论：兼爱、非攻、节用。

4、法家——荀子、韩非子

世界观：法后王、霸道。

方法论：用法、术、势建功立业。

5、理学——儒释道合一

世界观：仁义道德。

方法论：存天理，灭人欲。

……

（三）中国人的核心价值观及五大发展理念

目前，全体中国人所倡导与践行的社会主义核心价值观和“五大发展理念”，实际就是源于历史与现实而来的“中国梦”里，我们从国家、社会、个人三个层面追求的文化核心价值：“富强、民主、文明、和谐；自由、平等、公正、法治；爱国、敬业、诚信、友善。”五大发展理念：“创新、协调、绿色、开放、共享。”

三、工程与工程文化

工程的概念分为狭义与广义。狭义的工程一是指将自然科学的原理和生产实践中所积累的经验应用到工农业生产部门而形成的各学科的统称，如农业、机械、电力、电子、信息、冶金、土木、汽车等；二是指具体的建设项目，如南水北调工程等彰显“硬实力”的集合。广义的工程泛指某项需要投入巨大人力、财力并用较大而复杂的设备来进行的工作，如环境工程、城市改扩建工程、城乡一体化工程、菜篮子工程、公益事业工程（希望工程、光明工程等）、思想政治建设工程（“五个一工程”）、文体工程等涵盖软硬实力的大集合。本书所说的工程广狭兼具。本书上篇主要探讨广义的工程文化，如环境、能源、交通、管理、设计工程等；本书下篇主要探讨狭义的工程文化，如农业、机械、建筑、汽车、企业、商务、旅游、会展等。

工程文化是文化的表现形式，是“工程”与“文化”的融合。广义的工程文化是人类为社会的进步和发展在设计、生产、经营和消费活动中形成的物质和精神成果的总和。狭义的工程文化是指实际工程活动发生过程中所涉及的文化现象，即在工程领域里，各个环节工程活动中所发生、反映、传播的具有工程特色的文化现象，它是人类在工程活动中产生的物质成果、精神成果的总和。

工程文化是人类社会工程实践的产物，脱离了具体的物质与精神工程运作环境，其文化功能就无从谈起。随着市场经济的发展，工程产品正在由先有订单再生产的阶段（质量——推销——市场营销）向期望工程阶段（包括社会资源、环境保护、市场需求）过渡。一方面，随着生产、生活水平日益提高，人们的设计、生产与消费观念发生了巨大变化，如生产者在使用机器时，要求不断解放劳动力，于是设计者让传统的机器制造与现代信息技术结合，便出现了数控编程、数控加工、数控维修等新技术与新产品，劳动者在劳动过程中，体会到了劳动与创造就是快乐；再如消费者在选择产品时，不仅要满足物质需要，往往还寄托了精神需求，要从优质的工程设计与商务工程文化中得到某种精神的满足。另一方面，人们的价值观又常常受文化的影响和制约，工程文化对人们价值观的影响是直接而迅速的。优质产品的生产和优质的服务工程往往在满足人的生存需要与人的精神享受需要的同时，又是对人的文化熏陶。因此，工程文化源于人类对物质和精神产品使用和消费的需求，工程活动具有文化创造和文化传播的性质，而这种文化的属性，是有价值的，它可以提高产品和劳务的附加值。随着市场经济的不断发展，工程文化日益繁荣，绚丽多彩；工程活动与文化活动的结合日趋紧密，二者相互联系，相互促进，共同发展，呈现出工程文化化与文化工程化的趋势。

我们研究工程文化，主要就是通过分析文化的物质表象层即看得见的工程文化现象，找到各种工程文化的个性特色即个性中间层，从而把握工程文化形成、发展的客观规律即核心价值层。从工程的角度看到文化的存在，从文化的角度完善工程的运作，认识工程文化的功能，从而自觉地运用这些规律更好地为工程设计、生产、建设、销售等服务。

四、高校开设本课程的目的与意义

伴随高等教育大众化，我国形成了研究型、技术应用型、开放型大学教育并存的多元格局。技术应用型大学是以就业为导向的新型高等教育机构，是培养生产、技术、服务、管理第一线的高素质劳动者的摇篮，这种高素质不仅表现在生产、技术、服务、管理的实际技能上，还表现在如何提高生产、技术、服务、管理的人文素质上，视野决定高度，“工程文化”这门拓展性人文课程便应运而生。

上大学必须学会三件事：做人；思考；掌握必要的专业技能。大学生的成长，学习是基础，思考是关键，实践是根本，就业创业是目的。做人与做事本不可能截然分割，人文若与技术割裂将导致一事无成。而人文与技术的交融只有通过实践才能实现。联合国教科文组织提出的四大教育支柱，即学会做人、做事、生存、与人合作共事，而这四大支柱归结起来，也就是最终要使学生具有不断创新发展的人文精神，以期在今后的工作岗位上实现“突破性的创新”。

我国早就是制造业大国了，但我国迫切需要成为制造业强国即创造性大国，工科类高等教育须注重设置诸如“工程文化”等科技与人文类交融的通识课程，以达到我国政府在1994年公布的《中国二十一世纪议程》里提出的“将可持续发展思想贯穿到从初等到高等的整个教育过程中”的要求。

因此，我们开设“工程文化”课程、编著本书的目的是培养学生工程文化的素质，使其了解、认识国内外工程文化现状，传承和发扬优秀的工程文化传统，把握工程文化的规律，树立工程文化的理念，在工程活动中，自觉将所学到的科学与人文精神融入进去，不断发现和创新，从文化层次上解决工程建设与社会需求、工程服务与工程竞争的矛盾，从而提高整个社会的工程建设水平。

五、本课程学习的主要内容

将工程和文化融合起来进行系统的学习与研究是一项开创性的工作。如果从大工程、大文化角度讲，一切需要投入人力、物力、财力的活动都叫工程，人类一切物质文明和精神文明的总和就是文化，因此，我们目前与将来都很难穷尽工程文化全部。所以我们在教学与研究工作中，实际是缩小了“工程”与“文化”的外延的。

由于工程文化的种类繁多，我们在编写时没有求大求全，而是依据各院校培养人才规格与目前所开设专业的需要设置章节的，本书按工程的广、狭义，将所包括的主要内容分上下篇讲解。各院校在使用本书时，可根据实际需要，对全书十二章做增删移留换。

六、本书特色

（一）编著者的构成

由于工程文化主要跨越了人文科学与技术科学两大领域，我们在遴选编著者组成本书编著团队时注意了以下几点：

1、双师型。本书的编著者均具有高校教师系列的专业技术职称，同时还具备技术类、经济类等系列的专业技术职称。这样，就保证了本书编著中的工程与文化不脱节。

2、多层型。本书编著者不仅有来自本科、专科院校具有硕士、博士学位的“精英教师”，又有当下在企事业单位服务的高素质的“实战专家”。这样就保证了本书的理论性与实践性。

3、合作型。本书技术类含量较高的章节，均是由一位文化、经济学者与技术专家共同编著，这就既保证了技术上的专业性又捍卫了文化上的准确性。

（二）编著的一致性。

为保证全书的一致性，我们在编著过程中充分注意以下几点：

1、每章在内容上都包括基本知识、基本理论的阐释；用于表现基本知识、基本理论的典型案例；用于深化基本知识、基本理论的分析和讨论案例（材料、资料）。

2、每章第三节均列举中外各一个案例，并对每个案例做了明确分析。

3、每章都融入了编著者对该种文化研究的成果。因为这些成果能够帮助读者把握工程文化的性质、特色，能够体现高等教育的特点，从而体现出了本书的创新性。

（三）内容

本书力图从工程活动中的工程文化客观的形成、体现、作用及发展分析着手，找出带规律性的内容，从工程的角度谈文化的存在形式，从文化的角度谈工程的发展。

（四）体例

在编写体例上以章节各自独立成块，全书贯穿的主线是工程与文化日趋紧密的关系及二者之间的相互影响对我国经济建设乃至社会发展的作用。各节按照：应知应会的知识（必要的概念、必要的理论、必要的阐释）——经典案例的选用（所选案例尽量做到典型、恰当，多角度、多层面，不重复）——案例分析（对案例进行精辟的分析，即由点到面、由表及里的分析，揭示工程文化的内在发展规律。案例分析中所涉及的相关知识，以“小贴士”的形式简单介绍）。具体讲解流程：知识要点（概念与一般理论、简要阐释，以解决“是什么”与“为什么”）——案例（展示“怎么做”）——案例分析（分析“这样做的好处”）——能力训练（我们“怎么做”）。

（五）语言与“新形态”阅读内容

通俗晓畅，生动活泼；表达深入浅出；文面图文并茂；同时，本书还提供了部分“新形态”阅读内容，读者用手机扫描二维码即可阅读。

七、本书的使用建议

（一）掌握重要术语，打下扎实基础。

本书的学习者首先必须掌握书中的三个术语：

1、工程　一是指将自然科学的原理和生产实践中所积累的经验应用到工业生产部门而形成的各学科的统称，如冶金工程等；二指具体的建筑项目，如南水北调工程等；三是泛指某项需要投入巨大人力、财力的工作，如希望工程、菜篮子工程等。

2、文化　是指人类在历史过程中所创造的物质财富与精神财富的总和，也特指精神财富，如教育、科学、文艺等。

3、工程文化　是文化的一种表现形式，是在工程建设活动中所形成、反映、传播的文化现象。

（二）注意学习的角度：“工程文化”是一门边缘课程，综合性很强。

一方面，工程领域的范围很广，几乎涵盖了第一、二、三产业。另一方面，文化的内涵精深、外延博大。文化又是一个整体，其核心层是精神、观念的东西；其外在表现为物质层面的东西；而观念、精神转换为物质的要素的组合方式是其中间层。观念、精神的东西理论性很强，不是我们研究的重点；物质表现形式不可数，无法一一罗列；我们重点研究的是文化的中间层，也是最能体现工程文化特色的层面，即文化的精神是通过什么方式、或者说是通过什么样的人采用怎样的行为方式体现出来的。

（三）把握学习的重点：我们学习××工程文化，要注意掌握“××”“工程”“文化”三者间的关系，首先它们是一个统一体，其次要注意“文化”是基础，“工程”是建立在基础上的平台，而“××”是在平台上展现出的丰富多彩并不断发展变化的文化现象。

我们把每种工程文化分解为四节进行讲解：第一节是该种文化的概念及特征，主要从核心价值层进行讲解；第二节是该种文化的中西方比较，是在比较中阐释其个性中间层，本书所提的“西方”是经济地理概念，指发达国家；第三节是典型案例分析，目的是从典型个案中展现该种文化的物质表象层；第四节是思考与实作，这就是体现高等职业教育的特点，要做到知行统一，并落实到具体怎么做。

（四）不断学习，做复合型“通才”。

“工程文化”虽然在实际工作中早已存在，但作为一个专门的学习内容，被我们提出并开课的时间较短。“工程文化”表面上是“工程学”与“文化经济学”的融合，实际上却是技术科学与人文科学的一种交融。

（五）掌握理论，付诸行动。

对各种工程文化要从理论上了解“为什么”，知道“是什么”，落脚点是专门练习为营造某种工程文化该“怎么做”。由于本书的编写体例采用的是以工程活动流程为主线来建构各种文化内容的，直接以工程活动过程中自身形成、发展、传承的文化现象为学习研究对象，反映工程文化的发展规律，我们应该把教学重点落实在工程文化建设实务，即每章第四节上。

总之，工程活动的可操作性，决定了工程文化是一门实用性极强的课程；文化经济的多姿多彩，又决定了工程文化是一门生动有趣的课程。

同学们，愿你通过对工程文化的学习，感受到今后的工作不仅是一种需要，更是充满文化创意的、品味美好的过程。

阅读与思考：

1、谈谈你对文化与工程文化概念的理解。

2、工科院校大学生学习工程文化课程有什么实际的意义？

学后感言：

上 篇

■ 从孔夫子到孙中山，我们应当给以总结，承继这一份珍贵的遗产。

——毛泽东

■ 有如语言之于批评家，望远镜之于天文学家，文化就是指一切给精神以力量的东西。

——爱默生

第一章　环境工程文化

文化的产生与发展都离不开环境，环境包括自然环境与社会环境，前者是文化的物质存在前提，后者实际就是文化本身。本章所探讨的是前者与后者的联系、变化与发展。

第一节　环境工程文化的概念与特征

一、环境工程文化的概念

（一）环境与环境工程

环境是指周围所在的条件。对不同的对象和科学学科来说，环境的内容也不同。不同的科学类别，对环境都有自己的不同定义：

对生物学来说，环境是指生物生活周围的气候、生态系统、周围群体和其他种群。

对文学、历史和社会科学来说，环境是指具体的人生活周围的情况和条件。

对建筑学来说，环境是指室内条件和建筑物周围的景观条件。

对企业和管理学来说，环境是指社会和心理的条件，如工作环境等。

对热力学来说，环境是指向所研究的系统提供热或吸收热的周围所有物体。

对化学或生物化学来说，环境是指发生化学反应的溶液。

从环境保护的宏观角度来说，环境就是指人类的家园地球。人类生活的自然环境，主要包括：岩石圈、水圈、大气圈、生物圈等。本文正是从环境保护的宏观角度来说的。

环境工程有广义、狭义两层含义。

本文讨论的是广义的环境工程，它是指一切与环境有关的人类改造自然、利用自然的活动、工程或项目。

（二）环境工程文化

人类环境文化的发展状况是主体人类发展状况和水平的确证，也是文化孕育文明、实现人类全面发展的必要前提。而环境工程文化即是环境文化在环境工程中的具体表现。因此，环境文化与环境工程文化关系属一般与个体的关系。

因此，为了理解环境工程文化这个个体，我们有必要了解环境文化。

“环境文化是一个表征人与自然相互关系的历史范畴”，环境文化的构成，可划分为“环境认知文化”“环境规范文化”和“环境物态文化”。

小贴士

（1）所谓“环境认知文化”是人们在认识和改造自然过程中，对自然环境及人与自然关系“事实如何”的主观反映样态。它是环境文化发展的前提，主要以知识的形式表现出来，其存在意义在于为人们认识自然、改造自然、协调人与自然关系提供知识和实践能力。

（2）所谓“环境规范文化”是人们在认识和改造自然过程中，对自然环境及人与自然关系“应该如何”的主观反映样态，它是环境文化发展的保障，主要以规范的形式表现出来：可以是“柔性”的环境伦理道德，也可以是“刚性”的环境制度和法规。其存在意义在于为了克服自身的自私、贪欲等人性弱点和协调关系而主观制定出的内在和外在的约束。

（3）所谓“环境物态文化”是人们在认识和改造自然过程中，所形成的文化以非人格化、器物的形式直观表现出来的样态，它是环境文化产生和发展的基础，主要蕴含在名胜古迹、自然风光、生活周边的生态环境之中。其存在意义在于，为环境文化的产生、传递和传承营造客观氛围，提供物质载体。

二、环境工程文化的特征

（一）时间的可持续性

人类对什么是环境问题的认识经历了一个发展过程。20 世纪六七十年代人们还只局限于对环境污染的认识上，把环境污染等同于环境问题。而水、旱、虫灾、地震、风暴等则认为全属自然灾害。可是随着近几十年来经济的迅猛发展，自然灾害日益频繁，受灾人数和损失都在激增。人们逐渐认识到由于人口增长，盲目发展农业生产，而导致的大量砍伐树木、破坏植被等严重危害生态平衡的行为，是水、旱灾害发生的主要原因。

因此，环境问题就其范围大小而论，可以从广义和狭义两个方面理解。

广义：由自然力或人力引起生态平衡破坏，最后直接或间接影响人类的生存和发展的一切客观存在的问题，都是环境问题。

狭义：只是由于人类的生产和生活活动，使自然生态系统失去平衡，反过来影响人类生存和发展的一切问题，就是从狭义上理解的环境问题。

如果从引起环境问题的根源考虑，环境问题又可分为两类。

原生环境问题（第一环境问题）：由自然力引起的环境问题，主要指地震、火山、海啸、洪涝、干旱等自然灾害问题。

生态环境问题（第二环境问题）：由人类活动引起的环境问题，它又可分为环境污染和生态环境破坏两类。

环境污染一般是指有害物质或因子进入环境，并在环境中扩散、迁移、转化，使环境系统的结构与功能发生变化，对人类以及其他生物的生存和发展产生不利影响。

生态环境破坏是人类活动直接作用于自然界引起的自然生态系统的破坏和对生物体的危害。人类向自然界掠夺性地索取资源，造成资源性匮乏并破坏了生态环境，从而造成严重的生态危机。

（二）空间的全球性

1、无林化：即在人为作用下森林面积、地表覆盖率和生物多样性减少的过程。森林、植被被破坏的直接后果就是水土流失严重、生物多样性的丧失与动植物的灭绝。

城市上空的烟雾

工厂排放的温室气体

城市生活垃圾

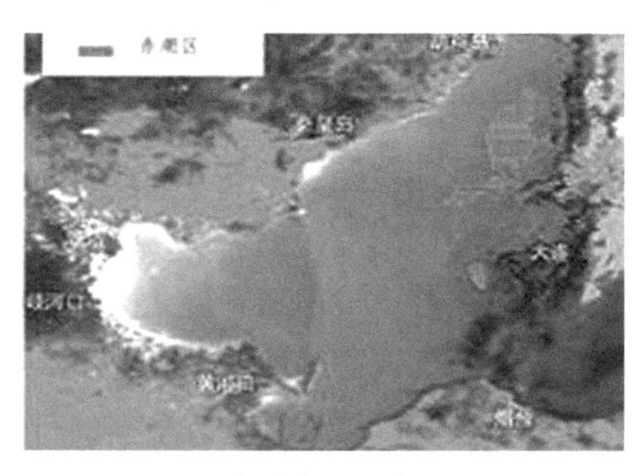

海洋赤潮现象

被砍伐的林区

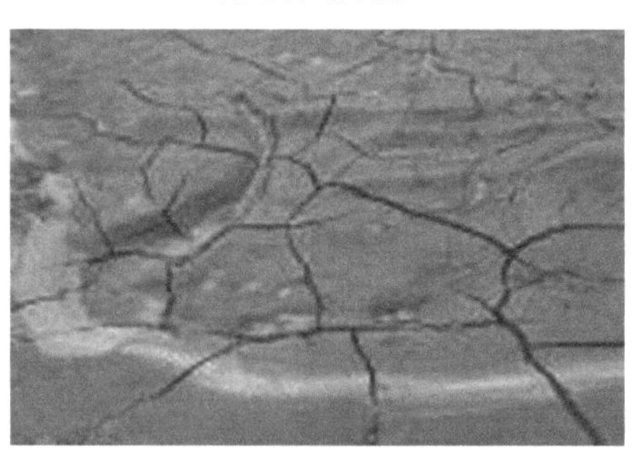

干涸开裂的耕地

2、荒漠化

（1）吞噬可利用土地，导致土壤贫瘠，生产力下降。

（2）沙暴迭起，埋没村舍，沙进人退，损失严重。

（3）加剧贫困化，加大了东西部差距，影响了国家总体战略的实现。

（4）经济损失巨大。

沙尘暴

3、全球变暖

全球变暖导致非洲最高山峰冰雪融化

(1) 水资源时空分布规律被打乱，极端气候事件程度与频度上升，如干旱、洪涝、热带风暴、龙卷风、土壤缺水等。

(2) 农业和粮食供应安全受到威胁。

(3) 生态风险上升。

(4) 人类健康受到威胁。

(5) 海平面上升

4、臭氧空洞

当大气层上空的臭氧层变薄或出现空洞时，地球的陆地和海面接受的太阳紫外线照射强度会明显增加，对生物圈中的生态系统，以及包括人类在内的各种生物都会产生多种直接危害。

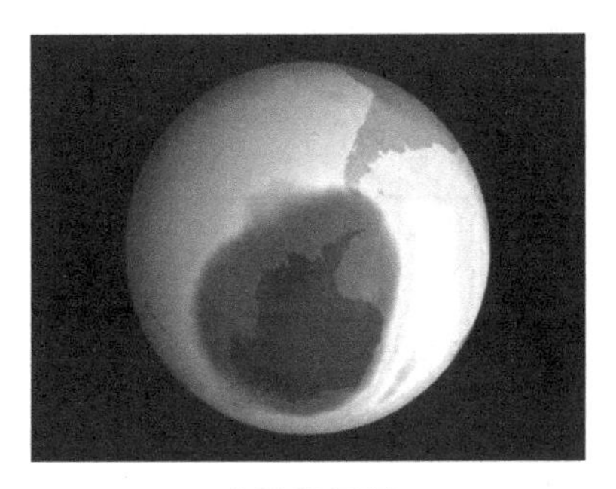

南极臭氧洞

南极臭氧洞漫画

全球环境问题威胁着人类的生存与发展，促使人类不得不反思：人类应该怎样善待环境、善待地球？人类曾经创造的文明怎么了？

第二节　环境工程文化的中西方比较

中西方在环境工程文化上均经历了从自发到自觉、最后日趋一致的过程，我们主要从价值理念来分析和归纳。

一、中国环境工程文化的变迁

(一) 古代强调尊重自然，人与自然和谐相处

古代中国，人们就认识到保护生态环境的重要性并进行道德规劝：“先王之法，畋不掩群，不取麛夭，不涸泽而渔，不焚林而猎。豺未祭兽，置罦不得布于野。獭未登鱼，网

罝不得入于水。鹰隼未挚，罗网不得张于溪谷。草木未落，斤斧不得入山林。昆虫未蛰，不得以火烧田，孕育不得杀，鷇卵不得探，鱼不长尺不得取。”这段话体现了朴素的生态保护思想。取之有时，用之有度，就像小家庭过日子一样，精打细算，就会节省很多支出，减少资源的浪费。

中国人信奉“天人合一”“师法自然”“兼爱非攻节用”等，在整个古代与近代，这种农耕文明时代形成的意识形态一直是中国人主流的环境工程文化。

小贴士

“道法自然”语出《老子》第二十五章。“道”与“自然”都是老子的哲学观念，道是指世界的本原，所谓“一阴一阳谓之道”，老子藉此演绎“域中”（空间）道、天、地、人的相互关系，即所谓“人法地、地法天、天法道，‘道’法自然”。说得直白些，“道法自然”就是“道”纯任自然。所以，汉时河上公作《老子》注释时，在“道法自然”下作的注语是：“‘道’性自然，无所法也。”

“天人合一”的思想观念最早是由庄子阐述，后被汉代思想家董仲舒发展为天人合一的哲学思想体系，并由此构建了中华传统文化的主体。

《周易》说：“见龙在田，天下文明。”唐代孔颖达注疏《尚书》时将“文明”解释为：“经天纬地曰文，照临四方曰明。”“经天纬地”意为改造自然，属物质文明；“照临四方”意为驱走愚昧，属精神文明。在西方语言体系中，“文明”源于古希腊“城邦”的代称。

（二）近现代中国环境工程文化

这一时期，由于国家动荡，与其他文化一样，一方面有沿袭古代而来的本国色彩，一方面也有被迫接受西方强国用洋枪洋炮带进来的西方色彩。但封建统治者除了关心自己的生存环境，根本不会考虑其他的一切环境；而殖民者除了从中国掠夺资源和破坏环境，也根本不会顾及其他。所以这一时期中国的环境工程文化无从谈起。

（三）当代中国的环境工程文化

新中国建立后，各方面都气象一新，但由于当时人们建设国家的热情高涨，把“大干快上”作为奋斗标志，因此便忽略或者根本没有“环境保护”的意识，过度强调人的力量，将“欲与天公试比高、人定胜天、战天斗地、战胜自然、控制自然……”等口号喊得震天响，并一直按照所喊的这些口号去实践，这当然遭到了自然的报复。改革开放后，中国从“发展才是硬道理”走到今天树立“科学发展观”，创建“和谐社会”，强调人与环境的和谐相处。党的十八大把生态文明建设纳入中国特色社会主义事业总体布局，正式拓展为经济建设、政治建设、文化建设、社会建设、生态文明建设“五位一体”。这体现了我们党与时俱进的理论勇气和政治智慧，展示了我们党以人为本、执政为民的博大情怀，开辟了坚定不移地走中国特色社会主义道路的广阔前景。

二、西方环境工程文化

西方环境工程文化的产生和变迁大体经历了三个发展阶段。

1、古代，朦胧状态的环境文化。由于生产力水平低下，科学知识极为贫乏，在总体上对自然界采取敬畏、膜拜的态度，但也曾闪露出天人合一的真知灼见。

2、近代，异化状态的环境文化。第一次产业革命以后，生产力获得空前的发展，人类陶醉于自身干预自然界的能力和“征服”自然界的胜利之中，盲目而贪婪地掠夺和消耗自然资源，以牺牲环境为代价换取经济的增长。

3、现代，反思状态的环境文化。经济高速发展的同时带来的是生态环境的恶化，人们开始反思传统的经济增长理念和方式，开始从文化上探索人与自然协同进化的途径。从中可以看出环境文化的产生、发展经历了一个历史性的过程，也说明“环境文化”作为一个概念包含了“落后”与“先进”的双重内涵：“落后的环境文化”即“朦胧状态”和“异化状态”下消极的、不利于人与自然和谐发展、不利于人类自身长远利益的环境文化；“先进的环境文化”是“反思状态”下积极的、有利于人与自然和谐共生、有利于人类未来良性发展的环境文化，也就是当前大众话语系统中获得共识和倡导发展的环境文化。

4、当代，致力于人与自然、人与人的和谐关系，致力于可持续发展的文化形态。当代的环境文化就是人类为促进人与自然和谐相处、协调发展的环境保护行为表象和生态文明建设状态。

三、中西环境工程文化的异同

（一）中西环境工程文化的不同之处：环境工程文化的出发点

1、认知出发点不同

中国的环境工程文化源于古典哲学思想。从人与自然的和谐观到“天人感应”与“师法自然”开始，中国人的古代先民一直是用哲学的方式把握世界与认识环境。

西方人则是从生活的实际需要出发来看环境与环境工程的。

2、发展速度不同

西方工业革命后逐渐凸显环境问题，其主要表现为资源枯竭、生态恶化和环境污染。这些已经威胁到人类的可持续发展，生态恶化增加了农业生产投入，减少了产出，同时降低了人类的生存质量。环境污染导致生物物种灭绝，加剧了生态恶化，同时通过食物链危害人类。因此，在后工业文明时代，西方人已经在环境工程文化中自觉保护环境。

中国直到当代，才意识到不能走发展经济以牺牲环境为代价的老路，更不能对环境先污染后治理，直到进入知识经济时代，终于提出了“科学发展观”，强调回归人与自然和谐发展的传统，因此，当代环境工程文化建设，中国落后于西方。

（二）中西环境工程文化的相同之处：全球化让环境工程文化建设成为人类的共同关注

1、国际合作共同建设环境工程文化

1992年联合国在巴西的里约热内卢召开了各国政府首脑级别的环境与发展大会，通过《二十一世纪议程》，与地球签订了“天人合一之约”——实施可持续发展战略。过去人类把自己的需求永远放在第一位，而无视自然界的对策。自然界的对策是获得“最大的保护”——力图达到对复杂生物结构的最大支持。因此，人类应该节省大自然的支出。

2、绿色技术与清洁生产已成为当今环境工程文化的主流

绿色技术是指能减少污染、降低消耗、治理污染或改善生态的技术体系，绿色技术是由相关知识、能力和物质手段构成的动态系统，包括清洁生产技术、治理污染技术和改善生态技术。

按联合国环境规划署的定义，清洁生产是关于生产过程的一种新的、创造性的思维方式。清洁生产意味着对生产过程、产品和服务持续运用整体预防的环境战略，以期增加生态效率并降低人类和环境的风险。清洁生产技术无疑属于绿色技术，但绿色技术不能等同于清洁生产技术。

范例

广州惠林环保铅笔有限公司运用“利用废报纸替代木材制造铅笔杆”的专利技术，年产铅笔1亿支，每年可节约优质木材3500立方米。该公司还通过对胶水配方、关键设备的自主改造，实现全过程清洁生产，被国外买家誉为“铅笔的绿色革命”。

3、全球共建生态文明

生态文明是一场涉及生产方式、生活方式和价值观念的世界性革命，是不可逆转的世界潮流，是人类社会继农业文明、工业文明后进行的一次新选择。

生态文明是在人类历史发展过程中形成的人与自然、人与社会环境和谐统一、可持续发展的文化成果的总和，是人与自然交流融通的状态。它不仅说明人类应该用更为文明而非野蛮的方式来对待大自然，而且在文化价值观、生产方式、生活方式、社会结构上都体现出一种人与自然关系的崭新视角。

“绿色”铅笔

生态文明观的核心是从“人统治自然”过渡到“人与自然协调发展”。在政治制度方面，环境问题进入政治结构、法律体系，成为社会的中心议题之一；在物质形态方面，创造了新的物质形式，改造传统的物质生产领域，形成新的产业体系，如循环经济、绿色产业；在精神领域，创造生态文化形式，包括环境教育、环境科技、环境伦理，提高环保意识。

第三节 环境工程文化案例分析

◆ 国 内

丽江古城的保护

丽江，她以独具的历史风貌，特有的历史价值，不仅被国家首批认定为国家级历史文化名城，也是我国第一批被联合国批准列入“世界文化遗产”的两座古城之一。

丽江是纳西族、汉族、白族、彝族、傈僳族等十多个民族居住的地方。这里有纳西族创造的、人类至今存活着的图画象形文字为载体的神奇的东巴文化。有将道教法事音乐、儒教典礼音乐，甚至唐、宋、元朝的词、曲牌音乐奇迹般地融会在一起而形成的独特的纳西民间音乐。

坐落于云南丽江盆地中部的丽江古城面积约3.8平方公里，始建于宋末元初，到明初已具相当规模。它曾是西南丝绸之路和滇藏茶马古道上的重要商品集散地。经过长期的发展，丽江古城形成了以四方街为中心，三条河流为魂魄，四条街道为骨架的城市结构。四方街自古为滇西北商贸中心，它的形成在国内实为罕见。

丽江人习惯将自己的旅游资源概括成“两山（玉龙雪山、老君山）、一城（丽江古城）、一湖（泸沽湖）、一江（金沙江）、一风情（女儿国的摩梭风情）和一文化（纳西东巴文化）”。丽江的山水、风光固然令人陶醉，但最让游客们心动不已、流连忘返的却是赋予雪山、江水、城镇以魂魄、以神韵的纳西东巴文化。

丽江古城西、北靠山，东南开阔。城市建筑和民居皆白墙黛瓦、木架轻厦。独特的民居是典型的四合五天井，三坊一照壁。其路面铺五花彩石，雨天不积水，晴天不起土，庭院里花香鸟语。主街傍河，小巷临渠，河水清澈、甘洌、透明，像一条血脉给古城带来生机。河面上，一座座造型迥异的小桥，构成了小桥流水人家的江南风韵，被称为高原的姑苏、东方的威尼斯。

在20世纪五六十年代，丽江的一些机关、工厂、学校都设在古城中，这些与古建筑格调极不协调的高层建筑出现在老城中，有的新建筑已从古城的边缘向中心延伸。

直至1983年后，古城保护开始引起地方政府的重视。政府采取积极主动的保护措施，先后编制了古城保护规划设计，古城基础设施建设维护，古城修复项目审批，古城民居、街道、桥梁、水系、古树名木保护，古城环境保护，环境卫生、绿化、市容市貌管理等规章制度。

为了保护好丽江，还成立了“中国丽江古城文化遗产研究会”和“中国丽江古城保护基金”，使丽江古城的保护有专门机构负责规划、保护、管理、建设和开发利用；因为聘请了国内外专家、学者对古城进行研究，使古城管理保护达到世界水平；政协建议政府将古城管理、保护的费用列入财政预算，基金（由各级政府拨款，国内外团体、企业、个人资助等多种形式的资金组成）主要用于古城绿化、道路、排污、水系以及公共设施的维修、保护和管理。这些建设性的建议被采纳，促进了丽江按世界遗产的标准对古城进行高层次、全方位的严格管理。

丽江对古城的保护是全方位的。1987年《丽江古城保护管理暂行办法》出台；1994年云南省人大常委会又制定了《云南省丽江历史文化名城保护条例》，从而使地方立法由县级上升到省级。

1996年，丽江古城遭受到7级地震的破坏，当时云南省委省政府指出，古城不仅是丽江的古城，也是云南省的古城，是我们国家现存为数不多的古城，一定要把她保护好。丽江政府也做出决定，搬迁了古城中的学校、工厂、机关，把古城建成无烟尘区，恢复了古城原貌。

保护古城并未影响丽江城市的建设、发展。现与丽江古城一条柏油路之隔的大片土地上，是色彩斑斓、形式多样的高层建筑。与古城遥相呼应的新城是一个城中有乡、乡中有城，城市与农村有机相连的格局。丽江人不喜欢千城一面的克隆城市，他们追求的是自己的精美特色。

为了更好地保护古城，丽江成立了“世界文化遗产——丽江古城保护管理委员会”，并采取了措施：实行“古城保护文明户”奖励制度；居民修复实行定点管理；对掌握地道传统建筑技艺的工匠进行登记、培训、带徒，把传统技艺原汁原味地传下去。除重点保护古城的城市格局、水系、桥梁、街道等硬件措施外，同时还注意保护纳西族的居住活动、语言服饰、节庆、民俗、传统艺术等。

正是这精心的呵护，才使美丽的丽江古城虽经800余年风风雨雨，仍风韵不减，美丽依旧。

世界遗产委员会评价

古城丽江把经济和战略重地与崎岖的地势巧妙地融合在一起，真实、完美地保存和再现了古朴的风貌。古城的建筑历经无数朝代的洗礼，饱经沧桑，它融会了各个民族的文化特色而声名远扬。丽江还拥有古老的供水系统，这一系统纵横交错、精巧独特，至今仍在有效地发挥着作用。

列入世界遗产名录的理由

丽江古城是一座具有较高综合价值和整体价值的历史文化名城，它集中体现了地方历史文化和民族风俗风情，体现了当时社会进步的本质特征。流动的城市空间、充满生命力的水系、风格统一的建筑群体、尺度适宜的居住建筑、亲切宜人的空间环境以及独具风格的民族艺术内容等，使其有别于中国其他历史文化名城。古城建设崇自然、求实效、尚率直、善兼容的可贵特质更体现特定历史条件下的城镇建筑中所特有的人类创造精神和进步意义。丽江古城是具有重要意义的少数民族传统聚居地，它的存在为人类城市建设史的研究、人类民族发展史的研究提供了宝贵资料，是珍贵的文化遗产，也是中国乃至世界的瑰宝，符合加入《世界遗产名录》理由。

◆ 国 际

二维码 1－1

绿色环保宾馆的建设

绿色环保宾馆（酒店）是指以可持续发展为理念，将环境管理融入饭店经营管理之中，运用环保、健康、安全理念，坚持绿色管理和清洁生产，倡导绿色消费，保护生态环境和合理使用资源的宾馆（酒店）。其核心是为顾客提供符合环保、有利于人体健康要求的绿色客房和绿色餐饮，在生产过程中加强对环境的保护和资源的合理利用。绿色环保宾馆（酒店）是国际通用的“生态标志”和环境品牌。

绿色环保宾馆（酒店）主要有三个特点：安全、健康、环保。安全是绿色环保宾馆（酒店）的一个基本特征，主要关注的是宾馆（酒店）行业的公共安全和食品安全这两个因素。健康是指为宾馆（酒店）行业消费者提供有益于大众的身心健康的服务和产品。环保主要是指宾馆（酒店）在经营过程中减少对环境的污染、节能降耗，实现资源利用的最大化。同时，由于绿色环保宾馆（酒店）的创建、实施与保持将是一个持续的发展过程，在标准中根据企业在提供绿色服务、保护环境等方面做出的不同程度的改进，绿色环保宾馆（酒店）分为 A 级到 AAAAA 级共五个等级，以鼓励企业持续不断地努力。

绿色环保宾馆（酒店）的原则是：自觉贯彻环境保护法律、法规，不对周边环境造成污染；饭店经营不产生扰民问题，采用清洁燃料，不烧原煤；不经营国家明令禁止的野生动植物食品；不使用一次性发泡餐盒和造成资源浪费的一次性餐具，餐具有完备的消毒措施；积极经营绿色无污染食品，做到餐桌无公害；提倡节约，能主动建议顾客带走剩余食品；环境整洁、空气清新，体现绿色风格；服务员服饰整洁，室内外设置有环境公益宣传画或警语；推行标准化管理，符合卫生防疫标准。

二维码 1－2

第四节　环境工程文化思考与实作

一、简述

1、环境工程文化的概念与特点。

2、辨析环境文化与环境工程文化。

二、论述

加强我国环境工程文化建设教育（包括学校教育和公众教育）的必要性。

三、案例分析

1、中国曾是一个森林资源十分丰富的国家，历史上长江、黄河流域之所以成为中华民族的摇篮，就是因为有茂盛的森林庇护。但由于人们不合理的开发利用和战乱的破坏，我国森林资源锐减，到清末已成为一个贫林国家。新中国成立后，由于对森林资源状况认识不足，屈从于经济因素的压力，没有能够及时把林业工作的重点转移到以资源培育为主的方面来，较长的一段时间里，仍然延续“以木材生产为中心”的指导思想，重伐轻造，加之以粮为纲、人口增长、农民大面积毁林开垦等，造成国有林区和集体林区都遭到大面积砍伐。

试分析：上面的案例反映了在不正确的自然观和人—地关系观支配下，人类社会哪些观念存在根本性的缺陷和弊端，其各自的弊端和缺陷是什么？

2、针对我国酸雨和 SO_2 污染的不断加剧，1990 年 12 月，国务院环委会第 19 次会议原则通过了《关于控制酸雨发展的若干意见》；1992 年，国务院批准包括重庆在内的部分地区进行征收工业燃煤 SO_2 排污费和酸雨综合防治试点工作，并在工业污染物排放标准中逐步制定了 SO_2 的排放限值。为了进一步遏制酸雨和 SO_2 污染的发展，1995 年 8 月，全国人大常委会通过新修订的《中华人民共和国大气污染防治法》，专门规定在全国范围内划定酸雨控制区和二氧化硫污染控制区。1998 年 2 月，国务院批准了国家环保总局提出的酸雨控制区和二氧化硫污染控制区划分方案。重庆市也相继提出了调整和优化能源结构、优化产业结构和分区布局、采用先进的脱硫技术对重点源实施烟气脱硫以及区域内开展 SO_2 排污权交易等对策和措施。

请分析上述事例体现了我国哪些环境管理的基本手段？还有什么样的手段可以采用，并举例说明。

3、阅读下面这篇文章，然后从环境工程文化的角度进行分析。

一路芬芳满山崖

阿波罗

我居住的城市对古镇建筑工业化统一做旧与商业化的开发，逼迫我们到更远的地方去寻找自己过往的记忆。

做旧的古镇不伦不类，主要在于那里的建筑物似穿长衫打领带以及人心不古。居民们除了对赵公元帅的顶礼，已失去了四合院内、榕树旁、芙蓉花前、天井下、耳门里、抿一口盖碗茶后娓娓道来龙门阵的淡定从容。

花　滩

荥　经

带着对故土的无限失望与弥补我们行走上里古镇而照相机无电的遗憾，就在妇女节的前一天早上八点，我们一行四人又直扑雅安，这一次，我们的目的地是汉源的清溪与九襄镇。

成都与雅安是两个毗邻的城市，前者一直是四川省的首会，而后者也是过去西康省的首会。前者因近六十年的特殊身份，所以一直是中国西部被人们宠爱有加的大都市，后者因为西康省的灰飞烟灭而日渐式微。

当我们再次走上山路，野樱桃树还从山下到山上随海拔变化而分层次盛开着。随行的卢哥是在雅安度过自己童年与少年时代的，他这次旅行，既是昨日重现，又顺便要去看望留守在故乡的老父亲。伴着一路的芬芳，我们都兴趣盎然听他讲述沿途的风土人情与他在这里路过的人、经过的事……

野樱桃树

旅行对目的地的选择只是一个由头，而享受过程才更加重要。

行走江湖不只在选择目的地，而是选择一同行走的伴侣与朋友。

旅行只是一个过程，这犹如人生。

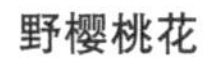
野樱桃花

银　装

在雅安，我们对西康省时代的洋人教堂、省政府、国军军部旧址都走马观花了一番。吃过午饭就向汉源方向进发。

车过荥经，看到这个县城所有临街的建筑物上都被人为印上的汉阙孤鸟，想此地虽偏远，但自古并非不毛。我更钟情于此地用特殊砂土经高温烧制而成的砂锅，以前有朋友曾送一口给我，一次炖甲鱼时，我不慎将其打破，想到从砂锅里舀出冒着扑鼻浓香的白果炖鸡、白豆炖膀、带丝炖鸭……我已然口水长流，于是下车选购了一个只需十元的大砂锅。

从荥经到汉源的清溪与九襄镇，我们要翻越海拔 3000 多米的泥巴山。

乐乐饭店荥经棒棒鸡等

女墙下的葛麻

随着山势不断增高，窗外的风光也悄然变化着，从新绿的阔叶木渐变为针叶木。大约在海拔 2500 米时，窗外飘起了雪花，越往上走越是银装素裹，于是我们停下车来，让自己置身于这南方山上的北国风光中。

盘山公路到了山顶处并不十分狭窄，车却行驶艰难。主要是有排成队的红岩、东风等大型货运汽车背负着超重的物资不断线地通过着，因为这里正在修建一座大型水坝，加上这里也是“5 · 12”大地震的灾区，正在进行热火朝天的灾后重建。

山崖上，不时有侧翻的车辆，此情此景，确实惊心动魄。

越过山顶，到达山的阳面。

这里地处河谷地带，山的阴阳两面气候与植被迥异：阴面湿润阴冷，郁郁葱葱；阳面却暖阳干燥，飞沙走石。

清溪文庙

山 阳

山 阴

一行中有人说更喜欢山阴之翠绿如中国南方大多数山川一样生意盎然，我笑骂说话者好丹非素，如果山阴似美目盼兮之窈窕淑女，而山阳更像粗犷苍凉之成年儿郎：山阴山阳正是刚柔相济，恰到谐处。

这如同旅行的目标与过程，缺少目标，过程就会失去方向，轻视过程只注重目标就失去了品位；也如同人生诸事，前几日，我的一个助教告诉我，另一家公司正在挖他走，承诺所给待遇将与现在这家公司的一样，只是挖他那家公司是新成立的，以后自己就会是元老，问我是否跳这个“槽”，我的答案就如同品味这座山，若阴阳两面什么都一样，旅行者又何必去上下求索。

雕 刻

户前樱桃树

把握自己已经把握住的，不必为了证明自己不怕动奶酪而丢失已经含在嘴里的奶酪。

过了名如其实的花滩，我们就到达了半山腰上清溪古镇。

这个古镇虽然也有动土修建，特别是“5·12”大地震迫使它不得不动，但这里如今依然保留着茶马古道上朴实的民风，小镇的排水方式让人感到与丽江近似，这里土屋的风格让我怀想起去年在马来西亚古城马六甲那些让各色人种留影流连的建筑。

青溪镇景色

清溪镇最大的特色是“风”，古来就有“清风雅雨”之说。这里的风，又让我回味起前年踏过新都桥翻越塔公草原到达的康藏风城丹巴。两地的风都萧萧不停，两地的村落都依山而建。只是丹巴是藏式碉楼，这里却是有藏文化风格注入的汉族民居。

此处是汉藏文化的过渡地带，你中有我，我中有你，纯系自然，这就如汉藏语系下相互交融的汉语与藏语一样。

在清溪的文庙，一行中的几位忙于出恭、问敬或拍摄，我找守庙老人讨要开水喝而被邀请，一走进他们的屋子，腊肉香味就扑面而来，好客的老人见到我就说：“来，来请吃饭!”

我将茶杯里的水续上后就与老人们聊起他们看护的文宣王与孟夫子。当他们听说我去曲阜朝过圣，眼里便透出了羡慕与更加认同的光泽。他们告诉我，这座文庙在地震时遭到了较大破坏，大成殿横梁上的龙头凤尾都被摔下来了，地震时，泮池的水也掀起了近两米高的浪……

维稳中心户

古镇几乎是全封闭依山而建，沿着老街走，看到家家户户都在重建灾后的房屋，有些房屋的门上既有当年防止土匪的痕迹，又有当下“维稳中心户”的特色。历史就这样在不经意间流淌着。从这里人们脸上的表情中，可以读出的是自然而然而没有丝毫的恐惧无助与哀怨造作。

家常便饭

清溪街上找不到一家餐馆，据说小镇居民没有在外吃饭的习惯，这里仅有的几家以卖当地特色黄牛肉的饭馆都开在镇外大路上。

怀揣依依不舍，我们离开清溪来到了九襄镇。

九襄镇与清溪镇一样，虽都非现在汉源县城所在地，九襄镇却是这个县的第一大镇，我们到达那里的第一件事就是将车慢行以寻找投宿地。我们在镇子的最高处找到了花海果都大酒店，查看房间后感觉近似于二星级酒店，包下房我们就步行外出觅食。

那时已经是20点后，小镇的人们正在饭后百步走，家家餐馆也在打烊。我们随便问了几个路人，哪里还能够找到特色吃食，他们无一不是热情告知，似有恨不得带我们前去的意思。找到一家小饭馆，老板夫妇说没有饭了就热情向我们推荐去他们商业广场街的一家当地人都去的“家常便饭”馆，当时我想，如果换在成都，老板一定会指使老板娘去别处借碗饭而把我们的生意做了，而这里的老板没有，这也许就是这里做生意的原则。

这些就是古道热肠。

这一晚，我们饭后在九襄镇这个缺少路灯的小镇上穿街过巷，仿佛又回到了儿时的印象中。

第二天一大早，当我拉开窗帘，那是一幅什么样的画面：我们整个大楼完全是镶嵌在梨花丛中，而只要一抬眼，就看见不远处山上白茫茫的雪。

花之海洋

农民劳作

山上是银白的雪花，山下是玉色的梨花：整一个雪之故乡，花之海洋。

炖鸡面和挞挞面

早饭我们选择了当地有特色的挞挞（音：搭）面，这种面的特色：一是柔韧的劲道，二是用松茸、茶树菇、干香菌等山珍置于砂锅中煨制出的鸡汤、大肉、排骨、黄牛肉汤，现在回味起来，我不禁又垂涎欲滴。

九襄镇与清溪镇一样也是依山而建，排水沟都在街的一旁，排水的哗哗声我是久违了，这种排水的通畅让人感觉到这座小镇与她所承载的生命一样，哗哗不息。

转农贸市场，是我到任何地方旅行都必做的功课。这里的人们把梨花用口袋装上叫卖，最初我们以为那是用来风干泡茶，一打听才知道：人工授粉。

面对市场上那些还散发着清香的精美竹编用具，我都想购买，但考虑到车的容量与家的面积，我只好作罢，但这里的清溪贡椒、樱桃干、坛子肉是不能不买的。

竹编用具

清溪贡椒

古城门洞

裹挟着古镇醇厚如当地稗子酒的湿润的清香，捎带着山上清新似梨树下春泥的鲜活，我们又要去云中漫步再访山上的樱桃花与雪花后将回到我们喧嚣而躁动的城市，我们带走的是自己的躯体的累累，带不走的是对这些小镇灵魂的眷眷……

再见，鲜花盛开的小镇。

再见，小镇老街上那些面带鲜花般笑容的乡亲们。

四、实作练习

1、走访后举实例论述如何在你所熟悉的领域（化工、机械、电子、建筑等）实施环境工程文化建设。

2、选择一处生态旅游景点，分析如何在该景区开展生态旅游与加强环境管理。

第二章　能源工程文化

第一节　能源工程文化的概念

一、能源的概念

能源也可以称为能量资源或能源资源。关于能源的定义，目前约有20种。《大英百科全书》的定义："能源是一个包括所有燃料、流水、阳光和风的术语，人类用适当的转换手段便可让它为自己提供所需的能量。"《日本大百科全书》的定义："在各种生产活动中，我们利用热能、机械能、光能、电能等来做功，可利用来作为这些能量源泉的自然界中的各种载体，称为能源。"《科学技术百科全书》的定义："能源是可从其获得热、光和动力之类能量的资源。"我国的《能源百科全书》的定义："能源是可以直接或经转换提供人类所需的光、热、动力等任一形式能量的载能体资源。"

简而言之，能源是自然界中能为人类提供某种形式能量的物质资源。包括煤炭、石油、天然气、煤层气、水能、核能、风能、太阳能、地热能、生物质能等一次能源和电力、热力、成品油等二次能源，以及其他新能源和可再生能源。

能源是整个世界发展和经济增长的最基本的驱动力，是人类活动的物质基础。自工业革命以来，能源安全问题就开始出现。在全球经济高速发展的今天，国际能源安全已上升到了国家的高度，各国都制定了以能源供应安全为核心的能源政策。在稳定能源供应的支持下，世界经济规模取得了较大增长。但是，人类在享受能源带来的经济发展、科技进步等利益的同时，也遇到一系列无法避免的能源安全挑战，能源短缺、资源争夺以及过度使用能源造成的环境污染等问题威胁着人类的生存与发展。

二、能源的分类

能源的种类繁多，根据不同的划分标准，能源也可分为不同的类型。

（一）按形成和来源分类

1、来自太阳辐射的能量，如太阳能、煤、石油、天然气、水能、风能、生物能等。

2、来自地球内部的能量，如核能、地热能。

3、天体引力能，如潮汐能。

（二）按开发利用状况分类

1、常规能源，如煤、石油、天然气、水能、生物能。

2、新能源，如核能、地热、海洋能、太阳能、沼气、风能。

所谓新能源，是相对于常规能源而言的，现在的常规能源在过去也曾是新能源，今天的新能源将来又要成为常规能源。

（三）按对环境的影响分类

1、清洁能源，如太阳能、风能、水能、海洋能、氢能、气体燃料等。

2、非清洁能源，如煤炭、石油等。

由于能源利用中对环境的污染十分严重，因此人们对发展清洁能源及降低非清洁能源的开发利用十分重视。

（四）按转换传递过程分类

1、一次能源。直接来自自然界的能源，如煤、石油、天然气、水能、风能、核能、海洋能、生物能。

2、二次能源。如沼气、汽油、柴油、焦炭、煤气、蒸汽、火电、水电、核电、太阳能发电、潮汐发电、波浪发电等。

（五）按能源的性质来分

1、燃料能源

（1）矿物燃料：如煤炭、石油、天然气等。

（2）生物燃料：如薪柴、沼气以及各种有机燃物等。

（3）化工燃料：如丙烷、甲醇、酒精、苯胺等。

（4）核燃料：如铀等。

其中核燃料是利用其原子核能，其他燃料主要利用其化学能。

2、非燃料能源

（1）利用机械能：如风能、水能、波浪能、潮汐能等。

（2）利用热能：如地热能、海洋温差能、余热等。

（3）利用光能：如太阳能等。

（六）按属性分类

1、可再生能源。如太阳能、地热、水能、风能、生物能、海洋能。

2、不可再生能源。如煤、石油、天然气、核能。

需要特别指出的是：不可再生能源储量有限，形成速度极其缓慢，一般需要几万年甚至上亿年时间才能形成自然资源。相对于人类历史而言，这类资源可以视为不可再生的，如矿产资源，但大多数矿产品可以回收再利用，形成资源利用的闭合循环系统，如在自然条件下形成1厘米厚的土壤腐殖层需要几百年，森林被砍伐后的恢复一般需要数十年到百余年。我国古代很早就应用可再生能源：利用高山流水带动水车臼米磨粉、利用水流运输伐木、利用阳光烘干食品。从2006年1月1日起，《可再生能源法》正式实施，国家通过该法引导、激励国内外各类经济主体参与开发利用可再生能源，促进可再生能源长期发展。可再生能源发展史上，特别是最近几十年来风能、水力、太阳能、地热和生物质能对能源供应的贡献率大幅度提高。

综上所述，能源的种类繁多，形式多样。

三、能源文化

能源文化是指一个企业、一个机构、一个社区或一个家庭的所有成员与能源消费有关的所有观念和行为方式的总和。能源文化，包括有关能源本身的自然属性的文化，以及人类应用能源的社会属性的文化。在某种意义上，人类的发展，文化的创造，就是不断发现新的能源并在更高的层面科学应用能源的过程。恩格斯说：“文化上的每一个进步，都是迈向自由的一步。在人类历史的初期，发现了从机械运动到热的转化，即摩擦生火。摩擦生火第一次使人支配了一种自然力，从而最终把人同动物界分开。”如果说摩擦生火主要反映的是一种自然现象，那么由此把人同动物界分开则是具有了更多的文化内涵。

马克思说：“劳动首先是人和自然之间的过程，是人以自身的活动来引起、调整和控制人和自然之间的物质变换的过程。人自身作为一种自然力与自然物质相对立。为了在对自身生活有用的形式上占有自然物质，人就使他身上的自然力——臂和腿、头和手运动起来。当他通过这种运动作用于他身外的自然并改变自然时，也就同时改变他自身的自然。”（《马克思恩格斯全集》第23卷201至202页）

劳动的过程，也是创造文化的过程。就人与自然的关系而言，文化是包括人的自身自然在内的整个自然界的人性化、信息化、意识化，是以文“化”人；就人作为创造和享受文化的主体而言，文化是人的思维和行为的总和，人的所思所想、所作所为都是一种文化。人类的终极目标是实现自身的全面而自由发展，并实现人与自然和谐相处。这也应该是人类文化的最高境界。因此，我们“给能源赋予文化内涵”，即实现人与自然和谐相处的文化内涵。我们赋予能源的文化内涵，是一种信息结构的调控能力，也可以转化为一种物质能量。

能源文化的产生基于人们对环保和节能重要性的认识的加深。它是以能量资源为切入点，研究探讨人与自然的物质变换中遵循规律、创造财富、享受生活并实现人与自然和谐相处的综合性、系统性文化。包括有关能源本身的自然属性的文化，以及人类应用能源的社会属性的文化。我们给能源赋予什么样的文化内涵，就会选择什么样的发展战略，决定怎样开发利用自然资源，进而达到人与自然、与社会的和谐。

思考： 你认为能源文化最核心的内容是什么？

第二节　人类应用能源的文化沿革

人类的文明始于火的使用，燃烧现象是人类最早的化学实践之一，燃烧把化学与能源紧密地联系在一起。人类利用化学变化过程中所伴随的能量变化，创造了各式各样的物质文明。从火的发现到 18 世纪产业革命期间，柴草一直是人类使用的主要能源，不仅能烧烤食物，驱寒取暖，还被用来烧制陶器和冶炼金属。这段漫长的时间是人类应用能源的“柴草时期”。

18 世纪之后，根据文明的进程、能源利用以及社会的发展，人类应用能源发生了三次重大变革，同时不同阶段人类对能源的认识也发生不同变化。

一、煤炭时期的能源文化

18 世纪资本主义产业革命之后，以蒸汽机推广应用为主要标志的工业革命迅猛发展，使不可再生的初级能源“煤炭”成为工业的主要能源，因此，这个时期被称为“煤炭时期”。

这个时期，人类不再满足于能源作为热源为生活服务，而开始应用能源转换为功，为生产服务。蒸汽机是一个能够将水蒸气中的能量转换为功的热机。火车头和轮船曾使用蒸汽机驱动。蒸汽机在工业革命中起了基础的作用。今天的核能发电及火力发电仍使用蒸汽涡轮发动机来将热能转换为电能。蒸汽机需要一个使水沸腾产生高压蒸汽的锅炉，锅炉使用木头、煤、石油或天然气甚至垃圾作为热源。

世界上第一台蒸汽机是由古希腊数学家希罗于公元 1 世纪发明的汽转球，它是蒸汽机的雏形。1679 年，法国物理学家丹尼斯 · 巴本制造了第一台蒸汽机的工作模型。在纽可门式蒸汽机的基础上，瓦特改良了蒸汽机。改良后的蒸汽机导致一系列技术革命，包括蒸汽机车应运而生，引发从手工劳动向动力机器生产转变。

1764 年，瓦特在修理一台纽可门式蒸汽机的过程中，发现了蒸汽机的两大缺点：活塞动作不连续而且慢；蒸汽利用率低，浪费原料。瓦特开始思考改进办法，经过三年多的努力，瓦特克服了材料和工艺等方面的困难，终于在 1769 年研制出了第一台样机。同年，瓦特因发明冷凝器而获得他在革新纽可门式蒸汽机过程中的第一项专利。

早期蒸汽机示意图

蒸汽机车是一种以蒸汽机作为动力来源的铁路机车（最早的火车机车），因此，没有蒸汽机的改良便不可能有这项伟大交通工具的诞生。1814 年，英国人史蒂芬孙发明了第一台蒸汽机车，从此，人类加快了进入工业时代的脚步，蒸汽机车成为这个时代文化和社会进步的重要标志和关键工具。第二次世界大战以后，蒸汽机车由于热效率低，大部分被热效率高的柴油机车和电力机车所代替。

小贴士

1876 年 7 月 3 日，我国第一条铁路“淞沪铁路”建成通车，蒸汽机车时速为 24 ~ 32 公里，是我国第一条外国蒸汽机车铁路。

1881 年 11 月 8 日，我国建成了第一条自办铁路“唐胥铁路”（唐山至胥各庄）。被金达等英国专家命名为“中国火箭号”又称“龙号”的机车，为我国自制的第一台蒸汽机车。

19 世纪中叶至 20 世纪中叶，以煤炭为能源驱动的蒸汽机的广泛应用具有划时代的意义，对人类社会的各个方面都产生了极其深远的影响。交通运输技术的革新，直接导致蒸汽机车、轮船的发明，改变了陆路运输、海洋运输的历史。蒸汽机带动了纺织、采矿业、冶金、印染、机械、化工等许多工业部门的发展，加快了工业革命的步伐。产业的发展促进了近代城市的兴起，吸收了大量农业人口流入城市，开始了近代意义上的城市化进程。蒸汽机的应用是人类认识和利用自然力的一个大突破，是真正由原始社会征服火之后而征服自然力的第二次革命，它改变了人类以人力、畜力、水力作为主要动力的历史，使各种机器有了新的强大动力，极大地解放了生产力，导致了人类历史上的第一次技术革命，使人类社会开始进入以蒸汽为动力的时代。

蒸汽机车

思考： 你认为煤炭在这一时期扮演什么角色，为什么？

二、石油时期的能源文化

（一）石油时期

19 世纪末期发展起来的电力、钢铁工业和铁路技术，迅速风靡欧洲和美国，同时带动了汽车和内燃机技术的推广和发展。但是由于汽车和内燃机的工作方式与煤炭的燃烧方式存在着巨大的差异，因此，煤炭作为主要能源已越来越不适应以汽车和内燃机为主要载体的能源消费需要，各种油料开始被人们关注。随着社会的发展，煤炭的地位开始被石油所取代，而煤炭则常被人们取暖所用。20 世纪初，石油迅速登上了能源舞台，并得到了飞速发展。今天 90% 的运输能量是依靠石油获得的。石油运输方便、能量密度高，因此是目前最重要的运输驱动能源。此外，它是许多化学工业产品的原料，因此它是目前世界上最重要的商品之一。这个时期又被称为“石油时期”。

石油是一种黏稠的、深褐色液体。地壳上层部分地区有石油储存，主要成分是各种烷烃、环烷烃、芳香烃的混合物。石油主要被用来作为燃料，也是许多化学工业产品如溶液、化肥、杀虫剂和塑料等的原料。2012 年开采的石油 88% 被用作燃料，其余的 12% 作为化学工业的原料。实际上，石油是一种不可再生原料。

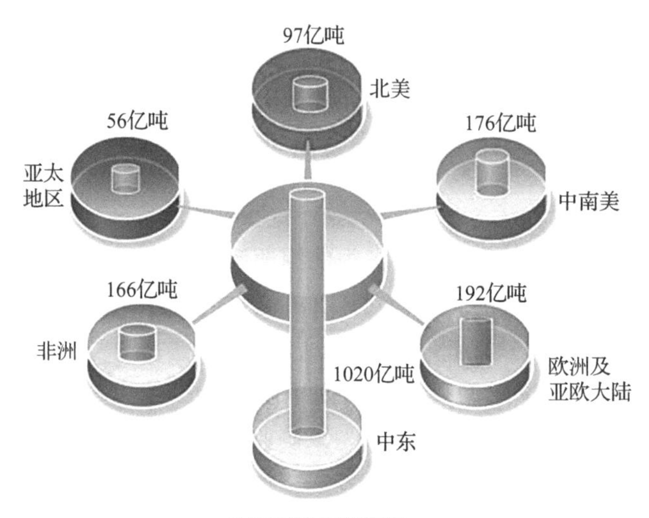

世界石油探明储量

人类应用石油的历史非常悠久。在西方，早在公元前 10 世纪之前，古埃及、古巴比伦和古印度等文明古国已经采集天然沥青，用于建筑、防腐、黏合、装饰、制药，古埃及人甚至能估算油苗中渗出石油的数量。公元 7 世纪，拜占庭人用原油和石灰混合，点燃后用弓箭远射，或用手投掷，以攻击敌人的船只。19 世纪 40 ~ 50 年代，乌克兰一位药剂师在一位铁匠帮助下，做出了煤油灯。1859 年，欧洲开采了 36000 桶原油，主要产自西班牙的加利西亚和罗马尼亚。

我国也是世界上最早发现和利用石油的国家之一。东汉的班固（公元 32—92 年）所著《汉书》中记载了“高奴有洧水可燃”。到公元 863 年前后，唐朝段成式的《酉阳杂俎》记载了“高奴县石脂水，水腻浮水上，如漆，采以燃灯，极明”。宋朝的沈括在《梦溪笔谈》中，首次把这种天然矿物称为“石油”，指出“石油至多，生于地中无穷”。他用石油燃烧生成的煤烟制墨，“黑光如漆，松墨不及也。”沈括预言“此物后必大行于世”，已经预见石油将来大有用途。

现代石油历史始于 1846 年，当时生活在加拿大大西洋省区的亚布拉罕・季斯纳发明了从煤中提取煤油的方法。1852 年波兰人依格纳茨・卢卡西维茨发明了更便捷的石油提取煤油的方法。1861 年在巴库建立了世界上第一座炼油厂。当时巴库出产世界上 90% 的石油。第二次世界大战中，斯大林格勒战役就是为夺取巴库油田而展开的。

20 世纪初随着内燃机的发明，石油成为人类最重要的燃料。内燃机是一种动力机械，它是通过燃料在机器内部燃烧，并将其放出的热能直接转换为动力的热力发动机。常见的有柴油机和汽油机。至今，内燃机的使用非常广泛。地面上各类运输车辆（汽车、拖拉机、内燃机车等），矿山、建筑及工程等机械，军事方面，如坦克、装甲车、步兵战车、重兵器牵引车和各类水面舰艇等都大量使用内燃机。

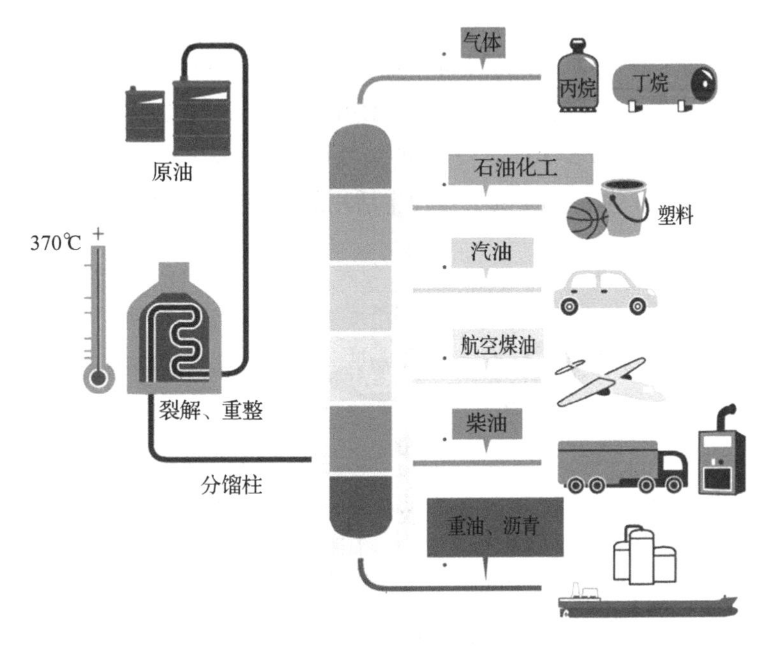

石油炼制过程

（二）石油与人类生活

当今，石油化工产品与人类的生活密切相关。可以说，我们日常生活中的“衣、食、住、行”样样都离不开石化产品，形成了丰富多彩的石油文化。

衣

石化产品对人类“衣”方面的影响主要是合成纤维与人造革带来的衣料革命。我国1959年开始发展合成纤维工业以来，加工制成各类价廉物美的腈纶、涤纶、维纶、锦纶等合成纤维衣料，解决了人们的穿衣问题。用聚氯乙烯（PVC）加工而成的人造革，具有价格便宜、色彩丰富、花纹繁多等优点，适宜制作皮鞋、提包、夹克、沙发坐垫等。

食

民以食为天，食物是人类生存的最基本需求。由于化学肥料及农业化学品的施用，增加了粮食产量，农民的食物生产能力至少增加了四成。日常生活中所用的保鲜膜以及各种各样的食品包装盒都是由合成树脂加工成的。

住

住房对现代人而言不再只是挡风避雨了，人们对“住”的要求不但要美观耐用还要防火防噪。建筑业是仅次于包装业的最大塑胶用户，如塑胶地砖、地毯、塑料管、墙板、油漆等也都是石化产品，环保的木塑、铝塑等复合材料已大量取代木材和金属。除房屋建材外，家具及家居用品更是石化产品的天下。燃气的使用让人们摆脱了烟熏火燎的烧煤、烧柴的日子。

行

汽车、火车、轮船和飞机等现代交通工具，给人类的出行带来便利和享受，正是石油化工产品为这些交通工具提供了动力燃料。塑料、橡胶、涂料及黏合剂等石油化工产品已广泛用于交通工具，降低了制造成本，提高了使用性能。一部汽车的塑料件约占其重量的7% ~20%。汽车的自重每减少10%，燃油的消耗可降低6% ~8%。

总之，石油化工企业为人类提供了各种生活用品，使我们得以享受丰衣足食、舒适方便的高水准生活。

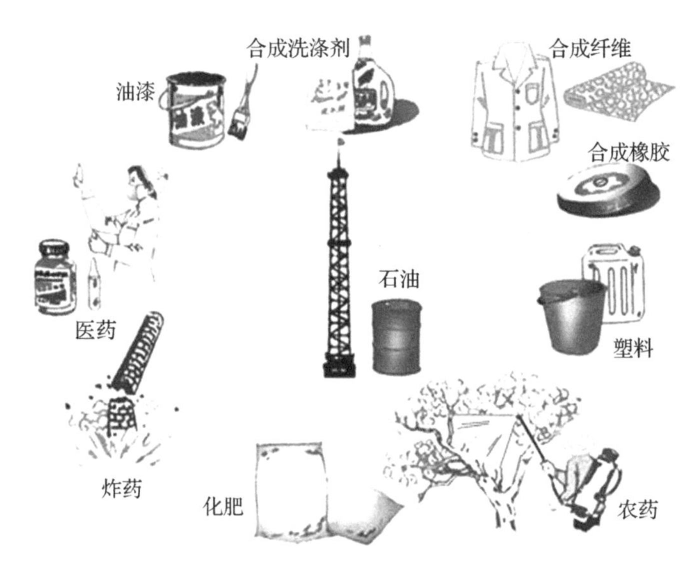

石油化工产品用途

（三）石油危机

到20世纪50年代为止，煤依然是世界上最重要的燃料，但到了1970年以后石油的消耗量增长迅速，爆发了石油危机。中东是世界上最大的产油区，每一次的中东战争都会导致石油危机。

第一次石油危机。1973—1974年第一次石油危机产生于第四次中东战争。为打击以色列与西方国家，阿拉伯国家使出提高石油价格、减少生产及石油禁运等狠招，使油价从3.01美元每桶提高到11.65美元。这次危机使阿拉伯国家获得1100亿美元的巨额收益，而西方国家（包括日本）引发了经济衰退。保守估计，此次石油危机至少使全球经济倒退两年。

第二次石油危机。1979—1980年的第二次石油危机则由两伊战争引起。伊拉克和伊朗两大产油国的战争造成国际油价飙涨，再次使西方国家遭受打击。日本吸取第一次石油危机的教训，大规模进行产业调整，增加了节能设备的利用，提高核电发电量，在第二次石油危机中仍保持了3.35%的经济增长率，一举取代美国成为世界上最大的债权国。

小贴士

1990年的海湾战争是一场彻彻底底的石油战争。当时美国总统老布什曾表示：如果世界上最大的石油储备权落到萨达姆手中，那么美国人的就业机会、生活方式都会遭受毁灭性的灾难，于是联合西方国家发动海湾战争。期间油价曾飙升至40美元/桶。不过由于国家能源机构的及时运作，再加上沙特阿拉伯的支持，很快便度过了这次石油危机。

伊拉克战争名为反恐战争，实为石油战争。美国经济增长当时已经放缓，急需大宗商品来刺激，联合英国发动石油战争，结果打开了潘多拉的魔盒，造成恐怖组织的大量泛滥，直接导致了2008年的金融危机，这是一场全球的噩梦。

由于石油的特殊性，石油可以作为武器。2004年乌克兰发动颜色革命，妄图从独联体内分离出去，俄罗斯停止对乌克兰的天然气供应，使乌克兰这个冬天极不好过，这也影响到了欧洲，欧盟就对俄罗斯的油气依赖会变为政治风险进行了多场辩论。

石油引发的危机使人类意识到石油是一种不可再生资源。2004年《今日美国》新闻报道说地下的石油还够用40年。有些人认为，由于石油的总量是有限的，因此虽然20世纪70年代预言的石油耗尽还没有发生，但是这不过是被延迟而已。也有人认为随着技术的发展，人类总是能够找到足够的便宜的碳氢化合物的来源的。地球上还有大量焦油砂、沥青和油母页岩等石油储藏，它们足以提供未来的石油来源。已经发现的加拿大的焦油砂和美国的油母页岩就含有相当于所有已知油田的石油总储量。

思考： 你认为是什么原因导致了石油危机？人类应如何避免石油危机？

三、清洁能源时期的能源文化

1973年开始，国际上接连出现两次石油大危机，人类越来越清楚地认识到，石油是一种蕴藏量极其有限的宝贵能源，必须一方面设法提高其利用率，千方百计节省这种能源；另一方面也必须考虑采用新的办法寻求新的替代能源。因此能源技术革命提上议程，其核心是由不可再生的化石燃料向清洁、高效的可再生能源和核能转变，这次能源技术革命的目标是要从根本上解决有限的化石能源与无限的人类需求之间的矛盾。这个时期，我们称之为“清洁能源时期”。

清洁能源是不排放污染物的能源，它包括核能和“可再生能源”。可再生能源是指原材料可以再生的能源，如水能、风能、太阳能、生物能（沼气）、海洋能这些能源。可再生能源不存在能源耗竭的可能，因此日益受到许多国家的重视，尤其是能源短缺的国家。

海洋能指依附在海水中的可再生能源，海洋通过各种物理过程接收、储存和散发能量，这些能量以潮汐、波浪、温度差、盐度梯度、海流等形式存在于海洋之中。

风力发电

太阳能是将太阳的光能转换成为其他形式的热能、电能、化学能，能源转换过程中不产生其他有害的气体或固体废料，是一种环保、安全、无污染的新型能源。

风能是一种可再生、无污染而且储量巨大的能源。据估算，全世界的风能总量约1300亿千瓦。风能资源受地形的影响较大，世界风能资源多集中在沿海和开阔大陆的收缩地带。随着全球气候变暖和能源危机，各国都在加紧对风力的开发和利用，尽量减少二氧化碳等温室气体的排放，保护我们赖以生存的地球。

生物能是太阳能以化学能形式贮存在生物中的一种能量形式，一种以生物质为载体的能量，它直接或间接地来源于植物的光合作用。在各种可再生能源中，生物质是独特的，它是贮存的太阳能，更是一种唯一可再生的碳源，可转化成常规的固态、液态和气态燃料。

甜高粱是主要的生物质能，我国甜高粱最早是科学家于1965年开始培育的雅津系列甜高粱品种，甜高粱耐涝、耐旱、耐盐碱，适合从海南岛到黑龙江地区种植，糖锤度在18%～23%，每4亩甜高粱秸秆可生产1吨无水生物乙醇。我国生物质能储量丰富，70%的储量在广大的农村，应用也主要在农村地区。目前已经有相当多的地区正在推广和示范农村沼气技术，技术简单成熟。

地热能是从地壳抽取的天然热能，这种能量来自地球内部的熔岩，并以热力形式存在，是引致火山爆发及地震的能量。地球内部的温度高达7000°C，而在80～100公里的深度处，温度会降至650～1200°C。透过地下水的流动和熔岩涌至离地面1～5公里的地壳，热力得以被转送至较接近地面的地方。高温的熔岩将附近的地下水加热，这些加热了的水最终会渗出地面。运用地热能最简单和最合乎成本效益的方法，就是直接取用这些热源，并抽取其能量。地热能是可再生资源。

水能是一种可再生能源，是清洁能源，是指水体的动能、势能和压力能等能量资源。广义的水能资源包括河流水能、潮汐水能、波浪能、海流能等能量资源；狭义的水能资源指河流的水能资源，是常规能源，一次能源。水不仅可以直接被人类利用，还是能量的载体。太阳能驱动地球上水循环，使之持续进行。地表水的流动是重要的一环，在落差大、流量大的地区，水能资源丰富。随着矿物燃料的日渐减少，水能是非常重要且前景广阔的替代资源。河流、潮汐、波浪以及涌浪等水运动均可以用来发电。

核能（或称原子能）是通过核反应从原子核释放的能量。核能是清洁的能源，我国已经建有的核电站分别有秦山核电站、大亚湾核电站、岭澳核电站、防城港核电站等。目前是我国主要的发电来源之一，地位仅次于煤炭和水电。

大亚湾核电站位于中国广东省深圳市龙岗区大鹏半岛，从 1987 年开工建设，于 1994 年 5 月 6 日正式投入商业运行。在大亚湾核电站之侧又建设了岭澳核电站，两者共同组成一个大型核电基地。大亚湾核电站是中国大陆第一座大型商用核电站，也是大陆首座使用国外技术和资金建设的核电站。

广西防城港核电厂位于广西壮族自治区防城港市企沙半岛东侧，是我国在西部地区和少数民族地区开工建设的首个核电项目。

思考： 列表写出你身边的清洁能源，同时指出人类为什么要发展清洁能源。

第三节 能源危机与可持续发展

一、能源危机迫在眉睫

能源危机不仅包括人类面临资源枯竭的危机，更包括由于碳排放、能源开发事故造成的环境危机。

第一，人类面临资源枯竭的危机。世界经济的现代化得益于化石能源，如石油、天然气、煤炭与核裂变能的广泛应用。因而它是建立在化石能源基础之上的一种经济。然而其资源载体将在 21 世纪上半叶迅速地接近枯竭。根据石油储量的综合估算，可支配的化石能源的极限大约为 1180 ~ 1510 亿吨，以 1995 年世界石油的年开采量 33. 2 亿吨计算，石油储量大约在 2050 年左右宣告枯竭。天然气储备估计在 131800 ~ 152900 兆立方米，年开采量维持在 2300 兆立方米，将在 57 ~ 65 年内枯竭。煤的储量约为 5600 亿吨。1995 年煤炭开采量为 33 亿吨，可以供应 169 年。铀的年开采量为 6 万吨，根据 1993 年世界能源委员会的估计可维持到 21 世纪 30 年代中期。核聚变到 2050 年还没有实现的希望。化石能源与原料链条的中断，必将导致世界经济危机和冲突的加剧，最终葬送现代市场经济。事实上，中东及海湾地区与非洲的战争都是由化石能源的重新配置与分配而引发的。

第二，大量排放二氧化碳等温室气体引发全球气候变暖。目前多数科学家和政府承认温室气体已经并将继续为地球和人类带来全球气候变暖等灾难。全球变暖的主要原因是人类近一个世纪以来大量使用矿物燃料（如煤、石油等），排放出大量的 CO_2 等多种温室气体。由于这些温室气体对来自太阳辐射的可见光具有高度的透过性，而对地球反射出来的长波辐射具有高度的吸收性，也就是常说的“温室效应”，导致全球气候变暖。全球变暖的后果，会使全球降水量重新分配，冰川和冻土消融，海平面上升等，既危害自然生态系统的平衡，更威胁人类的食物供应和居住环境。

第三，人类在能源利用和开发过程中，造成环境的破坏和污染，形成新的危机。例如，乌克兰切尔诺贝利核反应堆爆炸、印度博帕尔杀虫剂制造厂事故等。

1986 年 4 月 26 日，乌克兰切尔诺贝利核反应堆爆炸，核反应炉熔毁，大量辐射能排放到大气中，导致原子尘污染。污染还扩散到了西部国家，数以万计的儿童被诊断为甲状腺癌，核反应爆炸区近20英里[一]范围至今仍被封锁。4号反应堆被人们用巨大的石棺密封起来，这是个漫长的核退散过程。

1984年12月3日凌晨，联合碳化物公司位于印度博帕尔的杀虫剂制造厂发生事故，45吨有毒化学物质从设备中泄漏出来。数小时内，上千人因此丧命。在接下来的数月时间里，又有1.5万人中毒身亡，近50万人不同程度受影响。受影响的人当中大多数人失明、器官坏死或是有其他身体障碍。受污染区域中出生的婴儿，大多数也存在不同程度的问题和生理缺陷。1989年联合碳化物公司赔偿5亿美元给受害者们，这笔赔偿金都不够受害人10年的治疗费用。至今博帕尔仍是全球工业泄漏灾难的重症区。

1989年3月24日夜里，美国埃克森·瓦尔迪兹号油轮在阿拉斯加东南部布莱礁搁浅，泄漏的1080万加仑的原油扩散成一条巨大的污染带，500英里范围内的海岸线和海平面受影响，成千上万的鸟、鱼、海产等受污染，共有1.1万人和1000艘船参与了清洁行动。埃克森·瓦尔迪兹号油轮泄漏是美国历史上最大的人为环境污染事故。

2011年3月11日，日本福岛第一核电站1号反应堆所在建筑物爆炸后，大地震中受损的福岛第一核电站2号机组的高温核燃料发生泄漏事故，共有21万人紧急疏散到安全地带。事故不仅造成当地的核污染，还对西太平洋海域及我国管辖海域造成一定影响。日本原子能安全保安院认为，福岛第一核电站大范围泄漏，放射性物质对人体健康和环境产生了严重的影响，因此将其核泄漏事故等级提高至最严重的7级。

各种灾害、灾难用频率向人类发出警告，越来越多的人感受到人与自然的矛盾日益凸显，因而保护我们的地球，合理利用我们的能源显得尤为重要。

思考： 你认为能源危机对人类有哪些危害？

二、可持续发展的道路

随着气候变化问题在全球展开的日益激烈的讨论，一场新的工业革命已初现端倪，它将彻底改变世界经济和人们的生活方式：一是大量创造出新的可再生的能源；二是改变传统的固定的能源利用方式即大型的集中供能方式，向更为安全、更为高效、更低排放的低能源方式转变。这里，强调人类与自然和谐相处、走可持续发展的道路。满足当代人需求，又不损害子孙后代，满足其需求能力的发展，经济、社会资源要与环境保护的协调发展，既达到发展经济的目的，又能保护人类赖以生存的自然资源和环境，使我们子孙后代能永续发展和安居乐业。

第一，树立节能减排、与自然和谐相处的正确观念。研究表明，在所有浪费掉的能源中，有37.5%是由不良的能源消费习惯造成的，居然超过了设备陈旧、技术落后造成的能

[一] 1英里=1609.344米

源浪费。这就必须引起人们的重视。人们要将节能减排提升为一种行为习惯，加强对能源消费有关的观念和行为方式的正确认识和掌握。政府要鼓励农民科学种田，减少资源浪费，多用动物的排泄物给植物施肥，再把不能被人食用的植物作为动物的饲料，让能源在植物和动物之间循环。想办法让粮食的储存时间更长，不让粮食过快地变质。生活中，多使用太阳能、风能、沼气等可再生能源，降低污染。计划生育，保持植物和动物之间的平衡关系。人体不要过量进食，造成营养过剩，容易患高血压、高血脂、高血糖、高胆固醇等疾病。

第二，发展可再生能源，用可再生能源和原料全面取代化石资源。可再生能源主要有如下方面：以太阳能利用为主的可再生能源潜力极大，据天文物理学家的计算表明，太阳系还能存在45亿年，每年太阳提供的能量是世界人口商品消费量的1.5万倍。小水电与潮汐发电可提供可观的电力。丹麦是风力发电大国，现有6300座风力发电机，提供13%的电力需求。总之，可再生能源的利用潜力很大，可满足人类社会可持续发展的能源的需求。

第三，发展低碳技术经济和倡导低碳生活方式。碳生产率是由技术水平决定的，比如同样生产一吨钢，中国在20年前要1.3~1.4吨标煤，现在用不到0.7吨标煤。发电技术方面，10年前，发1度电至少要400克标煤，现在中国的平均水平大约330克标煤，最先进的超临界发电机组只要290克标煤。因而，随着技术发展，人类在生产领域的碳排放量不断降低。另外，人们的生活和消费行为也是决定低碳经济的一个必然因素。美国的生活质量、收入水平与欧洲国家差不多，但美国的人均碳排放比欧洲要高出一倍。为什么有这么大差距？因为美国是高消费、高排放的生活模式，比如夏天房间里空调温度调到18°C，冬天调到25°C；喝水是把冰倒满之后加一点水。而欧洲的公共交通很发达，建筑节能标准也非常高。生活方式不改变，碳排放就降不下来，所以低碳生活非常关键，我们应该积极提倡并去实践低碳生活，从注意节电、节油、节气等小事做起。

思考： 为什么人类要走可持续发展的道路？

学后感言：

第三章　交通车辆工程文化

第一节　交通车辆工程文化的概念与特征

一、交通车辆工程文化的概念

（一）交通、车辆与交通车辆工程

交通是指从事旅客和货物运输及语言和图文传递的行业，包括运输和邮电两个方面，在国民经济中属于第三产业。运输就是通过各种运输手段（如汽车、火车、轮船、飞机等交通工具）使货物在物流节点（如仓库、商场、配送中心、物流中心等）之间的流动，以改变“物”的空间位置为目的的活动。

车辆是“车”与车的单位“辆”的总称。车辆的本义是指本身没有动力的车，用马来牵引叫马车，用人来拉或推叫人力车。较为漫长的牛车、马车时代过去后，随着技术的进步，又有了汽车、火车等交通工具，现在车辆泛指所有车。

交通车辆工程就是以所有车的产生、制造、发展为依据，结合运输行为产生的交流、服务、管理等活动。

（二）交通车辆工程文化

交通车辆工程文化是工程文化的一种表现形式，是在交通车辆工程中反映出来的文化现象，它属于交通工程文化的一部分。

自从人类社会使用车辆交通工具以来，在世界交通史上已经出现了各类车辆交通工具。

车辆生产厂家的企业文化和产品品牌是最重要的内容，其中世界著名车辆生产厂家和著名人物更是起到了直接的文化影响作用，体现了企业的文化和精神。车辆技术又构成了交通车辆工程文化的物质基础，体现了人们对车辆品质的更高要求，因车辆的各种形态、功能，以及车辆产生的销售、服务等丰富了人们的文化生活，让车辆交通不断拓展着人们的生活空间。

二、交通车辆工程文化特征

（一）系统性

车辆发展到现在，简便自如的自行车也区分出日常型与运动越野型，灵活机动的摩托车仍然是越南这样国家的必备车辆，日益普及的汽车、火车等交通工具都不是简单的机器，普通汽车也由一万多个零件组成，经过组织装配，形成产品、销售。火车是在铁路轨道上行驶的车辆，通常由多节车厢组成，一般分为普通火车、高铁和地铁三大类。这些车辆的生产具有大批量、多品种的特点，因此它们的制造是一个协作完成的过程。而这个过程中有其自身显示出来的文化特性。

1、技术文化

范例 汽车技术发展主要经历了六个里程碑：

（1）“梅赛德斯”开创了汽车时代。

（2）福特汽车公司大批量生产汽车。

（3）前轮驱动汽车的创造者雪铁龙。

（4）“甲壳虫”汽车的神话。

（5）难以超越的“迷你”汽车。

（6）风靡20世纪90年代的多用途厢式车。

风靡20世纪90年代的多用途厢式车

范例 火车的技术文化发展主要经历了三个阶段：

（1）蒸汽机车时代开创了火车时代。

早期的火车又称为蒸汽机车。1804年，英国的矿山技师德里维斯克利用瓦特的蒸汽机造出了世界上第一台蒸汽机车，时速为5～6公里。因为当时使用煤炭或木柴做燃料，所以人们都叫它“火车”，该名称沿用至今。1825年，史蒂芬孙发明的蒸汽火车试车成功，1840年2月22日，工程师查理·特里维西克设计出了世界上第一列真正在轨道上行驶的火车。

（2）电力机车时代的到来使出行方式发生了飞跃性的变化。

1879年，德国西门子电气公司研制出了第一台电力机车，标志着电力机车时代的到来，结束了蒸汽机车的辉煌，火车的发展上升到一个新的层次。随着火车的普及，改变了人们骑马（或以其他牲畜为主要动力）的出行方式。

蒸汽机车

电力机车

（3）高铁动车和地铁时代。在原有电力机车的基础上，高铁动车和地铁时代也已经深入到人类的生活中。今天，我国高铁，无论其密度、长度、与人民生活的紧密度，还是对经济社会的发展，都深刻影响着社会各个方面，我国正在大步迈向“高铁社会”。

高 铁

小贴士

高铁、动车、城轨、轻轨、地铁与普通火车（列车）的血缘关系

根据国际铁路联盟规定，高铁即高速铁路，指时速200公里以上的铁路。但在我国，铁道部规定：高铁指满足专用列车控制系统、列车时速达到250公里以及新建的专用线路这三个条件的铁路。动车是指采用动力分散原理运行的列车，动车不同于以往依靠机车牵引的普通列车，动车的车厢也有动力，因而动车的噪声以及震动相较于普通列车会小一点。动车和普通列车在同一路线上运行，只是列车的类型不同。综上，从根本上说动车和高铁都是动车组，只是速度以及运行的线路不同。高铁时速在250公里以上，动车时速在200～250公里；高铁有新建的专用运行线路，动车则与普通列车在既有线路运行；目前我国以“G”开头的高速动车以及“C”开头的城际动车是高铁，而以“D”开头的动车不是高铁。

轻 轨

地 铁

城轨与高铁技术非常相似，也是运行动车组，两者的区别是：城轨站点密度高（10km级别）、运行速度较低（小于200km/h）、更强调公交化，适合在经济发达、人口稠密的城市群之间的运输。轻轨在城市内部地面运行，一般只有一两节车厢，使用中强调灵活机动、安全、环保。地铁亦是火车的一种，是用于城市地下的轨道运输系统，用普通的电动列车在城市地下运行，最高运行时速一般不超过80公里，强调经济性、公交化和超大的客流量。

2、企业发展史（含企业管理文化）

企业发展史是工程文化建立的历史，其中企业管理文化就是关系到整个组织系统的运行和发展的系统工程。制造汽车不是简单的组装加工，它涉及知识有效地转化为“物”的过程，还有人与人、人与物等一系列流动过程。

本田宗一郎

范例 本田宗一郎的“三个喜悦”（购买的喜悦、销售的喜悦、制造的喜悦）的企业口号和“三个尊重”（尊重理论、尊重创造、尊

重时间）的经营经验还继续发挥其应有的作用。本田的 Accord 和 Civic 牌汽车历年来被用户评为质量佳和受欢迎的汽车。阿库拉（Acura）是本田汽车公司高档车的销售系统。传奇（Legend）牌轿车是美国人喜欢的车型之一。

3、品牌文化

用来标志并识别企业或产品的符号系统即品牌文化。一个品牌要想获得成功，其文化因素往往占据了主导位置。品牌是沟通产、供、销的桥梁，如果设计运用不当，会影响产品的形象和销售。

范例 世界著名摩托车品牌——意大利的奥古斯塔，1948—1980 年已横行世界赛车场，共取得 75 次世界制造商大赛冠军和 270 次 GP 大赛冠军。在 1958 年至 1974 年间，MV Agusta（奥古斯塔）摩托车连续十七届取得 GP 大赛 500CC 组冠军。MV Agusta（奥古斯塔）的品牌活力与品牌的传统文化精华有机结合，研发出了许多令世人惊叹、令对手艳羡的车款，堪称世界上“最完美的摩托车”，拥有“双轮法拉利”的美誉。

意大利的奥古斯塔

范例 20 世纪 60 年代，通用汽车公司在墨西哥推出一款“雪佛兰诺瓦”牌轿车，很少有人问津，究其原因，则是因为在西班牙语中，“诺瓦”是“走不动”的意思。

4、设计文化

汽车设计通常要遵循实用、经济、美观的原则，每个时期的设计都是与特定社会的文化等要素联系在一起的。其中最富特色、最具直观感的当数车身外形的设计。汽车外形的演变从马车的造型到厢形车、甲壳虫形汽车、船形汽车、鱼形汽车、楔形汽车，汽车不断地向着人们理想化、个性化的方向发展。

范例 以甲壳虫轿车为例，当时对它的设计理念是：最高速度为 100km/h，油耗小于 7L，可乘载 2 名成人和 1 名儿童，发动机冬季要防冻。独特的玩具造型，始终坚持着这种圆弧曲线的运用，形成了一成不变的风格，然而使它成为经典车型的原因正在于世界各国文化之间通行的可爱的外形设计，凸出的车灯、圆弧过渡的车身，酷似一只甲壳虫，给人们留下类似童年的记忆。

鱼形汽车

甲壳虫轿车

5、名人文化

名人对形成车辆交通文化起着重要的作用。他们在品牌形成中起主导作用，因此也赋予汽车更多的品质和内涵。

范例 亨利·福特是美国和世界汽车工业主要奠基者之一，享有“汽车大王”之美誉，他将人类社会带入了汽车时代。《纽约时报》对他这样评价：当他来到人世时，这个世界还是马车时代；当他离开人间时，这个世界已成了汽车的世界。德国的卡尔·本茨，人称“汽车之父”。中国的饶斌被誉为“中国汽车之父”。

亨利·福特

范例 乔治·史蒂芬孙（1781—1848年）人称“火车之父”，他生活在一个伟大的变革时代，也做出了无愧于时代的贡献。他于1814年制造了名叫“半筒靴号”的火车头。1825年9月27日，他制造了“旅行号”机车并成功试车。1829年10月，他制造的“火箭号”火车以46.4公里的时速(平均时速22.6公里)，拖着17吨重的货物，安全行驶112.6公里，顺利到达终点站，刷新了火车在轨行车的历史纪录。终其一生，他都在积极思考、勇于实践，为人生也为人类。火车的出现，使陆路交通运输发生了革命性的变化，也为人类社会的迅速发展，提供了极大的便利。今天，火车已经遍布全球各个角落，不分日夜飞驰在城乡和国家之间。火车的发明人乔治·史蒂芬孙用业绩证明了自己存在的价值，也用他那不畏艰辛、百折不回、勤奋学习、勇于创新的精神鼓励着今天的人们奋斗进取！

“旅行号”机车

范例 詹天佑有“中国铁路之父”“中国近代工程之父”之称。1888年，詹天佑与工人同甘共苦，唐山铁路只用了70多天的时间就竣工通车了，这就是中国第一条国际标准轨距铁路，至今仍是京山铁路的一个重要组成部分。1905—1909年，他主持修建中国自主设计的第一条铁路“京张铁路”时创设“竖井开凿法”和“人”字形线路，构思奇妙、巧夺天工，震惊中外。著作有《铁路名词表》《京张铁路工程纪略》等。

詹天佑

（二）消费工程性

车辆交通工程文化已是一门显学。从交流服务方面看，欧美日等国家博物馆、展览馆都是物化的展示，或担负着见证历史，维系历史传承的精神纽带，又起着激发兴趣，兼及宣传、促销的作用，是传播车辆文化的重要舞台；杂志、电影、广告等文化媒体则开拓了人们的想象空间，并借此拉近人们与车辆的情感距离。而越来越多的汽车广告，借助流行歌手及音乐渗入到人们的生活认知中，以期通过追求精彩、克服险阻、分享亲情、创造爱情浪漫等文化内容来俘获消费者内心的认同。

各类与车辆相关的赛事则成为技术的助推力；车辆的技术含量越来越高，它的维修也变得越来越复杂。售后服务中最重要的是维修、养护。随着高科技的全面应用，将面对的是更加庞大的消费群体。

范例　目前国内汽车主要采取“四位一体”和“连锁经营”。“四位一体”（“4S”）形式，即整车销售、配件供应、维修服务和信息反馈。这种模式源于欧洲，他们是在汽车保有量较大且车型集中的前提下，“四位一体”的经营模式得以存在和发展。而以美国为代表的连锁经营模式，整合了各品牌汽修保养的资源，打破纵向垄断，在价格服务透明化的基础上，提供汽车保养、维修、快修、美容和汽保供应一条龙服务，车主可以一站式解决问题。车辆管理服务涉及交管、法规、保险等。

“四位一体”（“4S”）

范例

交通车辆工程文化的特征

车辆的诞生，延展了人们交往的范围，便利了各种交流，激发了人们的种种雄心壮志，它的发展体现了人们对自由追求的心理轨迹：个人空间的无限拓展，个性权利的扩张。作为百姓家庭能够消费得起的交通工具，从物质层面极大满足了人们追求自由、实现自由的理想。理所当然这种自由应是建立在安全的基础上的。

根据美、英等国交通研究机构调查，近年在各种交通事故死亡的人数中，道路交通事故占93%，铁路占2%，航空占2%，水运占3%。20世纪以来，因交通事故死亡的人数比一战中死亡的人数还多。交通事故已成为全世界非正常伤亡的重要因素。现在有越来越多的人开始研究在充分了解人与环境中人的特性基础上如何增强驾车安全，这符合“以人为本”实现安全、维护生命自尊的现实要求。以美国为例：驾驶汽车时，别出心裁地把五颜六色的贴纸剪成字母拼在车尾，其中与追尾相关的内容最多：“千万别吻我，我怕‘羞’”“不要让我们因相撞而相识”“撞上来吧，我正需要钱”。汽车在这里作为一种文化载体，被充分、广泛地赋予了精神特质，折射出美国人的性格和感情，对其他国家文化具有强大的影响力，中国近年也兴起了贴汽车尾贴。

汽车尾贴

车辆从生产、使用、废弃的全过程对人和环境造成的危害日益加深，空气污染成为人类健康头号隐性杀手，噪声污染更容易引起人心理上的不良情绪。汽油中的苯和芳香烃具有较强的挥发性，长期接触会造成皮肤化脓、呼吸道感染和败血症。汽车中摩擦衬片中的石棉是致癌物质，空调器中的氟利昂会破坏地球生态环境。铅酸蓄电池中，铅的生产过程和废弃均会对环境造成严重污染。废旧车辆的随意处理也会给环境带来很大的危害。人类生存环境日益恶劣，生命受到了威胁。环境和能源都面临着可持续发展的障碍。

车辆作为交通工具，当它的保有量急剧增长，并不断融入人们生活之后，随之而来的不仅是生活方式的改变，还是生活态度的展示。如果说车辆发展的核心是技术，那么交通车辆工程文化的核心则是在保障安全、便利、环境、能源等基础上不断地追求自由。

第二节　交通车辆工程文化的中西方比较

汽车和火车是交通车辆文化的集中体现。世界各地的人们在不断拓展空间的同时，也在催生着基于交通车辆工程而产生的文化理念和行为。探索文化的目的仍是服务于当下，故本章主要选取车辆交通中最典型的两类文化进行比较。

一、中西方交通车辆工程文化的发展沿革

车辆发展到今天，人们熟知与常见的有：牛车马车、自行车、摩托车、汽车、火车等。

相传最早造出车子的，是我国夏朝时一个叫奚仲的人，我国古代诸多文献记载了“奚仲作车”的事情。那时还专门设置了管理和制造车子的官员“车正”。最为知名的则是被誉为世界第八大奇迹的兵马俑出土的铜车马，中国更早期的特种车则是黄帝大战蚩尤期间发明的指南车，而在西方大约公元前2000年前已经出现了马车。

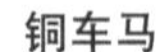

铜车马

指南车

1839年英国人麦克米伦发明的蹬踏式脚蹬驱动自行车，被公认为是世界第一辆自行车，在此之前的自行车都是靠用脚蹬地前行。

1885年，德国工程师戴姆勒将自己研制的功率为1.1马力（1马力=735.499W）的

发动机装在一辆木制的自行车上，通过采用一根装有小齿轮的中间轴传递动力，使固定在后轮上的内齿圈转动驱动车轮旋转，世界第一辆摩托车因此诞生了。

1950年法国国铁（SNCF）开展高速火车技术研究，1955年研制的样车试车，创造了当时的世界最高纪录，使人们看到了这一技术的发展前景。

东海道新干线

1959年，日本国铁开始建造东京至大阪的高速铁路，并在1964年开通，全长515公里，火车时刻表时速210公里，称为东海道新干线。高速火车的实际应用由此开启。

20世纪60年代，在法国巴黎和奥尔良郊外建成了两条气悬浮式铁路，曾进行了多次运行试验。1969年在奥尔良郊外使用的气垫车，长26米，宽3.2米，高4.35米，重20吨，可乘80人。

世界上第一条实用性的磁浮铁路建在原联邦德国汉堡市展览馆至展览广场之间，全长908米，轨道为高架桥式。磁浮列车长26.24米，可载客68人。它可浮离轨面10毫米运行，最高时速为75公里。

……

各种交通工具需要借助相应的交通道路来运行，而不同的交通路面也需要开发新的交通工具。

车所行走的“马路”一词，来源于英格兰人约翰·马卡丹设计的新的筑路方法，用碎石铺路，路中偏高，便于排水，路面平坦宽阔。后来，这种路便取其设计人的姓，取名为“马卡丹路”，简称“马路”。

在中国，西周时人们把可通过3辆马车的通道称作“路”，通过2辆的称作“道”，能通行1辆的称作“途”。“畛”（井田沟上的小路）是走牛车的，“经”是只能走牛、马的小道。

秦代的驰道是中国历史上最早的“国道”，是皇帝出巡的专用车道，南起陕西甘泉山，北至阴山九原郡，纵贯鄂尔多斯，史称“秦直道”。这条全长700多公里路面，平均宽度约30米 的大通道，被誉为世界上最早的“高速公路”和“天下第一路”。驿道，是古代的交通大道，它每隔30里路就会有一座驿站供驿车和驿差歇脚，故又称为“官道”，后来它包括了驰道、直道等。另外如茶马古道、丝绸之路、古蜀道、栈道等都是依据功能衍生出的道路。公路则是近代的称呼，意为公共交通之路。

公元前三千年，古埃及人为修建金字塔而建设的路，应是世界上最早的公路。古罗马帝国的公路以罗马为中心，向四外呈放射形修建了二十九条公路，号称世界无双。至今人们还常用“条条道路通罗马”来形容道路四通八达。

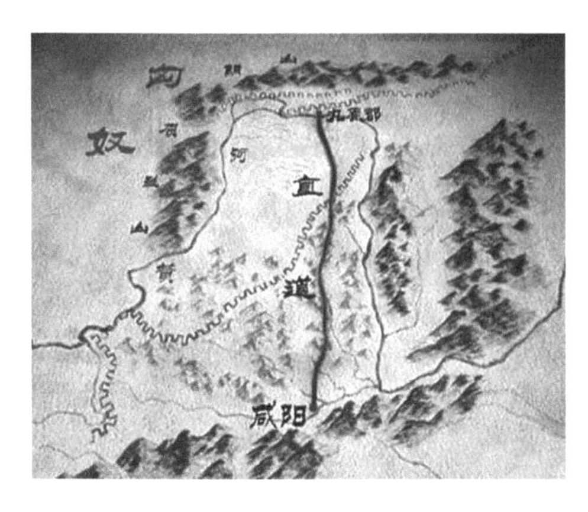

秦直道

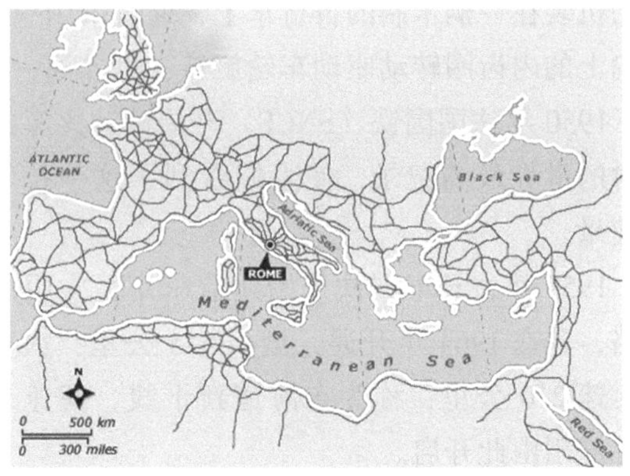

古罗马帝国的公路

如今，世界各国尽管对高速公路命名不同，但都是专指有4车道以上、两向分隔行驶、完全控制出入口、全部采用立体交叉的公路。

另外，桥是架空的道路，解决跨水或者越谷的交通。铁轨用于火车的行走。沿海、江河、湖泊、运河内船舶、排筏可以通航的水域称为航道，飞机飞行器等飞行的路线称为航线。架在空中的索道则缩短了登山的距离。

范例 2001年12月，美国人狄恩·卡门宣布“赛格威”的原型车开发成功，这是世上第一辆具备自主平衡能力的交通工具。“赛格威”车是一种单轴双轮的电力助动车，其奇妙之处在于它的自我平衡能力。这种能力来自于独特的“动态稳定”设计，可以实现在无油门、无刹车的情况下，仅依靠驾驶者身体倾斜等方式进行操控。

“赛格威”车

二、中西交通车辆工程文化的异同

1、汽车企业文化比较

(1) 不同地域背景下的汽车个性

各国汽车表现出来的特点非常鲜明，归纳一下，可以用这几句来概括：

法国车看外形，美国车看空间，德国车看动力，日本车看油耗，瑞典车看安全，韩国车看价格，中国车看市场。

美国地广人稀，凭借福特公司发明的流水装配线，美国人最先进入了汽车生活化的时代。美系汽车具有宽大高油耗、悬吊柔软、大扭力、低转速、空调棒、安全舒适、粗犷等特点。

欧洲是汽车的发祥地，以优秀的传统文化见长。欧系汽车具有高超的设计能力，典雅的外观，明显的操纵个性，优良的发动机，以高速著称，刹车系统较佳，但悬吊系统较硬，舒适性上不及美系车。例如法国人性情温雅，崇文尚情，时尚与浪漫众所周知，因而他们造出的汽车动感时尚、浪漫、前卫，让人眼前一亮。

日本国土狭小，资源匮乏，人口稠密，所以省油是其必然选择。日本车的特性是平顺、省油、好开，涂装优异、仪装细致。

中国地大人多，资源人均拥有量较低，有较为深厚的文化传统，目前正处于向个性化迈进的阶段。奇瑞、吉利、比亚迪都在拥有自主品牌的进程上，不断推出新品。

（2）不同文化背景下的品牌文化

中西方文化有着截然不同的特征。西方文化是“剑”，中华文化是“云”，一个直截了当，一个含蓄包容。西方文化推崇技术理性、法律导向、个人本位、直露表达、结构性思维，中华文化重视社会伦理、关系导向、集体本位、含蓄表达、整体性思维。

范例 美国凯迪拉克公司因首先实现了标准零件的汽车生产，拥有了“世界标准”的荣誉称号，也是第一家在汽车中装备电子起动、照明和点火装置，将动力转向作为所有车型标准配置、首先在所有车型上装备前排安全气囊、第一家使用电子燃料喷射系统的美国汽车制造商，研制出了高压缩比、顶置式气门、轻型、现代化的V8发动机等产品。百年来，凯迪拉克已经是声望、尊贵与豪华的代名词，同时也代表了锐意进取和技术创新。

凯迪拉克帝威防弹车

简析：美国多为欧洲移民之裔，它的文化经过融合更具有自由、大气、理性的特点。雪佛兰、别克、旁蒂克、奥兹莫比尔、土星、林肯、道奇、鹰-吉普、切诺基-吉普、克莱斯勒等都是美国具有自己个性的汽车品牌，拥有各自的品牌文化。

范例 德国奔驰，机械增压引擎，扎实的车身底盘功底和后轮驱动，可靠性极好，油门响应也好，S600比宝马760投入市场早，可是连宝马都无法超越S600的动力。宝马一直坚持后轮驱动，直列6缸引擎。宝马车的变速器行程短，走位精准。奥迪早期是靠赛车起家，后期是靠四驱技术制胜。

简析：德国人重理尚辩。每个德国公司都有自己的关键技术，这是德国车安身立命之本。

范例 菲亚特汽车在百余年的发展史上，不断地刷新自己的销售纪录，被称为意大利汽车工业“寒暑表”。菲亚特始终没有忽视自己标志的设计和完善“菲亚特”轿车的紧凑楔形造型简练、精巧，总是引导世界汽车造型的潮流，皮卡版Punto、Doblo、菲亚特Oltre、熊猫Cross等车款成为汽车业艺术和品位的化身。阿尔法·罗密欧跑车：动力强劲、变速技术先进、驾驶性能卓越，外形别具一格，开动起来浪漫不乏理智，自然能

菲亚特轿车

在车主的心中唤起等量的浪漫情怀。

简析： 意大利地处南欧半岛，终年阳光充足的气候、沟通东西方各国的繁盛的商业贸易孕育了意大利人豪迈、爽朗、乐观、热情的性格和崇尚自由与享受生活的人生态度。古典艺术传统使意大利成为真正的艺术圣地，也使艺术融入了意大利人的生活。

范例 丰田在管理方面率先倡导的“零部件应在正好需要的时间以正好需要的数量到达正好需要的位置”这一理念成为汽车发展史上的一个里程碑。本田的电子陀螺仪是世界上最先应用在汽车上的导航装置，四轮防侧滑电子控制器、自动控制车身高度电子装置和符合涡流调整燃烧发动机都是世界上汽车高技术的领先成果。本田也是日本第一个达到美国标准的汽车公司。

简析： 日本人尊崇强者，鄙视弱者。因此他们不断地学习世界的先进技术和方法；同时又具有强烈的集团意识、等级观念、信奉精神至上的原则。因此他们的合作精神是值得称道的。

范例 目前中国知名的品牌多为合资企业，自主品牌主要有：奇瑞、吉利、长城、华晨以及比亚迪等。其中奇瑞汽车完全掌握了发动机、变速器、底盘三大核心部件生产和制造技术，并达到世界先进的水平，形成了 ACTECO 和 CAC 两大发动机品牌。奇瑞 QQ6 以“空间最大化、底盘高档化、配置智能化、安全立体化”等颠覆性优势，开创着微型轿车的全新里程碑时代。另外，比亚迪 DM 双模电动汽车实现了既可充电、又可加油的能量补充方式。DM 双模电动汽车系统实现了真正意义上的双动力混合系统，成为世界上主流的新能源汽车系统。

奇瑞 QQ6

简析： 中国人南北差异较大，但总体上重情义，重实用，崇尚天人合一。中国汽车的发展借助于国家的体制有了较快的发展。五十多年前基于新中国成立后的大发展，近十多年的飞跃又借助改革开放和加入世贸的新形势。但汽车真正品牌的发展还要靠文化的支撑。

(3) 不同时代背景下的设计理念

汽车本身所折射出的设计理念，其所包含的设计元素实际上就是文化元素。当这些元素熔铸到汽车上，就表现出不同的文化，它最能反映民族性格特色。比如美、日、德三辆车摆放在一起，性格迥然的区别一目了然。美国车牢固大气，日本车绚丽新潮，德国车精益求精。

范例 “凯迪拉克”“林肯”“道奇”“雪佛兰”等车既长又宽，像一只扁铁箱，前脸是华丽的栅格，车窗周围镶有镀铬亮条，宽大的货舱等在世界汽车王国是个“大个子”。

内饰豪华却做工粗糙，大排量小功率，不甚实用。

简析：美国传统的汽车中，“最大的就是最好的”。现在有些车逐渐向欧洲风格接近，车形也受日本车影响有所减小。

范例 德国代表车“宝马”“奔驰”“奥迪”“保时捷”等设计追求完美，科技含量较高，讲究线条挺拔，坚固耐用，奥迪A6成为带有大众风格的代表之作。法国的“雪铁龙”“标致”“雷诺”等车优雅别致、富于动感，不同阶段都有着新颖、前卫的设计。英国精品车“劳斯莱斯”“阿斯顿·马丁”“捷豹”等车，造型优雅脱俗，充满了绅士风度，表现为复古保守、珍贵稀少，有些设计甚至怪诞。充满艺术气息的意大利则成为欧洲乃至世界汽车造型发展中心，这里汇聚了被誉为“世纪设计大师”的乔治亚罗，以及平尼法瑞那、博通等设计室。法拉利就是平尼法瑞那的固定客户。他们的设计充满想象力，以开放、性感、洒脱、超性能来吸引顾客。

乔治亚罗

简析：欧洲设计风格多样，成为世界汽车最有代表性的地域。

范例 日本“雷克萨斯”“皇冠”“公爵”“雅阁”等以美观、实用、价廉著称，造型风格方正、有棱角，个性尚不够鲜明。韩国的“大宇”“现代”等车简洁、善变，有些设计具有超前表现，但总体模仿的迹象依然明显。

简析：以日、韩、中为代表的亚洲汽车走的是兼收并蓄之道。

范例 拥有自主品牌的吉利汽车自上市以来，从吉利豪情、吉利自由舰、拥有“中国第一跑”美誉的吉利美人豹等车满足了各类消费者的胃口。众泰新能源汽车创造了中国新能源汽车六个第一的辉煌成就，比如，它是中国第一个获得纯电动乘用车领域发明专利的整车企业。

吉利自由舰

简析：国内设计理念由原来笨、重的车型向多元化转变，在设计中逐渐从模仿向独创性上迈进。

2、汽车技术文化比较

（1）新技术比较

汽车技术已逐渐发展为多学科技术交叉的产物。随着人们对汽车要求的提高，越来越多的新技术应用在汽车上，使之更加智能化和现代化。新技术的拓展主要围绕安全、舒适、环保、节能等方面进行。

安全技术方面。汽车防抱死制动系统（ABS），被认为是当前提高汽车安全性的有效措施之一。电子制动力分配系统（EBD），一般和ABS配套使用。EBD的功能就是在汽车制动的瞬间，高速计算出四个轮胎摩擦力数值，达到与制动力的匹配，保证车辆的平稳和安全。汽车驱动轮防滑转控制系统又称为防滑转调节系统ASR或驱动力控制系统TRC。ASR的主要功用是：在车轮开始滑转时，防止驱动力超过轮胎与路面之间的附着力而导致驱动轮滑转，提高车辆的通过性，改善汽车的方向操纵性和行驶稳定性。电子稳定控制系统（ESP）用来帮助车辆维持动态平衡，在转向过度或转向不足的情形下效果更加明显。另外还有紧急制动辅助装置（EVA）、车道偏离警告系统等。

范例 目前，以梅赛德斯-奔驰S 400 HYBRID混合动力车型为基础开发的一款装备有多项前瞻性安全配置的ESF概念车中，PRE-SAFE预防性安全车身结构、制动气囊、局部照明系统等可以更好地保护车内人员安全。

制动气囊

节能环保方面。电控汽油机燃油喷射系统，它能保证汽油燃烧更完全，汽车的油耗降低。目前国外轻型汽车用柴油机日益普遍。高压共轨电控柴油喷射系统，具有可以对喷油定时、喷油持续期、喷油压力、喷油规律进行柔性调节的特点，该系统的采用可以使柴油机的经济性、动力性和排放性能都会有进一步的提高。另外还有冷却废气再循环（EGR）技术、增压中冷技术、微料过滤器、催化、净化装置等。

舒适、便利方面。巡航控制系统（CCS），能减轻驾车者疲劳，免除驾车者长时间脚踏油门踏板之苦。同时，在巡航状态下对预定的车速进行加速和减速的调节，还可以节省燃料。触屏式导航系统，可随时确定车辆的位置。另外还有磁流变液减振器、先进的空调系统等。

范例 瑞士汽车公司Rinspeed开发出了一种可伸缩式汽车。这部车可以在短短的几秒内，由不到3米的双座车，伸长成3.7米的四座车，所以命名为Presto，意指“迅速的”变身。这神奇的变化来自于车底中间的电动马达，转动两根长达746mm的金属螺杆，推出固定于后底盘的低摩擦力精密套筒，把后车身像抽屉般轻巧地推出来。为保证Presto的车身扭曲刚性，还有卡榫设计，将车长固定，以避免车长在行驶中变化。它是一部上空车，任何人都可以轻易地跳入这部车。特别的防盗系统：只要口袋钥匙离开，车辆就不会启动，就算是被拖走，全球卫星定位也会告诉你车在哪里。

可伸缩式汽车

简析：从汽车设计上，多功能的“交叉”车型已成为主流，为人们的需求增添了便利。

（2）发展趋势比较

汽车扩大了人们的生活半径，也改变了社会的产业结构、生产和生活方式。但近年来，国际原油价格剧烈波动，汽车二氧化碳排放加剧了全球变暖趋势等，都影响了汽车发展的方向。发展节能汽车、清洁燃料的环保汽车、安全汽车、智能汽车等成为未来汽车发展的新趋势。

范例　2013 年 4 月，英国著名豪华跑车品牌——阿斯顿·马丁创造了全球汽车业的又一个里程碑：在长度为 24 公里的德国纽博格林北环赛道上，成为全球第一个完成氢动力且实现零排放单圈行驶的汽车品牌。这款氢混合动力车型可以在纯汽油动力模式、纯气态氢动力模式或这两者的混合动力模式下进行行驶。在纯气态氢动力模式下，这辆氢混合动力赛车排放出的仅仅是水。

氢混合动力赛车

范例　吉利集团在 2008 年底特律北美车展举行的新闻发布会上宣布，一项长期困扰世界汽车安全行驶的技术难题——车辆高速行驶中突然爆胎的安全控制在中国吉利成功破解。这项技术的运用将彻底化解汽车在高速行驶中突然爆胎所引发的车毁人亡的灾难。消息一经发布就在北美车展引起轰动，被当地媒体誉为“中国人成功破解汽车安全技术的‘哥德巴赫猜想’，中国的汽车研发技术给了世界一个惊喜”。

吉利汽车

简析：汽车安全技术的发展，将尽可能减少人为、材料及各种不利因素带来的伤害。

汽车开发将更多地采用基于数学的技术，计算机辅助的汽车技术，汽车开发过程会越来越快捷。多品种、少批量化、客户个性化的需求会得到不断的满足。高新技术密集化的智能化汽车将成为主流的汽车产品。

范例　2014 年 5 月 28 日 Code Conference 科技大会上，Google 拿出了自己的新产品——无人驾驶汽车。和一般的汽车不同，Google 无人驾驶汽车没有转向盘和制动器。Google 联合创始人谢尔盖·布林（Sergey Brin）说，目前这辆无人驾驶汽车还很初级，Google 希望它可以尽可能地适应不同的使用场景，只要按一下按钮，就

无人驾驶汽车

能把用户送到目的地。

简析：开发无人驾驶汽车的目的是为了防止交通意外、给人们更多空闲时间和减少汽车的使用，从根本上减少碳排放量。

三、汽车和火车品牌文化比较

二维码3-1

一个成功的汽车品牌是需要天长日久的心血和资金才能打造出来的。赋予汽车企业文化含义最直接的就是汽车品牌及车标。世界著名汽车公司都有着独特的产品商标、名称及含义。

西方车辆交通品牌历史悠久，几乎每个品牌后面都是一段传奇历史，展示出更多的历史文化特色，同时又有着很强的个性特色。中国近代车辆发展明显落后，有着鲜明的迥然不同的表现。初期车标政治色彩较浓，现在向着民间传统、地域特色方向发展。

中西方车辆交通品牌文化有以下相同之处：

1、中西方车辆发展技术的新趋向都是环保、节能、智能，追求车辆使用中人与自然的和谐，追求更个性、更自由、更广阔的精神境界。

2、中西方车辆发展都要面对能源危机带来的竞争和挑战，以及由此带来的文化融合。

第三节　交通车辆工程文化案例分析

一、国内

合肥高铁南站

在安徽合宁高速的北侧，有一座气势磅礴的高铁车站巍然屹立，它就是我国高铁车站建设中少有的精品和杰作——安徽合肥高铁南站。合肥南站以高铁车站为载体最好地诠释了徽文化，是交通车辆工程文化的典范之作。

合肥南站

安徽是一个南北交融的省份，地域文化的特点是兼容并蓄，异彩纷呈，要用建筑这种凝固的音乐来弹奏一首动人心弦的徽文化合奏曲难度很大。既要体现皖南民居的徽派特色，也要突出皖北建筑的大气，更要强调高铁车站的实用功能和审美价值，这该如何设计取舍呢？原铁道部为南站设计进行了国际招标，有近10家单位竞争，有人将南站设计得非常现代，却没有安徽传统文化的特点；有人将南站设计成仿古的徽派民居，却失去了改革时代进取拼搏精神风貌。经过激烈竞标，中铁二院工程集团有限责任公司和北京市建筑设计研究院有限公司两家联合完成合肥南站的设计，他们将车站风格定义为端庄简洁，将马头墙、石雕等徽派元素在屋顶、柱子头和墙面上体现出来。设计风格上融入皖南建筑“四水归堂，五岳朝天”的寓意，将现代化的车站和安徽的传统文化很好地融合在一起。所谓“四水归堂”在徽派建筑中，指的是四方雨水流入天井，象征四方旅客如潮水般汇聚到车站换乘，“五岳朝天”则体现在屋顶向上起翘的封火墙，南北立面向内倾斜的板形柱上。因此可以说，合肥南站的设计最好地诠释了厚重悠久的徽文化，展示了安徽中部崛起的蓬勃活力。

合肥南站自2011年8月动工，历时三年多终于得以竣工面世。当深入了解南站的时候，我们会发现合肥南站在建设中采用了空中车站、零换乘、徽派雕饰和国内首创使用的“悬挂式玻璃幕墙”。

“桥建合一”的空中车站

与传统的火车站不同，合肥南站采用立体式高架场站的结构，是一座悬在空中的火车站。高铁线路均由20多米高的高架桥托起，进出南站的列车，将不走地面，而是“行驶在桥梁上”，这在全国的大型综合枢纽站中只有南京南站和武汉站是这样设计的。这样建设的最大好处是，不会因为火车站而将城市硬生生地分割开，最大限度地实现了零换乘，还能节省土地。高架场站将南站南北两侧的交通联合起来，南站与城市实现了完美融合。无论旅客是进出站，还是穿越车站，都将一路畅行。

悬挂式玻璃幕墙国内首创

合肥南站在屋顶和墙壁的处理上均大体量地采用玻璃幕墙。幕墙形式大体量的采用，跨度和单体面积在国内都是数一数二的。这种幕墙分为单索幕墙和悬挂式幕墙，其中悬挂式幕墙是为了达到南站外立面效果特别设计的，国内之前没有先例。

大面积玻璃幕墙的使用首先显得外观上简洁大气，由于悬挂式幕墙整体性好，没有繁复的结构，看上去干净清爽；其次是通透，即使是傍晚或者阴天，室内都能获得很好的自然采光，几万平方米的大厅不需要靠灯光照明，节约了用电。天窗上的遮阳帘还能自动调节光线，使室内光线明亮柔和，让人感觉舒适。此外，屋顶大挑檐的设计，既是徽派封火墙造型的需要，又能遮阳挡雨，方便到站的旅客。

采暖取冷均通过地下实现

合肥的天气不像北方，因此在幕墙的面积、玻璃的厚度及透光率、天窗的设计等都充分考虑到地域特点，通过计算机进行人体舒适度和空间气流组织的模拟研究，保证旅客获得最适宜的温度。合肥南站的设计经过了严格的节能计算，仅地源热泵技术一项就节约能耗30%。特别要说的是，南站的空调系统采用了地源热泵技术，通过在站场空地植入大量100多米深的地埋管，夏季就把室内的热量“取”出来释放到土壤中去，到了冬季再把土壤中的热量“取”出来，提高温度后供给室内用于采暖；夏季还可以从地表采冷用来室内制冷。这种采暖和取冷的方式初期会增加投入，优点是可减少运营成本，减少排放，故而非常绿色环保。假如真有机会到合肥南站乘车，那么，如何乘车、购票、换乘呢？①每种交通方式换乘不超过150米。南站、长途客运站、公交站、出租车站等通过地下通道完全联通，浑然一体，合理地解决了不同功能区之间的衔接。②四个进站口均可进站。此外乘公交、长途汽车到站的旅客，在地下负一层下车，所以在进站的时候并不会与自驾车的乘客交会，这也就避免了交通拥堵情况的发生。在进站的安检环节，合肥南站是敞开式的，旅客只需通过安检便可进入候车大厅内。安检仪在一楼进站大厅和二楼候车大厅东西南北四面均有设置，方便不同方向到达的旅客进站。至于出站，南站从上到下依次是站台层、地下一层出站层，布置有出站区和公交、出租等综合换乘通道。

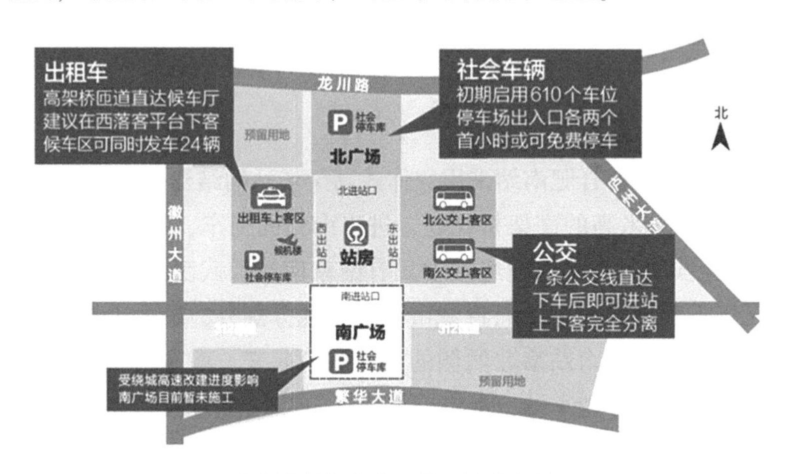

合肥南站与其他交通工具的衔接

简析：与传统火车站旅客提着大包小包候车不同，现代化的高铁站将很少会有旅客在喧哗嘈杂的环境中排长队候车的现象，伴随着以往乘车而来的一切困扰在高铁时代都一扫而空，在乘车的各个环节大家感受到的是贴心的服务、温馨的照顾，所谓的等待也是幸福的等待和对生活的惬意欣赏。

二、国际

（一）俄罗斯地铁站

俄罗斯是世界上最早建设地铁的国家之一，其地铁文化特色鲜明，具有浓厚的俄罗斯民族风貌。莫斯科地铁是俄罗斯地铁这个王冠上的明珠，其规模和气度丝毫不亚于地面上的建筑，是世界上最宏伟的城市地下交通通道之一，号称地下钢铁巨龙。莫斯科地铁各个车站的风格、造型、布局都不相同。如果说地铁的设计建造是一种国家经济行为的话，那么这些车站则是国家文化的展现。

莫斯科地铁启用于1935年，每年最高客流量达33亿人次，是世界上最繁忙的地铁，同时坐乘最方便，营运时间长，发车频繁，行车迅速，坐车舒服，票价低廉，换车方便，堪称世界一流。莫斯科地铁系拥有车站200个，个个车站独具风格，绝无雷同，但都能给人一种强烈的震撼力。马雅可夫斯卡娅车站是最能使人流连忘返的，走进这个古老而年轻的车站抬眼望去，两边的大理石廊柱排列整齐、庄重、典雅，天花板上是一幅巨型马赛克壁画：在蔚蓝的碧空里，伞兵战士们的降落伞犹如一朵朵盛开的白莲；在革命广场车站，有一组英雄的铜像引人注目，迎面是一名手握左轮手枪的彪壮战士，他目光炯炯地注视着来往的列车，在战士一边是一位手端来复枪的妇女，她英姿飒爽、神采飞扬，这些人物的神态呼之欲出、逼真可亲，仿佛一声令下他们就能真的走向沙场。

马雅可夫斯卡娅车站

莫斯科地铁的车次很密集，基本上是 40 ~ 50 秒一趟车，虽然不需要安检，但是也有着严格的管理和约束程序，莫斯科人享受着地铁的便利，也维护着地铁的“尊严”，在这里乘坐地铁，永远没有漠视文明的现象，随时有人自觉为老弱、妇女和儿童让座或提供其他帮助，所有的地铁站都是华丽高贵的，大多用五颜六色的大理石，花岗岩，陶瓷和五彩玻璃镶嵌。各种雕刻、壁画和照明灯具都十分别致，给人以美好的视觉享受！

简析：地铁及其配套的车站等设施已经变成了大家生活的重要部分，人们的衣食住行与这里已经密不可分，共同享用着科技的成果，共同维护着地铁这个看似沉默的“朋友”，人们相会在地铁，在这里受人影响、也影响他人。

（二）美国机场救援消防车

机场救援消防车 Oshkosh Striker 3000 是美国 OSHKOSH 公司的 Striker 系列车辆，正是《变形金刚 3》中御天敌的原型车，是世界上最知名的机场专用车之一，国内像首都国际、上海浦东等机场就配备有 Striker 系列的消防车。3000 则代表巨大的水箱容量为 3000 加仑（约 11.35 立方米）。该车有六个硕大轮胎，来自康明斯上千马力的柴油发动机将巨大的转矩传递至每一个轮胎。有了这些硬指标的武装，“御天敌”就具备了完全越野的能力，可以驰骋在各种复杂的地形中，迅速为事故飞机提供灭火以及救援行动。（摘自太平洋汽车网，有改动）

机场救援消防车 Oshkosh Striker 3000

简析：消防车是生活中专门用于救火或其他紧急抢救用途的车辆，多数地区的消防车车身都是喷上鲜艳的红色。消防车的质量水平，反映出一个国家消防装备的水平，甚至体现了该国整个消防事业的水平。它们在种种未知的险境中帮助人们脱离困境，极大地保障着人的生命与尊严。

第四节　交通车辆工程文化思考与实作

一、简述题

1、交通车辆工程文化的文化特点是什么？

2、请说出十个流行汽车品牌，并谈谈其中某个品牌的文化特点。

3、上网查询并了解中国汽车的现状。

二、论述题

1、试论中西交通车辆工程文化的差异。

2、请列举与车辆有关的电影、广告片，说说其中蕴含的交通车辆工程文化内容。

3、请你谈谈中国独特的文化现象：春运。

三、实作练习

1、请立足于你所在的城市，为某个旅游项目设计一个方案，要求方案中能尽可能多地乘坐各类车辆并进行相关的交流活动，并画出流程图。

2、请阅读下面《离别的车站》的歌词，从交通车辆工程文化的角度分析歌词表达的离愁与传统文化表达的离愁有何不同。

当你紧紧握着我的手，再三说着珍重珍重。当你深深看着我的眼，再三说着别送别送。当你走上离别的车站，我终于不停地呼唤呼唤。眼看你的车子越走越远，我的心一片凌乱凌乱。千言万语还来不及说，我的泪早已泛滥泛滥。从此我迷上了那个车站，多少次在那儿痴痴地看，离别的一幕总会重演，你几乎把手儿挥断挥断。何时列车能够把你带回，我在这儿痴痴地盼，你身在何方我不管不管，请为我保重千万千万。

学后感言：

第四章　管理工程文化

第一节　管理工程文化的概念与特征

一、管理工程文化基本定义

（一）管理与管理工程定义

管理是指在一定的环境下，对组织拥有的资源进行计划、组织、控制，以实现组织目标。管理的核心就是计划、组织、控制；管理也可以简单地表述为计划、组织、控制三大职能。

管理工程是指在资源一定的环境下，对组织拥有的资源进行计划、组织、控制，以实现组织目标的一个过程，强调过程性，是一个综合性的概念。

目前，管理工程研究范围已从只关注效率提高和数学方法运用的工业工程扩展为包括工业工程、工程管理、电子商务、物流工程、金融工程、城市管理等方面管理问题的一门综合性学科。管理工程培养的是“复合型”技术技能管理人才。

范例

王熙凤的管理之道

王熙凤作为《红楼梦》中的代表人物之一，就其对宁国府管理上的做法，即使以现代管理学的观点来看，也有借鉴意义。

王熙凤在调查了解并掌握第一手资料的情况下，完成了对“老大难”宁国府的“管理诊断”，经过分析，得出宁国府在管理上存在的深层次问题，王熙凤确定了总体的管理思路：即铁腕式管理。具体措施：一是采取在制度面前人人平等，并要求管理者带头遵守规则；二是定岗定编，责任到人，尤其是把做事与管物结合起来，把工作责任和经济责任结合起来；三是严明劳动纪律，王熙凤每天亲自点名，恩威并施，敢于奖励，同时也不忘让大家有良好的前程。王熙凤一整套铁腕式管理思路，比较彻底地解决了宁国府的管理难题。

王熙凤的现代管理

1、管理问题的提出

二维码 4-1

现代管理问题的提出，主要是基于以下“两点有限性”。

（1）个人能力的有限性

现代问题的复杂性决定了想单纯依靠个人能力独立解决问题的难度。个人能力总是有限的，即使如比尔·盖茨等财富英雄，他们的成功也是依靠团队的力量。因此，人们总需要结成群体，即建立团队，去实现单个人无法达到的目标。团队需要人与人之间、人与部门之间、部门与部门之间的合作，如何处理这种相互之间的关系，使团队持续发挥合力作用，管理成为必然，因为我们需要对团队进行计划、组织、控制以形成合力。

美国西南航空执行长凯勒赫（Herbert Kelleher）指出：“无形资产是竞争对手最难剽窃的东西，因此我最关心的就是员工的团队精神、企业的文化与价值，因为一旦丧失了这些无形资产，也就断送了竞争优势。”

（2）资源拥有的有限性

这主要表现在一定条件下，任何组织所拥有的资源总是有限的。因此，组织内部或组织之间总存在如何合理、有效分配其有限资源的问题。这一问题的解决，同样依赖于管理。只有管理才能有效处理有限的资源在不同组织之间或组织内部的配置方式，以提高有限资源的利用效率，实现组织目标。

2、管理性质的二重性

（1）自然属性

现代化的管理是建立在社会化基础上的，它反映了社会大生产的客观要求，因此，管理原则、理念、技术、方法具有科学性与通用性。

（2）社会属性

这是指管理在具有科学性与通用性的同时，还有其特殊性，主要体现在管理原则、理念、技术、方法等方面在运用时都无一例外地受文化环境的影响，表现为文化环境的独特性。

3、管理特点

管理性质二重性决定了管理是一门科学，但更是一门艺术。管理的科学性和艺术性相互依赖，相互补充。管理就是一门化腐朽为神奇的综合艺术。在管理实践中，有时员工抱怨公司管理不规范、运作混乱、组织架构不清晰，其实，只要心里有章法就行，正如古训所言：“水至清则无鱼、人至察则无徒。”

4、管理任务

通过管理，使组织实现以下三个主要目标：

（1）达成目标（组织目标）

组织目标一般以经济技术指标体系反映出来。如公司2015年要实现销售收入3亿元，利润3000万元、总产值3.5亿元、一次检验合格率达到99%等经济技术指标。

（2）员工活力与成就感

可以按马斯洛需要层次论对人的需要行为的典型描述，激发员工激情，并保持活力，使员工在工作中，能获得满足感、成就感。

（3）社会责任的体现

现代企业价值观是多元化的。企业单纯追求一元化的利润目标已经不能满足社会对其要求，现在评价一个企业的优劣，是否具有社会责任感已成为一个重要的指标体系。

5、管理的基本职能

（1）计划：计划就是做出决策，并在此基础上制定行动方案的一系列工作总称。

（2）组织：是指为实现预定目标，对组织拥有的各种资源进行制度化安排，包括组织设计、人员配置、组织变革与发展。

（3）控制：是指管理者根据既定标准要求，实时检查组织活动，发现偏差，查明原因，并采取措施给予纠正。

总的来看，这三大职能既相互区别，又相互渗透。

第一，计划、组织、控制主要反映了管理在时间与逻辑上的关系与概念。

第二，任何事，先要有计划，然后组织实施，而实施的整个过程应处于控制下，不能失控。

第三，控制有松散型和严厉型之分，也有事前、事中、事后控制之分。

（二）管理工程文化定义

管理工程文化是整个工程文化的具体表现形式之一，是在管理的实际运作中所建立的文化观念与文化现象；管理工程文化属于广义企业文化的一个重要组成部分，是一种具有战略意义的柔性资源。

从管理学的角度来看，文化是一种高级的、艺术性很强的管理手段，企业中许多重大的管理问题都与企业文化密切相关，只有通过适当地利用或改变企业文化才能得到妥善的解决。

企业文化的实质就是企业价值观，它是企业员工在劳动和交往过程中形成的共同的价值取向与行为准则的积累。一个企业的成员如果拥有了共同的价值观，就意味着员工的思想及行动有了统一的可能性。一个企业的文化底蕴越厚，其发展的潜力就越大。企业文化的产生一方面是由于科学技术的发展及社会的进步，在管理中更加重视人的因素，另一方面则是由于诸如管理工程中大量现代科学技术手段在管理中运用十分普遍，如何处理好其中的文化因素及差异性成为高层管理者必须面对的重大问题。

二、管理工程文化的特征

（一）目标的多元性

传统的组织目标更多表现为单一的利润目标，企业以此为目标，主要是源于作为经济组织的本质；但现代社会的进步，人类社会文明程度的提高，对管理工程文化建设提出了全方位的要求，其目标也从单一的目标发展为多元化，即企业在追求盈利目标的过程中，必须同时兼顾顾客目标和社会责任目标，只有如此，企业的发展才有可持续性。

（二）运作的效率性

管理工程文化的实际运作讲求工作及生产效率的提高。现代经济更多地体现出知识经济的特征，追求高效率、快节奏、高速度、创新等成为企业竞争的关键点，因此，电子商务、现代物流技术、项目的目标控制、城市管理等都表现出强烈的效率要求。

（三）团队的创新性

团队的创新性主要表现为团队建设的创新，而团队建设的创新是管理工程文化建设的必然要求，是管理生命的源泉，在管理工程中，团队更多地表现为项目团队。项目团队的创新性主要表现在：

1、项目负责人自身综合能力的提升是项目团队建设的保障

项目团队中，每位组员角色的扮演成功与否，关系到项目的最终成功与否。因此，项目负责人不管以前从事什么职业，在什么岗位、学什么专业，都应明确自己在项目中的角色究竟要干什么，有什么职责。

2、项目团队文化的形成是项目团队建设的灵魂

项目是一次性的，项目完成后，组员各奔东西，还需要项目文化吗？可能会有不同看法，正因为有如此看法，更折射出项目团队文化建设的重要意义。

项目虽然属于一次性的，但如企业文化一样，有其继承性，同样需要项目文化建设，并作为项目负责人的主要工作之一。特别是作为项目负责人，应该全力打造自己所带项目特有的文化形态，建立起本项目有特色的价值观、精神、理念，从而形成项目团队的认同感与归属感。

（1）建立起自身有认识、有需要的项目文化，并以自我文化为主，外来文化为辅。这一文化不应随项目的不同而有实质上的区别。

（2）观念务虚与制度务实相结合。既有自己的项目价值观、项目精神、项目理念，形成三位一体的项目文化体系；同时，也应建立相关制度，把“项目文化”做实。

3、保持始终如一的热情是项目团队建设的中心

项目组员来自不同部门、不同地域、不同文化背景，因此，开始时的新鲜感，会带来自然的热情。要想在整个项目周期内都保持这种始终如一的充沛精力及热情却是很难的。项目运行中可能会产生诸如热情不再、应付了事，做事拖拉等状况。因此，项目目标的实现，仅有好的开头是不够的，重要的是保持始终如一的热情才行。

4、有效沟通是项目团队建设的基础

在团队建立一个开放、坦诚、及时、有效的沟通环境是项目团队建设的基础。

5、学习型和自我管理型团队是项目团队建设的常态

6、建立有利于项目团队建设的项目决策方法

（1）头脑风暴法

头脑风暴法又称智力激励法，是一个集体创造法。将对解决某一问题有兴趣、同时又有一定研究的人组织在一起，开展面对面的阐述和辩论，在完全不受约束的条件下，敞开思路，畅所欲言。

头脑风暴法需要召集较多的人，一般6~12人为最好。头脑风暴法的有效性取决于：

1）是否坚持独立思考。

2）发言者的辩论空间有多大。

3）发言者是否畅所欲言，不同意见和观点是否有充分表达的机会。

4）会后的总结与评价如何进行，能否从中发现有创意的方案，从而发现投资机会。

（2）德尔菲法

又称专家调查法。德尔菲是古希腊神话中的神谕之地，城中有一座神殿，据传能够预卜未来。二次大战之后，美国兰德公司提出一种向专家进行函询的预测法，称之为德尔菲法。通常选取7到20名专家，专家互不见面，以保证不互相影响。具体由预测主持人与他们多次反复函件、书信联系。预测主持人在收到专家的回信后，将他们的意见分类统计、归纳，提炼出专家间意见分歧较大的观点，不带任何倾向地将结果再反馈给各位专家，供他们作进一步的分析判断，再提出新的估计和观点。如此多次往返，意见渐趋接近，趋于一致。

专家调查法可以避免由于召开专家会议面对面讨论带来的相互间意见无法充分发表的缺陷，但信件往返和整理都需要时间，所以相当费时，且聘请专家成本较高。

二维码4-2

7、项目团队建设的基本形式

项目团队建设基本形式分正式活动与非正式活动两类。

正式活动是指团队建设活动需要一定的程序化安排和时间保障，如集中安排、培训、绩效与目标考核等内容。

（1）集中安排是把项目团队集中在同一地点，集中沟通和交流，在一些项目中，集中安排可能无法实现，这时可以采用安排频繁的面对面的会议形式作为替代，以鼓励相互之间的交流。

（2）培训包括旨在提高项目团队技能的所有活动。培训根据项目实际运行要求，可以是正式的（如教室培训、利用计算机培训）或非正式的（如其他队伍成员的反馈）。

（3）绩效与目标考核。项目本身有明确的目的性，如房地产开发项目或生产线建设项目，其目的性很强，一目了然。因此，项目管理从某种程度上来讲也是目标管理。项目有

明确的目标，团队中每个人也必须有明确的目标，考核时，项目经理以业绩说话，使组员有一个目标方向，对维持组员热情与持久性有较好帮助。

非正式活动主要是根据项目实际情况进行具体的分析和安排，如工作之余的聚会、郊游等，以提供团队成员之间的另一种了解和交流的渠道。

（四）冲突的复杂性

项目冲突是组织冲突的一种特定表现形态，是项目内部或外部某些关系难以协调而导致的矛盾激化和行为对抗。

项目冲突在项目管理中是必然存在的，试图营造一个没有冲突的项目环境是不现实的，杜绝冲突更是不可能做到的事。

项目冲突从另一层面来理解也具有可取之处，有不同意见、不同看法是项目团队建设所必需的要素。

尼尔及其合作者们将冲突分为三类，即关系型冲突、任务型冲突和流程型冲突。关系型冲突是由于人与人的不同而造成的冲突，这其中包括性格差异、敌意对抗和个人反感。任务型（或称认知型）冲突是各方对团队任务认知差异而造成的冲突。流程型冲突是指在行事方式和资源分配方面的意见分歧。

尼尔认为，任务型冲突是观念上的冲突或争论，这正是我们在团队中想引发和鼓励的冲突类型，因为它使大家得以共享观念。只有经过观念的论战，占上风的想法才能在互动中脱颖而出，否则就等于没有团队。

因此，管理者的任务就是确保观念的冲突不要演变为尼尔所谓的“关系型冲突”。

依据以上尼尔对冲突的不同描述，项目冲突也可以分为：

1、人际关系冲突

人际关系冲突是指项目群体内的个人之间的冲突，是项目群体内两个或两个以上个体由于意见、情感等人际因素不一致而相互作用时导致的冲突。

这是由于项目组织是临时性的，其成员来自其他机构、不同区域，不同的背景，包括文化、经历、素质、观念、性格、心理等，这些极易产生人际关系上的冲突，其中大多数是敌意的对抗和个人好恶。人际关系冲突是需要杜绝的冲突。

2、任务认知冲突（个体或部门）

任务认知冲突是指项目中的部门与部门、团体与团体之间在项目中的不同位置所造成对项目目标、任务认识上的分歧，即对团队任务认知差异而造成的冲突。

3、资源分配冲突

项目所拥有的资源在特定时间、地点和环境中总是有限的。因此，项目资源的有限性不可避免地会在项目内部造成想更多占有有限资源的行为，即在资源分配方面的意见分歧。

4、项目与外部环境之间的冲突

项目与外部环境之间的冲突主要表现在项目与社会公众、政府部门、消费者之间的冲突。如社会公众希望项目承担更多的社会责任和义务，项目的组织行为与政府部门约束性的政策法规之间的不一致和抵触，项目与消费者之间发生的纠纷等。

（五）思维的超前性

现代管理强调一步领先，步步领先，要做到这一点，管理思维的超前性尤为重要。一个成功的企业背后，都有一个思维超前的能人。创业伊始，这些能人凭个人的胆识和思维的超前性，为企业赢得了市场机会与份额。

范例

IBM 公司为了从规模上占领市场，大胆决策购买股权

1982 年 IBM 公司用 2.5 亿美元从美国英特尔公司手中买下了 12% 的股权，从而足以对付国内外计算机界的挑战；另一次是 1983 年，IBM 公司又以 2.28 亿美元收购了美国一家专门生产电信设备的企业罗姆公司 15% 的股权，从而维持了其在办公室自动化设备方面的“霸王”地位。

（六）实施的系统性

管理的系统性要求主要是基于：

1、企业组织是一个开放的系统。有投入（输入），有产出（输出），它包含社会和技术两个层面。但值得注意的是，我们国家在改革开放之前，企业这一系统的开放性受到很大影响，企业更多地表现为是一个闭环系统。因此，只有在社会主义市场经济条件下，企业才真正意义成为一个开放的社会技术系统。

2、企业是不完备性的系统。由于企业本身是一个人造系统，不可避免地存在不完善之处，这也是企业管理者在全力实现企业目标的同时，在取得成功的愿望下，要随时准备承担一切风险，包括投资失败，经营问题、质量问题等压力。

3、企业的整体性。整体性就是指系统各要素之间的相互关系，以及各子系统之间的关系如何遵循不同的管理规律，采用不同的方式方法进行运作并通过协调使之达到整体的最佳效果。整体性即整体优化。

（七）管理的分权性

作为管理者，应该坚持“用人不疑，疑人不用”的基本原则，既然你用了某个人，就应当充分相信他，放手给予他做事的自主性。只有当各级经理与员工被充分授权后，他们才能释放其能量，才能调动起其积极性，才能最大限度地发挥其自身价值，并为企业创造价值。

范例

摩西和管理幅度的故事——第一次有文献记载的管理幅度制度

摩西的岳父乔叟看到摩西从早到晚整天坐在那里，以色列人在他面前排起了长队，耐心地等着见他，表达自己的愿望和倾诉心中的不满。乔叟对摩西说："你这样做不太好。你和那些等着见你的人都受不了，你们会累坏的。你不应该自己一个人做这件事。"然后乔叟建议摩西在每1000人中选出一位代表，再在其中每100人选出一位代表，每50人及每10人选出一位代表。重大事项仍然由摩西自己来决定，但琐碎的事情就由那些选出的代表来做出裁决。摩西接受了建议。从那之后，他带领以色列人向迦南进发的任务就轻松了许多。

（《圣经·旧约》第二章"出埃及记"）

第二节　管理工程文化的中西方比较

研究管理工程文化的比较问题，其实质就是研究与探讨管理思想的发展脉络，这既是一个文化发展的过程，又是文化不断演变的产物。

一、中国管理工程文化发展简况

（一）古代

农业文明时期研究的主要内容是人性善与恶等人性本质的东西。中国古代管理思想的主要流派：儒家管理思想贯穿始终的仁政德治论、"和为贵"、中庸之道等思想；而道家管理思想则强调无为而治、顺其自然的天人合一思想。

（二）近代

农耕文明的中国沦为半殖民地半封建的社会，故这一时期的管理工程文化既有殖民地色彩又有古代承接下来的浓厚的封建色彩。

（三）现当代

中国逐渐摆脱半殖民地半封建的社会形态，1949年以后逐渐进入社会主义计划经济，改革开放后过渡到社会主义市场经济时期。

1、经济恢复阶段（1949—1952），工人阶级当家做主的企业管理模式。

2、第一个五年计划时期（1953—1958），全面学习苏联计划经济模式，以适应社会化大生产的管理需要。

3、社会主义企业管理探索期（1959—1965），在计划经济体制下，探索社会主义企业管理模式，如党委领导下的职工代表大会制度等。

4、"文革"时期（1966—1976），国民经济处于崩溃边缘。

5、改革开放后至今，中国的管理工程文化体现出现代管理思想与理论被广泛运用的特点。

党的十一届三中全会召开，标志我们进入了改革开放的新时代。在企业管理方面，较长一段时间集中在如何搞活国有大中型企业，下放权力成为一大举措，其目的就是要使企业成为真正意义上的自主经营、自负盈亏、独立核算的经济实体。目前，在经济全球化的浪潮下，我国企业管理在规范化、法制化、标准化、国际化、信息化的要求下，企业产权明晰、管理科学的基本机制得以建立，企业类型呈现多种多样，现代管理理论已广泛运用于管理实践环节之中，极大地促进了企业管理思想的发展，提升了企业核心竞争力。

二、西方管理工程文化发展简况

（一）古代

西方的管理工程文化起源于古罗马时期，那时，罗马就建立起层次分明的中央集权帝国，十五世纪的意大利，曾出现过一位著名的思想家和历史学家马基雅维利，他提出了四项领导原则：

1、领导者必须要得到群众的拥护。

2、领导者必须具备维护组织内聚力的能力。

3、领导者必须具备坚强的生存意志力。

4、领导者必须具有崇高的品德和非凡的能力。

（二）近代

西方这一时期进行了产业革命，苏格兰的政治经济学家、哲学家亚当·斯密在1776年发表了他的代表作《国富论》。他认为劳动分工之所以能大大提高生产效率，在管理工程文化的形成上，可以归纳为三个原因：第一，增加了每个工人的技术熟练程度；第二，省了从一种工作转换为另一种工作所需要的时间；第三，发明了许多便于工作又节省劳动时间的机器。

泰勒提出了科学管理的"泰勒制"，从此，西方的管理工程文化从经验逐渐步入科学发展的轨道。泰勒制的三个基本点是效率至上、为了谋求最高的工作效率可以采取任何方法、劳资双方应该共同协作；主要内容概括起来有五条：工作定额原理、能力与工作相适应原理、标准化原理、差别计件付酬制、计划和执行相分离原理。

法约尔也提出了一般管理原理：把管理活动与其他职能分开，把计划、指挥、组织、协调、控制称为管理的要素。

同时，霍桑试验和梅奥的人群关系理论更是注重管理工程中所展现出的文化元素，这从霍桑实验的四个阶段中可看出：车间照明变化对生产效率影响的各种实验；工作时间和其他条件对生产效率的影响的各种实验；了解职工工作态度的会见与交谈实验；影响职工积极性的群体实验。

而梅奥的人群关系理论的内容就已经完全是管理工程文化了：工人是"社会人"而不是"经济人"；企业中存在着非正式组织；生产效率主要取决于职工工作态度以及他和周围人的关系。

梅奥的人群关系理论克服了古典管理理论的不足，奠定了行为科学的基础，为管理思想的发展开辟了新的领域，他归纳的以下六点管理措施所展现出的就是其管理工程文化的内核：他强调对管理者和监督者进行教育和训练，以改变他们对工人的态度和监督方式；他提倡下级参与企业的各种决策；他要求加强意见沟通，允许职工对作业目标、作业标准和作业方法提出意见，鼓励上下级之间的意见交流；他要求建立面谈和调节制度，以消除不满和争端；他改变干部的标准；他重视、利用和倡导各种非正式组织。

（三）现当代

现当代时期，西方在工程文化上推行马斯洛的需要层次论。马斯洛提出了两个基本判断：人是有需要的；人的需要又是分层次的。他认为：从最底层的生理需要开始直至获得自我实现的需要，由低向高，逐次满足；只有当下一层满足后才会产生上一层需要；需要的层次可以分为生理的需要、安全的需要、归属和爱的需要、自尊的需要、自我实现的需要。

三、中西方管理工程文化的异同

（一）中西方管理工程文化的不同之处

1、管理思想产生的时代背景和管理对象不同

（1）时代背景不同：农业文明与工业文明。

（2）管理对象不同：政府管理与企业管理。

2、文化起源不同

（1）封闭的地理环境与开放的地理环境。

（2）浓重的血缘关系与明确的契约关系。

（3）自足的农耕文明与交往型的商贸文明。

3、管理思想性质不同

（1）中国管理思想讲求以"情"为特质的管理哲理，更多地建立在人性善、天人合

一的基础上；主张以德治、信义、关系、群体价值、智慧、艺术进行管理。具体表现在：

1）思索清楚了再行动。千百年的文化传统给中国人形成了某种价值定势，使他们的思维问题难以割断历史脐带，难以违背最基本的价值准则，因而他们的行为是思索清楚了再行动。

2）注重家庭氛围。孔子的“仁义礼智信，恭宽信敏惠”之所以在中国千古不衰，正是建立在以家为本位的社会伦理秩序的基础之上。传统的东方管理，包括日本企业具有更多的“情感”特色，注重培养组织“家”的认同感，使企业成为员工情感交流和满足需要的重要场所。

3）“重义轻利”的价值取向。市场经济讲究“利益”，而中国社会传统“重义”，如果二者有效结合起来，往往能得到事半功倍的效果。人无信不立，人无义不正。如果人的经济行为背信弃义，就会受到社会排斥。

（2）西方管理思想讲求以契约为纽带建立的管理哲学，建立在人性恶的基础上；主张以法治、契约、规范、个人价值、科学、技术进行管理。

西方是契约社会，即人与人之间不形成宗法伦理、等级关系，而是平等基础上的契约关系。它在管理上的表现就是规范管理、制度管理和条例管理，即在管理中特别注重建立规章制度和条例，严格按规则办事，追求制度效益，从而实现管理的有序化和有效化。如果了解西方科学管理的逻辑思维特质，就会了解依靠法规、条例来进行管理，正是科学主义思维特质的基本要求，科学主义的五大原则是：精确、量化、分解、逻辑和规范。由此可见，其所制定的管理模型肯定是强调规则、秩序和逻辑程序，以制度为主体，以防范为特征。正是这种以法规为核心的管理模型，反映了科学主义的管理原则和要求。

当今我国管理实践过程中应该采取中外兼收并蓄的态度，深入分析中外文化异同，充分吸收西方文化精髓，在引进西方先进管理技术的同时，逐步创造出一整套适合我国文化特质的管理哲学。

（二）中西方管理工程文化的相同之处表现在管理思想的起源与发展均是分阶段的。

第三节　管理工程文化案例分析

一、国内

海尔企业文化

（1）表层海尔文化：海尔标志、海尔中心大楼、海尔广告、海尔的样品展室，海尔的园区绿化，可爱的海尔兄弟商标，……。

（2）浅层海尔文化：海尔职工礼貌、有素养、标准蓝色着装；迅速反应，马上行动的作风……。

（3）中层海尔文化：产品，注重环保、用户至上，“大地瓜”“小小神童”洗衣机、“宽带电压”、瘦长的“小王子”电冰箱等产品所体现的“乡情”及其文化、科技内涵；服务，海尔的客户需求调查、海尔生产线现场参观、工业旅游专线的设计、售后服务“用户永远是对的”理念的建立和实施、无搬动服务及24小时安装到位的服务项目，……。

（4）深层海尔文化：OEC管理模式，“日事日毕、日清日高”和“三E卡”管理，定额淘汰，竞争上岗的组织平台，创自主管理班组做法，……。

（5）里层海尔文化：管理理念，包括：“有缺陷的产品就是废品”的质量理念；适应中国国情的“吃休克鱼，用文化激活休克鱼”的企业兼并理念；“东方亮了，再亮西方”的市场扩张理念；“首先卖信誉，其次卖产品”的营销理念；“人人是人才，赛马不相马”的人才观；“先难后易，先创名牌，后创汇”的国际市场战略；“要干就干最好”的科研开发理念；海尔的企业斜坡球体定律等。

（6）内层海尔文化：海尔远景，也就是十年之内，进入世界500强的奋斗目标。

（7）海尔文化内核：也就是海尔的哲学和价值观，那就是“敬业报国，追求卓越”“海尔真诚到永远”。就像张瑞敏所说的：“我想无论哪个企业的目标应该都是一样的，都要追求长期利益的最大化。但这只是一个目标，并不是目的。企业存在的目的是和社会融为一体，推动社会的进步。”

海尔的跨越式发展，从根本上来讲：在于兼收并蓄、不断创新、锐意进取的优秀企业文化的支撑。

简析：海尔是融会东西方文化创建自己独特企业文化进而取得巨大成功的典范。海尔的成功是值得正在其管理实践中艰苦探索的中国企业学习的。

二、国际

通用电气企业文化

一个企业的文化从一定意义上说是企业家管理理念的集中体现。为了使企业能更具竞争力，在“硬件”上，GE舵主韦尔奇通过他著名的“数一数二论”来裁减规模，进而构建扁平化结构，重组通用电气；在“软件”上，则尽力试图改变整个企业的文化与员工的思考模式。

公司采用“自由辩论”的办法来进行各方面、各层次人员的沟通。韦尔奇认为，真正的沟通不是演讲、文件和报告，而是一种态度，一种文化环境，是站在平等地位上开诚布公地、面对面地交流，是双向的互动。他抓了以下四项工作：①建立信任，每个GE人都要坦率直言，不必担心因提意见而影响到自己的前途；②赋予员工权力，第一线的员工掌握的信息往往比一些顶头上司更多，公司要求管理者给予第一线工人更多的权力与责任；③清除不必要的工作，缓解员工过度的负荷；④建立GE新范例：把公司塑造成不分彼此的新组织，一一消除公司各职能部门的障碍，除去阻碍人们彼此合作的“管理阶层”“职员”“工人”之类的标签，铲除公司对外联系的高墙，进一步搞好服务顾客、满足顾客的工作。

简析：海尔和通用在不同的文化土壤中都取得了成功。然而文化的差异使一些在一种文化里十分优秀的管理方法，到了另一种文化环境里则失去了作用。特定管理模式的成型，必定同其文化背景等一系列基本因素关系密切。

第四节　管理工程文化思考与实作

一、简述

1、简述管理工程文化的概念。

2、简述我国管理工程文化发展的主要历史时期。

3、简述西方管理工程文化的发展历程。

二、论述

1、上网搜寻一项管理工程，分析其中所蕴含的管理工程文化特点。

2、列表分析中西方管理工程文化的异同。

三、实作练习

阅读下面这段资料后，完成下题。

一、工业工程文化建构

工业工程，简称 IE（Industrial Engineering），它是对人员、物料、设备、能源和信息所组成的集成系统进行设计、改善的一门学科。它综合运用数学、物理学和社会科学方面的专门知识和技术以及工程分析和设计的方法，对该系统所取得的成果进行确定、预测和评价。

IE 追求的是系统整体的优化与提高。现代 IE 已涵盖了产、供、销的全部管理，其文化建设主要体现在以下两点。

（一）以人为本

生产系统的各种组成要素中，人是最活跃和最不确定的因素。IE 十分重视研究人的因素，包括企业文化、组织关系、环境对人的影响以及人的工作主动性、积极性、创造性及激励方法等，寻求合理配置人和其他因素，建立适合人的生理和心理特点的机器、环境和组织系统，使人能够充分发挥能动作用，从而在生产过程中提高效率，安全、健康、舒适地工作，实现个人及组织价值，进而更好地发挥各生产要素的作用。

（二）微观管理

为达到减少浪费、降低成本的目的，IE重点面向微观管理，解决各环节管理问题。从制定作业标准和劳动定额、现场管理优化直至各职能部门之间的协调和管理改善，都需要IE发挥作用。

二、项目管理文化建构

项目管理文化建构主要点在于项目经理的角色扮演上。项目是一个复杂的系统，各项工作的关联性很强，它要求项目成员具有很强的团队合作精神。一个项目组织要想成功地完成项目，不可能离开团队之间的团结协作，尤其是存在着很大风险的项目，则对团队的协作要求更高，另外，团队成员对自己的目标要清晰。而要建立这样的项目团队文化，处于核心的就是项目经理。

（一）项目经理基本素质要求：品德、责任、威信、创新

（二）项目经理的知识结构

项目经理是一级综合的管理者，在知识结构方面一般应以管理知识为主、专业技能为辅，特别是要有权改变观念，能结合项目具体情况采用相应管理方法，与此同时，需具备必要的专业知识。

现代项目管理有一种认识，即项目经理对技术细节了解得越少越好。

（三）项目经理的沟通能力

项目经理是项目沟通的中心，是沟通项目直接利益人和干系人的桥梁，对于项目的实施起着承上启下的作用。从项目经理的角度来讲，有效的沟通是其必备的能力。在项目运作中，需要协调沟通的任务是很繁重的。据统计，项目经理通常用于沟通的时间占其全部工作量的90%以上。项目经理需要对项目的组织、协调、决策、授予、指导、谈判、报告、会议、市场与营销、公共关系、信件、简讯、说明书和合同文件等做出处理。

1、沟通

沟通一般理解是指有效的信息交流，通过沟通保证信息及时、正确地传递，在沟通中有主体和客体之分。

2、项目沟通

项目沟通是项目组织为了实现项目目标，以项目经理为核心，在项目直接利益人与干系人之间基于合同和其他事宜所进行的信息交流的过程。

3、项目沟通方式

项目沟通方式一般分为指示、汇报、会议、个别约谈等类型。以上沟通方式各有优缺点，相互之间互为补充关系。

项目沟通方式主要在考虑沟通问题性质和沟通人员的特点情况下加以选择，在项目管理中较多采用书面和口头两种载体来进行，为应对风险性要求以书面载体沟通为主。项目管理书面沟通中常使用补充合同、内部备忘录、会议纪要、来往函件等书面方式，这些是重要的原始依据，项目组织一定要有专人或相关部门收集与保管。口头沟通往往是正式沟通的前奏曲，能达到正式沟通所无法取得的效果，容易被大多数人接受。

4、项目沟通环境

项目应当创造一个良好的沟通环境，这是项目成功实施的基础和前提。项目中的沟通环境主要包括：项目沟通所处的自然环境、社会环境、企业文化环境等。如何构建良好的项目沟通环境，需注意：

(1) 构建良好的沟通平台，这一平台是宽松、和谐的环境。

(2) 创造良好的企业文化氛围。

5、项目沟通渠道

沟通渠道分为正式与非正式沟通渠道。正式沟通渠道见表 4－4－1。非正式沟通渠道主要有偶然式、流言式和集束式。

表 4－4－1　正式沟通渠道

沟通渠道 / 指　标	链式	Y 型	轮式	环式	全通道式
1、解决问题的速度	适中	适中	快	慢	快
2、正确性	高	高	高	低	适中
3、领导者的突出性	相当显著	非常显著	非常显著	不发生	不发生
4、士气	适中	适中	低	高	高

为确保项目信息的原始性，使得信息在传递中保持原始状态。项目经理应着重建立以全通道式沟通网络为主、环式沟通网络为辅的正式沟通网络体系。

(1) 全通道式沟通网络

这种网络可以促使项目成员之间充分发扬民主，无障碍地交流情况，有利于营造和谐氛围，有利于调动组员积极性，使执行力得到保证。

(2) 环式沟通网络

在这个网络中，个人心理满意程度无明显高低之分，处于中间状态。对于项目这种“一次性”的特征，也比较适宜。

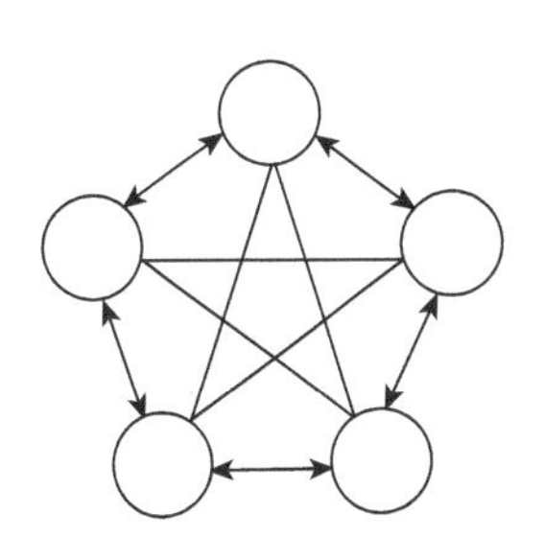

全通道式沟通网络示意图

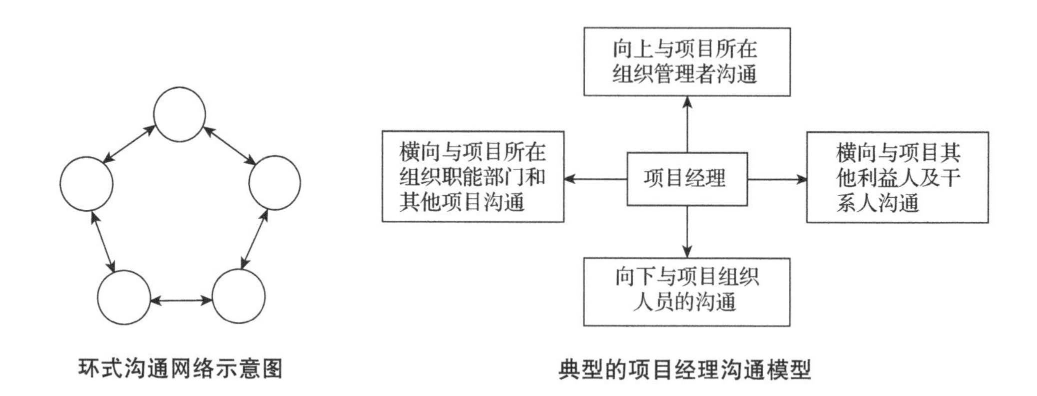

环式沟通网络示意图　　典型的项目经理沟通模型

6、项目有效沟通的优化方法和途径

(1) 必须明确沟通的目的。

(2) 善于利用沟通环境。

(3) 用语准确，重视双向性沟通。

(4) 加强实际中的信息追踪。

(5) 非正式沟通渠道的合理利用。

(四) 项目经理职责

项目经理不仅面临如何处理自己与项目直接利益人和干系人的关系，同时，项目经理还必须随时了解本项目成本费用已开支多少，时间进度已完成多少，已完成工作质量怎么样等一系列问题。为了满足和达成相关目标，必然要求项目经理确保实现项目目标，得到项目直接利益人和干系人的肯定，得到项目团队的肯定。

三、物流企业文化建构

物流企业属于服务业，其本质是为客户提供优质的服务，在文化方面主要表现在文化层次与背景的差异性，这些差异性成为物流企业文化建设的主要环节。物流企业要获得成功，必须熟悉这一文化特征。

作为物流企业的发展，我们目前应有一个基本判断：

一是中国有全球巨大且增长迅速的物流服务需求市场。

二是国内物流企业在发展的初级阶段的羸弱及外资物流企业大量进入，导致竞争的失衡。

三是随着国内物流企业的成长以及物流需求增长速度的下降，对企业管理的要求更高，物流企业文化管理难度将越来越大。

以上决定了我国物流企业文化建设的紧迫感与艰巨性。为此，要应对好以下三方面的文化冲突：

（一）语言和沟通障碍

这是最常见和公开化的文化冲突，是显性的文化冲突。语言是文化的一种主要载体，因语言差异引起的冲突是文化冲突的重要外在表现。行为方式包括了神态、手势、表情、举止等。来自不同文化背景的人，相同的行为所表征的意义可能是完全不同的。

（二）文化背景的冲突

制度文化体现于企业经营的外部宏观制度环境与内部组织制度之中，在物流公司中，这些具有不同文化背景的人，在一个共同的环境中工作，规范双方的共同标准应当是什么。

作为物流企业的管理人员，一般讲求规范化、制度化经营管理，通常用法律条文作为行动的依据；而一般员工，更多习惯于按上级的指令行事，条文、指令、文件便是企业成员的办事章程，决策依据，无须自我选择经营方式、行为目标和策略。若外方管理人员面对的员工是习惯于按上级指令或文件行事的人，恐怕由此产生的冲突是不可避免的。

（三）经营思想的冲突

物流企业的管理更看效率、市场应变的思想，并且非常注重长期行为，长期计划被看作是一种有价值的投资，以赢得稳定的客户群。一般员工在这些方面，特别是长期意识方面可能要受到一定影响，对短期利益更看重一些，急需增强对管理层与一般员工的交流和培训。

四、电子商务文化建构

随着网络时代电子商务的大规模发展，电子商务企业文化随之产生，在为企业带来降低交易成本，提高效率，缩短生产周期等诸多好处的同时，也对已有的企业文化发起了挑战，传统的企业文化面临着巨大的冲击。

（一）创新文化

我们正处于知识经济、智力经济以及信息大爆炸的时代，速度、高效、更快、更新成为社会经济生活的基本态势和要求。为了适应这一发展要求，创新正变得越来越迫切和重要，是否创新，是否有创新意识已越来越成为企业核心竞争力的标志之一。

“不创新，就消失”。企业要想在未来的全球化竞争中拥有一席之地，就必须突破传统的思想禁锢和思维定式，大胆创新，牢牢把握瞬息万变的商机。

（二）人才文化

美国麦肯锡公司总裁埃德·迈克尔斯说：“筹集资金并不难，精明的经营策略也可以模仿。技术的半衰期一直在缩短。对当今的许多电子商务公司而言，人才是赢得竞争优势的首要因素。”如今管理人员意识到，在当今经济全球化、电子商务化和以网络速度运行的全球市场上，由拥有自主权的人才组建的精干企业对快速决断具有关键意义。电子商务企业有赖于员工的聪明才智和主动性来做出更贴近消费者、对市场反应更快的决定。

在全新的电子商务环境中，最成功的企业给予员工充分的尊重：它们通过创造人人平等的精英管理体制，满足员工们对从事有意义工作和创造财富的愿望。它们慷慨地回报员工们的良好表现，不只是支付现金，而且也让他们拥有企业所有权，

一种新的企业文化的形成是一种个性心理的累积过程，这不仅需要很长的时间，而且需要给予不断地强化。人们合理的行为只有经过强化加以肯定，这种行为才能再现，进而形成习惯稳定下来，从而使指导这种行为的价值观念转化为行为主体的价值观念。因此，管理工程文化的建立势在必行。

案例分析：

TT公司是一家生产计算机系统集成电子设备的中型公司，公司获得合同后，就成立项目部，完成工作。公司拥有众多项目经理，他们直接向总经理负责，其他人员向他们的职能经理负责。

王先生已经为TT公司工作了10年。他在大学学习的是自动控制专业，毕业后，一直做到高级电气工程师，向电气工程经理负责。不久，公司获得一个1500万元的E项目合同，总经理对王先生比较满意，将王先生提升为E项目经理，并让他负责这一项目。

王先生与其他职能经理一起为E项目配备了现有最好的人员，而高级电气工程师这一职位空缺，公司招聘了一位新员工刘女士，有15年的电气工程师工作经验，在E项目中，专任高级电气工程师。

王先生由于与刘女士同为电气工程师，因此，对刘女士的工作给予特别的关注，并经常一起讨论，然而这些会谈几乎全由王先生一个人说，最后刘女士问，为什么他检查她工作的时间要比检查项目中其他工程师的时间多得多。王先生回答说：“你是新来的，我想让你了解我们这里的工作方法。”

刘女士为王先生对待她的方式感到苦恼：认为王先生在项目中的作用，与其说是项目经理，倒不如说是电气工程师。她打算向电气工程经理反映这一情况，并认为要早知道这个样子，决不来TT公司工作。

思考问题：

1、举例说明项目管理的文化影响因素。

2、举例说明工业工程的文化影响因素。

3、举例说明物流企业的文化影响因素。

4、举例说明电子商务的文化影响因素。

学后感言：

第五章　设计工程文化

第一节　设计工程文化的概念与特征

一、设计工程文化的概念

（一）设计与设计工程

当原始人类第一次用一块石头砸向另一块石头以便打造出具有某种功能的工具时，设计就在这一瞬间自然而然地产生了。关于“设计”人们众说纷纭：

设计就是创新。如果缺少发明，设计就失去价值；如果缺少创造，产品就失去生命。（刘东利 · 中国香港）

设计是追求新的可能。（武藏野 · 日本）

设计就是经济效益。（林衍堂 · 中国香港）

设计就是文化。（柳冠中 · 中国工业设计协会副理事长）

……

实质上，他们都是同义各表。

设计的概念产生于意大利文艺复兴时期，最初的意义是指素描、绘画。设计指控制并合理安排视觉元素，如线条、形体、色彩、色调、质感、光线、空间等，它涵盖了艺术的表达、交流以及所有类型的结构造型。

设计有广义和狭义之分。通常情况下，人们眼中的设计大多指的是如工业设计、商业设计、视觉设计、会展设计以及广告设计等综合性实践活动的狭义范畴。广义的设计，是指依照一定的预想目的，做出有益于人类生产和生活的设想与规划，并付诸实施的创造性、综合性的实践活动，包括任何社会硬件与软件的设计，如设计生产工具与生产资料、一个组织机构、一项城市交通规划等，涉及自然科学和社会科学等广泛领域。

由此可见，我们所熟悉的产品设计是为新产品绘制生产图样，其他如对一次晚会的策划、对一次旅游的计划、对一出戏剧的构思、对一项计谋的策划、甚至对人生的规划，在思维性质上都存在着“设计”的共同点。

1、设计是一种物质文化行为

设计是人类为实现某种特定目的而进行的创造性活动，作为人类意志载体的历史、文化遗产，都产生于设计，我们能通过当时的设计看到当时的文化。

2、设计是一种艺术活动

设计终极目标的功能性与审美性决定了它必然是一种艺术的活动过程，是艺术生产的一个方面，因此设计对美的不断追求决定了设计中必然的艺术含量。一幅草图或模型，本身就可能具备独立的审美价值。作为有艺术含量的创造活动，一个设计不是直接地进入生产，而是巧妙地引发了另一个新的设计。

例如皇宫的建筑设计，从来就属于物质生产，同时又有很高的艺术要求。皇家要求建筑设计师充分运用空间格局、立体造型、材质比例、色彩、装饰等建筑语言与视觉符号，构成独特的艺术形象，表达帝王至高无上的权力，君临天下的气势，震慑臣民的威严，包罗万象的财富，使之成为皇权的象征。再看船舶的设计，皇船、官船、游船与货船、渔舟所追求的艺术形象与精神力量决不会相同：货船适用，民船简朴，商船丰俗，游船浪漫，官船显赫，皇船雄大、威严、豪华。各类船只功能的不同决定了它们设计上的差别，因此彼此间精神氛围的差距异常鲜明。可见，礼制作为数千年“一以贯之”的至高无上的官方等级规范，不仅是一种深层的原型概念，而且反映了当时社会人群之观念与行为的由内部到表层的同构关系；同时，也将设计理论和实践最大限度地统摄在这个庞大的体系中，使得古代设计的形制类型、功能结构以及色彩意境等美学因素都无不为阐释这一秩序和规则之超于稳定性、一贯性，并体现出独特的风格与特定的美感。

中国皇家龙船模型

3、设计是科学技术商品化的载体

科学技术是一种资源。但是，人类要享受这一种巨大的资源，还需要某种载体，这种载体就是设计。科学技术正是通过设计向社会广大消费者进行自我表达的，设计使新技术的“可能”转变为现实。以电能为例，1831 年法拉第发现电磁感应现象，但仅仅是电磁感应定律并不能被社会消费，于是法拉第很快发明了第一台发电机。人类电气文明的形成，正是设计运载科学技术划下的轨迹。

设计与技术的关系是开发和适用的关系，设计没有技术无以为设计，而科学技术没有设计参与也找不到社会生活的结合点。可见所有的设计都含有技术的成分，而所有的科学技术都是通过设计转化成商品的，进而反映产品的内涵，提升产品的档次，实现社会物质财富与精神财富。设计是把当代的技术文明用于日常生活和生产中去。

4、设计源于文化并反作用于文化

汉字的演变源远流长，无论哪个时期的汉字无不贯穿着中华文化的精髓，一脉相承。虽然我们根本没有学习过古代的文字，但是作为中国人，我们可以很容易地辨识出我们先人的文字，这是为什么呢？这就是文化的作用，正是因为一脉相承的中华文化使得这些字在我们现代人的面前仍然显得那么亲切和熟悉。

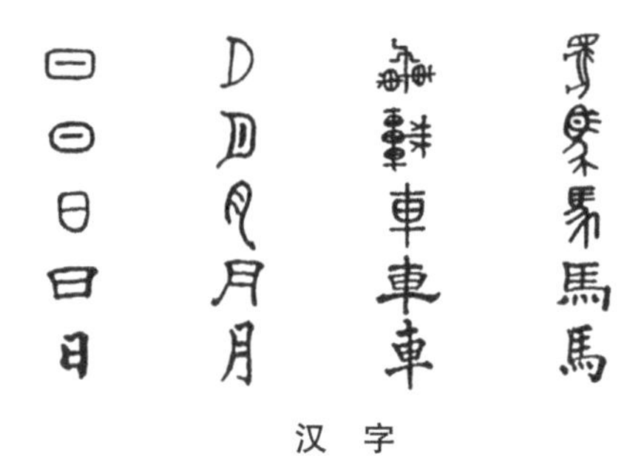
汉 字

设计与文化有着密不可分的关系，设计与文化是相辅相成、辩证统一的。

一方面，设计的发展与运用往往是由文化所决定的。例如我国古代铜钱的造型来源于古人天圆地方的宇宙观，具有怎样的文化背景就决定了在该文化背景下的设计将蕴含什么样的文化思想、设计理念。中华文化自古以来崇尚“天人合一”“物我交融”“以和为贵”的顾整体、求中和的精神，通过对自然万物的尊重、承认和包容，达到和谐统一，而这正是现代设计的精髓所在。现代设计已经不单单强调功能性，而是要满足人们在生理、心理等诸多方面的需要。对于文化，泰勒在他所著的《原始文化》“关于文化的科学”一章中说道：“文化或文明，就其广泛的民族学意义来讲，是一复合整体，包括知识、信仰、艺术、道德、法律、习俗以及作为一个社会成员的人所习得的其他一切能力和习惯。”可见文化代表了一个社会群体的信仰与思想观念，并成为一种生活习惯潜移默化地影响着每一个人的审美情趣及精神追求，而设计作为人们创造美及精神享受的方式则必然受文化的支配。

另一方面，设计的过程实际上又是文化的传承和发展的过程。人们从事的设计活动又反作用于文化，指明了文化的发展方向，不断推动着文化的发展。人们的追求是无穷无尽的，文化也不可能永远停滞不前，当一个新生事物因为人的某种需要而产生，并且在社会中间得到了广泛的认同，那么新的文化就产生了。设计的过程表面上是新生事物构思和产生的过程，实际上是人们在不断的设计实践中创造自身未来、发展自身文化的过程。这就是为什么读者可以读懂古代文字的原因，不论是古代的篆字还是现代我们使用的简体字，都是中华文化的产物，有着中华文化深刻的蕴涵。同时汉字的发展也指引着汉字文化保留精髓、由繁到简、适应时代的发展方向。世界上许多古老的文字都已失传，唯有汉字沿用至今，这也正是中华文化一脉相传不断发展的标志。

中国印·舞动的北京

本土文化是设计的基石。不同民族、不同时代的设计蕴藏着不同的审美情趣、审美理想、审美追求，表现出不同的民族性格、民族心理和人们对自我实现的不同追求。产品本土化设计符合不同民族需要民族识别和民族认同的情感要求，是民族表现于不同文化上的共同心理素质。优秀的设计大都是扎根于本民族悠久的文化传统和富有民族文化本色的，用自己的方式表现自己，进而表达民族识别要求和寻求民族认同感。未来的设计师不再是狭隘的民族主义者，而每个民族的标志更多地体现在民族精神层面，民族和传统也将成为一种图式或者设计元素，作为设计师有必要认真看待民族传统和文化。

印章早在四五千年前就已在中国出现，是渊源深远的中国传统文化艺术形式之一，并且至今仍是一种广泛使用的社会诚信表现形式。2008 年北京奥组委为充分展示中华民族 5000 年悠久历史和灿烂文化，在奥运矢量标志设计中以印章为主要表现形式，将中国传统的印章、书法等艺术形式和运动特征结合起来，经过艺术手法夸张变形，巧妙地化成一个向前奔跑的舞动着迎接胜利的运动人形，人的造型同时形成现代“京”字的神韵，蕴涵浓重的中国韵味，生动地表现出北京张开双臂，迎接八方来宾。主体图案采用红色，传达和代表了中国文化中的喜庆、热烈的气氛。

设计工程就是指需要投入巨大人力、财力为实现“未来”目标所做的规划活动，如工业设计、商业设计、视觉设计、会展设计以及广告设计工程等。

（二）设计工程文化

设计工程文化是工程文化的一种表现形式，是在设计工程建设活动中所形成、反映、传播的文化现象。

设计工程文化是一门综合性极强的学科，它涉及社会、文化、经济、市场、科技等诸多方面的因素。设计的核心是一种创造行为，是把某种计划、规划、设想和解决问题的方法，通过创造与交流使我们认识生活在其中的世界。

在人类的生产活动和日常生活中少不了设计和规划。小到茶杯、汽车，大到整个都市都是设计的物化形式。《封神演义》中的雷震子有一对可以翱翔天空的翅膀，《西游记》中的齐天大圣孙悟空一个筋斗云便能在空中任我游……，而今，飞机在天上自由穿梭，飞船让大圣自叹不如，就连哪吒脚下的风火轮也变成火箭穿越太空的动力源。正是有了先祖的大胆设想，才有了后人的设计与创造。所以说，设计是解决问题的方法和手段，是一种审美体验与审美活动。设计工程文化不仅是一项工程活动，更是一种文化活动。

二、设计工程文化的特征

二维码 5－1

（一）独创性

独创性也称原创性或初创性，是指某个产品经独立创作产生而具有的非模仿性（非抄袭性）和差异性。一个产品只要不是对已有物品的完全的或实质的模仿，而是设计者独立构思的产物，在表现形式上与已有作品存在差异，就可以视为其具有独创性。需要指出的是，设计的独创性与作品的文学、艺术或科学价值的大小无关，一幅由儿童独立完成的书法作品，即使艺术价值很小，没有经济利用的可能，仍然具有独创性。

二维码 5－2

设计的独创性要求与专利制度中发明的新颖性要求不同。发明的新颖性要求意味着发明必须是首创的，前所未有的。设计的独创性要求仅意味着作品是非抄袭的和有差异的即可，即使表现形式与某一已有作品因偶合而相似也无妨。例如，两个人在同一位置、同一时间拍摄同一景物而产生的两张相似的照片，由于并不是相互翻拍的产物，因而都可以成为著作权法所称的作品，分别受到保护。

（二）民族性

不同时期的设计思想、风格在民族艺术传统的影响和滋养下，形成自己的特色。传统文化思想和思维方式直接影响着人们的感性认知和思考标准，进而对设计起着深远的指导作用。

在中国传统文化中真正占主导地位的是儒家、道家和禅宗思想。儒家创始人孔子以其“仁”学思想，深刻地解释了美与善的关系，他把外在形式的美称为“文”，内在道德的“善”称为“质”，认为文质应该统一起来才具有真正的价值。道家主张“无为”，认为美在于超功利的自然无为，采取听其自然的心态，从而达到物我统一，老子认为“人法地，地法天，天法道，道法自然”；《淮南子·泰族训》：“夫物有以自然，而后人事有治也。”佛教则崇尚“静故了群动，空故纳万境”的宇宙合一的精神。

总之，中国传统文化长期以来坚持从个体与社会、人与自然的和谐统一中确立事物的价值，从而把具有深刻哲理性的和谐与道德精神的审美与造物提到了首要的位置，而这一切，又都在统一的设计形态中以形象化的直观方式和情感语言表达出来，这种文化思想的精髓在设计中渗入，并贯穿在中国设计历史发展的全过程中。

以包装设计为例，在20世纪前，国外主要用玻璃容器作为主要包装用具，而我国则是采用陶器等，陶器被证明为人类较早使用的盛贮物品的包装容器。陶器的产生机制众说纷纭，据古籍文献记载，《周书》说，神农作瓦器；《物原》说，神农作瓮；《继珠》说，瓶造于神农；《左传》说，炎帝（号神农氏）用火分别职官，所以陶始于神农。这充分说明早在上古炎黄时期，中华民族的先民们制陶技术已经非常发达，不仅烧造陶器，还专门设立了管理制作陶器的官职。原始人制陶，主要是满足物质生活的需要，正如恩格斯在其《家庭、私有制和国家的起源》中所说，“可以证明，在许多地方，也许是在一切地方，陶器的制造都是由于在编制的或木制的容器上涂上黏土使之能够耐火而产生的”；还有一部分陶器，则是出于原始宗教崇拜和祭祀的需要而制作。

陶器的生产者，同时又是使用者和欣赏者。原始陶器作为实用包装器物，其造型大多为球形或半球形，其装饰完全与原始人的生活方式、思维特点和审美欣赏习惯吻合，具有极大的原始性。原始陶器的艺术风格，是粗犷的、深厚的、质朴的、单纯的、热烈的、明朗的，具有鲜明的原始时代文化风貌特征。在奴隶制时代大量的青铜器，既为奴隶主阶级的物质生活服务，更为统治者的政治和宗教信仰服务，成为祭祀的重器、等级的标志、权力的象征。其器皿包装特征为雄浑、凝重、冷峻，体现出一种整齐、规范、秩序、等级分明的礼仪制度和亲亲尊尊的伦理意识。周礼规定，天子用九鼎八簋，诸侯用七鼎六簋，卿大夫用五鼎四簋，士用三鼎二簋。在漫长的封建社会发展过程中，先辈们以卓越智慧、精湛技艺书写了一部浩博的包装文化风格历史：战国的神奇、浪漫，秦代的厚实和庄重，汉代的简练；受佛教及西方文化影响的三国两晋南北朝，其包装风格“清瘦”与“宽怀”并举、“仙气”与“佛光”在映；隋、唐时期的“雍容大度、华丽丰满”，宋代的自然、理性、淡雅，元代的奔放、粗犷、丰富，明代简洁、大气，清代包装器物的精、繁、艳、俗，生动地体现了整体性的民族文化精神。

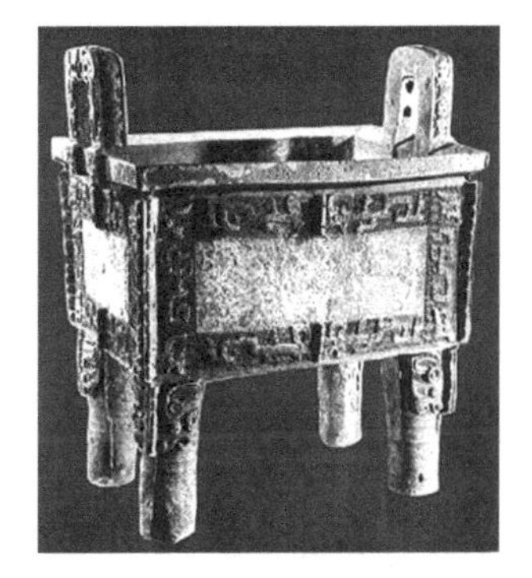
司母戊大方鼎

设计对推进民族文化从而促进国家发展的重大意义早已在一些国家受到了极大的重视。二战后德国、日本、韩国都先后提出设计兴国的发展战略。随着他们设计兴国的战略而来的不单单是市场上出售的新设计的产品，还有他们民族的文化内涵，而这些文化正通过我们对他们产品的使用深深影响着我们的生活。

（三）审美性

西方美术史之父瓦萨里（1511—1574）曾说：“设计是三项艺术（建筑、绘画、雕塑）的父亲……设计不仅存在于人和动物方面，而且存在于植物、建筑、雕塑、绘画方面；设计即是整体与局部的比例关系，局部与局部对整体的关系。正是由于明确了这种关系，才产生了这么一个判断：事物在人的心灵中所有的形式通过人的双手制作而成形，这就称之为设计。人们可以这样说，设计只不过是人在理智上具有的，在心里所想象的，建立于理念之上的那个概念的视觉表现和分类。”

设计之美的第一要义就是“新”。设计要求新、求异、求变，否则设计将不能称之为设计。而这个“新”有着不同的层次，它可以是改良性的，也可以是创造性的。但无论如何，只有新颖的设计才会在大浪淘沙中闪烁出与众不同的光芒，迈出走向成功的第一步。

设计之美的第二要义是“合理”。一个设计之所以被称为“设计”，是因为它解决了问题。设计不可能独立于社会和市场而存在，符合价值规律是设计存在的直接原因。

设计之美的第三要义是“人性”。归根结底，设计是为人而设计的，服务于人们的生活需要是设计的最终目的。自然，设计之美也遵循人类基本的审美意趣。对称、韵律、均衡、节奏、形体、色彩、材质、工艺……凡是我们能够想到的审美法则，似乎都能够在设计中找到相应的应用。

这三条规律，使得设计师有别于纯粹的艺术家和纯粹的工程师，他们注定的命运，就是带着“镣铐”而舞蹈。

是什么力量在推动设计对艺术的执着追求呢？是社会的政治、经济、军事、科学技术共同的力量，是艺术和设计自身的力量，归根结底是人的需求。“仓廪实而知礼节，衣食足而知荣辱”，人在生存温饱之后，追求发展和进一步的满足，包括物质享受与精神世界的满足。这是推动历史发展和社会进步的力量，也是促使艺术与物质生产分离，走上纯艺术道路的力量。这一力量同时促使古往今来的物质技术产品具有艺术的内涵。当设计解决了物质技术产品的技术课题与使用功能后，艺术便成为它永无止境的追求。

（四）品牌性

设计成就品牌，品牌延伸价值。设计是一项系统工程，不是一个点子，它是消费者接受和选择的过程。要实现这个目标，设计者应具有品牌意识，还要做到以下几方面：

（1）明确品牌定位。品牌定位解决的是品牌“是什么”与“不是什么”的问题，这是指你的品牌代表了什么与不代表什么。可口可乐不但是一种饮料，更是一种代表了精彩与欢乐生活的精神；耐克是运动鞋，但代表的不是鞋而是“运动”，传递的是“Just Do It”的运动精神；汇源不但是果汁更是“新鲜”与“营养”；雀巢不但是咖啡更代表了“自然、便捷”等。在定位明确的前提下，才能开始构思设计。

（2）突显品牌核心价值。品牌的核心价值是品牌的精髓与核心，也是品牌的内在驱动力与凝聚力。在产品日渐同质化的趋势下，对消费者最重要的影响因素往往不再是产品实体，而是品牌核心价值所折射出的目标消费者所具有或是向往的生活方式和精神追求，这也是促使消费者保持品牌忠诚的核心力量。这就需要在构思中融进“LOGO”设计理念。LOGO是希腊语logos的变化、logogram的简写，它是标志、徽标、商标的意思，也是现代经济的产物。LOGO设计将具体的事物、事件、场景和抽象的文化精神、经营理念、价值取向通过特殊的图形固定下来，使人们在看到LOGO的同时，自然产生联想，从而对企业产生认同。曾有人这样断言：“即使一把火把可口可乐的所有资产烧光，可口可乐凭着其商标，就能重新起来。”因此，具有长远眼光的企业，十分重视LOGO设计。在企业建立初期，好的LOGO设计无疑是日后无形资产积累的重要载体，如果没能在设计之初就准确客观反映企业精神、产业特点，等企业发展起来，再做变化调整，势必会对企业造成不必要的浪费和损失。

咖啡一直受到人们的追捧与欢迎，成了一种时尚的休闲饮品，星巴克、雀巢等众多咖啡品牌风靡全球，其原因在于人们对咖啡文化的传播与传承。随着第一粒咖啡豆被采摘、第一次焙考、第一次研磨、第一次冲调和第一杯热咖啡醇香的飘散，咖啡文化就在世界上流传开来。咖啡文化不仅仅在于它历史悠久，更在于它是生活方式的表现，欧洲人喝咖啡很有情调，阿拉伯人喝咖啡很讲究，美国人喝咖啡追求自由舒适。喝咖啡讲究环境和情调，星巴克等咖啡品牌表现出来的是优雅的情趣、浪漫的格调和诗情画意般的境界，逐步成为其品牌长盛不衰的核心基因。

（3）注意视觉美感。人们觉得美的东西便会觉得舒服，也愿意欣赏。在设计的过程中，色彩的搭配、结构的布局、画面的协调都必须符合人们常规的审美心理。设计是连接消费者与企业品牌的接口，在设计中要十分注意品牌的目标消费者，不同的消费人群，其年龄、阅历、收入、生活主张等都不同，其审美观自然也不一样。设计是无声的语言，好的设计自己会说话。

第二节　设计工程文化的中西方比较

一、设计工程文化的发展简史

设计工程文化的发展一直与政治、经济、文化及科学技术水平密切相关，与新材料的发现、新工艺的发明相互依存，也受不同的艺术风格及人们审美爱好的直接影响。就其发展过程来看，大体上可划分为以下三个时期。

第一个时期是19世纪中叶至20世纪初。19世纪中叶，西方各国实现了手工业向机器工业的过渡，这个过渡过程也是手工业生产方式不断解体的过程。一般来说，手工业生产方式的基本特点是产品的设计、制作、销售都是由一人或师徒几人共同完成的，这种生产方式积累了若干年的生产经验，因而较多地体现了技术和艺术的良好结合。当机器工业逐步取代手工业生产后，这种结合也随之消失，但设计者为了适应人们传统的审美习惯和需要，就把手工业产品上的某些装饰直接搬到机械产品上，例如，给蒸汽机的机身铸上哥特式纹样，把金属制品涂上木纹之类等，往往给人以不伦不类、极不协调的感觉。此时，英国人莫里斯（William Morris，1834—1896）倡导并掀起了“工艺美术运动”，要求废弃“粗糙得丑陋或华丽得丑恶”的产品，代之以朴实而单纯的产品。莫里斯向人们提出了工业产品必须重视研究和解决在工业化生产方式下的工业设计问题，希望塑造出“艺术家中的工匠”或者“工匠中的艺术家”。到19世纪末至20世纪初，欧洲以法国为中心又掀起了一个“新艺术运动”，承认机器生产的必要性，主张技术和艺术的结合，设计以打破建筑和工艺上的古典主义传统形式为目标，强调曲线和装饰美，注意产品的合理结构，直观地表现出工艺过程和材料，完全走向自然风格。在“工艺美术运动”和“新艺术运动”的推动下，欧洲的设计运动进入了高潮。许多工程师、建筑师、美术家相互协作，开创了技术与艺术相结合的新局面，并影响到工业产品质量的提高及其在市场上的竞争力，从而为设计的研究、应用奠定了基础。

第二个时期是从20世纪20至50年代。人们经历了数十年大胆而多样的探索后，为工业设计进行系统教育创造了条件，并逐步转入到以教育为中心的活动。当时，年轻而富有才华的建筑师格罗佩斯在德国魏玛首创了设计学校——国立包豪斯（Bauhaus，1919—1933）。包豪斯的理论原则是，废弃历史传统的形式和产品的外加装饰，主张形式依随功能，使产品具有简单的轮廓、光洁的外表，重视机械技术并考虑商业因素。这些原则被称为“功能主义设计理论”，即要求最佳地达到产品的使用目的。主张使产品的审美特征寓于技术的形式中，做到实用、经济、美观，“向死的机械产品注入灵魂”。功能主义设计理论的实践在工业设计的理论建设中具有重要地位，其设计中的艺术化和科技化为我们展现出丰富的空间符号，也赋予设计教育以新的内涵。但其局限性则表现在过分迎合人们的社会需要，强调功能至上，而抹杀对个性的表现并忽视传统的意义，认为物品只要适用，它的形式就是美的，就能给人以美感。后因德国纳粹的迫害，格罗佩斯等一些世界著名的教育家、设计家多相继赴美，这样，工业设计的中心即由德国转移到美国。美国在第二次世界大战中本土未遭破坏，为设计的发展提供了理想的环境，加之其科学技术水平处于领先地位，又为设计提供了良好的条件。

此外，1929 年资本主义世界的经济危机造成商业竞争的加剧，许多厂商通过产品在市场销售中的激烈竞争，逐步认识到产品设计的重要性，最终促进了设计的发展步入高潮。

第三个时期是 20 世纪 50 年代后期。随着科学技术的发展，国际贸易的扩大，各国有关学术组织相继建立，为适应国际交流的需要，国际工业设计协会于 1957 年 4 月在英国伦敦成立。国际学术组织的建立和学术活动的广泛开展，标志着该学科已走上了健康发展的轨道。这个时期，设计的研究、应用及发展速度很快，其中最突出的是日本。以汽车为例，70 年代以前，国际汽车市场是由美国垄断的，当时日本的技术、设备也多从美国引进，但他们在引进和模仿的过程中，注意分析和“消化”，并很快提出了具有自己民族风格的产品。70 年代后期，日本的汽车以其功能优异、造型美观、价格低廉一举冲破美国的垄断，在世界汽车制造业中占据举足轻重的地位。

在我国，设计作为一门新兴学科正随着社会主义现代化建设的需要而得到迅速发展。据有关方面预测，随着科学技术的发展，自动化加工手段广泛使用，产品的技术性能日趋稳定，个性化、多样化、小批量、多功能的产品将是未来产品的发展趋势，因而对产品设计的要求将越来越高。

二、中西方设计工程文化的异同

文化艺术是人类在历史实践中创造的精神财富和物质财富的总和，创造中创造者的理念正是文化传递的过程。设计文化作为人类行为创造出的事物和心理观念，由于地域不同，人种不同，思维观念、文化基础和生活方式各异，在中西方文化差异下，其设计风格有着鲜明的文化烙印，呈现出明显的差异。

（一）中西方设计工程文化的不同之处

1、设计工程文化中蕴含着各自的民族气质、民族特征与文化魅力

每个民族都有自我实现的愿望和追求，通过设计这种方式表现自己，借助有形的实体表达民族识别要求和寻求民族认同感。东方文化受到儒家思想和佛教、道教文化的影响，注重个人修养，注重道德力量，注重与他人、自然的和谐相处，追求精神的超脱，呈现的是含蓄、内敛、和谐、朴素、平淡。而西方文化崇尚个性、竞争、自由，它注重在人类征服自然中实现人的利益，体现人的价值。例如：中国园林体现了中华文化人与自然天人合一的和谐美；西方园林体现了西方文化驾驭自然，强迫自然接受人指定的法则而形成的整齐划一、均衡对称的人工美。

中国园林

西方园林

园 林

时至今日，随着科技的进步，生产力的发达，自然平衡已经打破。此时人们意识到人与自然和谐相处的重要性，提倡环保、绿色设计、人性化设计等已成为世界设计领域的主题。

汉代长信宫灯结合功能性与外观美于一身，并且创造性地进行了无烟设计，烟灰可以从跪坐的宫女身后取出，灯的照明方向可以调节，体现了我国古人的环保和健康意识。

汉代长信宫灯

2、中西方在设计理念中讲求的功能作用也因文化传统差异而显得不同

以椅子设计为例，中国传统座椅虽然本意是为了省力和舒服而制作的，但椅子的靠背板和座面绝大多数呈 90 度，人们只能正襟危坐，在当时完全懂得舒适之快感的中国人看来，姿态端正的美感似乎更重要。在此意义上，传统椅子的精神内涵超过了物质表象，审美价值更甚于功用价值，正是反映了中国人主张的“以理节情，情理结合”，注重行为举止的礼规风范，崇尚稳重端庄、温文尔雅的品行，由此亦可以看出，中国古人对于精神境界的追求远胜于物质上的享受，只要满足了基本的使用功能，当舒适性与精神内涵相背驰时，宁愿牺牲舒适性，也要追求椅子的意境美。

中国传统座椅

西方座椅

座 椅

西方座椅注重使用功能——舒适性。西方椅子的设计者在古希腊时期就知道探讨坐姿的舒适感，经过了漫长中世纪的思想禁锢之后，文艺复兴时期更是力求坐感舒服，不断地

提高座椅的舒适性。这个时期椅子座面的表面略向下凹，形成曲面，或者座面常用弹性材料包裹，因而当时社会上出现了与家具匠人配合的软包师，如意大利的天鹅绒、法国里昂的绢丝品、西班牙科尔多瓦的皮革和比利时粗毯等，都用于包制软椅，不但舒适，而且装饰效果好。到了巴洛克、洛可可时期，出现的不光是座面被软包的椅子，还有靠背、扶手连成一体与座面都做成软包的安乐椅。在路易十五时期，法国沙龙妇人房间里及卧室内陈放的豪华布面的长椅，应该就是我们当今沙发的雏形。可以这样说，西方的“坐”文化以沙发为代表，表现了西方追求享受的文化理念，因为沙发改变了座背的倾角以增大受力面积，减小压强和采用软包使之更随意、更自由、更放松。尤其是近代以来，西方人体工程学诞生以后，对于椅子的设计更是注重坐的舒适性，许多设计师采用一系列实验的方法来测试人体坐姿的舒适感，以便设计出更加宜人，更能提高人们的舒适感和工作效率的椅子。

3、审美视觉与形式造就了中西方设计文化中的意境差异

在西方，审美功能对于形式有较大的依赖性，形式的审美意义是非常大的，因而比例和尺度之类的设计术语反复出现在有关的美学理论著作中，西方设计从古至今都非常注重装饰功能，常常把功能与形式隔离开，往往出于形式美的考虑而过于强调形式，如优美的天鹅形椅背，其曲颈部分没有功能的合理性，纯粹是为了追求天鹅的优雅形态。中国设计文化讲求功能与形式的合一。对设计物品的形式提出要求，但更多的是要求具有“古”“雅”“韵”的精神气质，这种精神功能的要求不纯粹是对形式的要求。明式家具无论在材料、造型、结构还是装饰上，所表达出来的精神功能都是含蓄的、内敛的，散发出一股沁人心脾的文人气质，这就是意境在设计中的运用。

不同地域、环境衍生出不同的民族气质与民族文化，由此又衍生出风格各异的设计工程文化。

（1）德国

德国的自然环境造就了德国人严谨的性格特征。德国在其长于思辨、思考、理论化的民族特征的影响下，注重理性和秩序，便产生了设计的逻辑化、理性化与体系化的德国风格。因而，德国的设计体现出了严谨、重功能、缺乏艺术感的品质，就连较为倾向艺术性的平面设计在这里也自由不起来。

（2）法国

法国属于温带海洋性气候，良好的生活环境造就了法兰西民族追求美妙而浪漫的生活习惯，时尚成了这个迷人国度奉行的生活准则。时装、香水这些体现浪漫、时尚的载体成了这个民族的代名词，洛可可风的延存与装饰艺术运动的渲染形成了一种华丽、经典的法国浪漫风格。设计是为尊贵的上层阶级进行的活动，设计的主题是豪华与奢侈。法国高等工业创意学院国际设计中心主任 Liz Davis 曾经说，法国的设计就是豪华的设计，高尚的设计。在强烈的民族情绪和民族主义精神影响下，法国的设计师基本遵循法国传统设计道路，比较重视奢华的设计，即便是普通的产品或者平面设计，法国设计师也会赋予它们以

奢华的特点，并且具有强烈的设计师个人表现的特点。例如菲利浦·斯塔克的水果榨汁器、巴斯卡·莫古设计的家具等，都是这种倾向的典型。

（3）美国

美国是个民族大融合的国度，渴望自由的环境下造就了设计的幽默感与随意性。二战结束后，最大赢家的美国，全国上下自信心极度膨胀，所以那时的设计以大空间、超豪华、不计成本为主，始终表现出一种挥霍无度的“阔少爷”与“暴发户”形象。例如，汽车造型设计中，宽大的车体以便后排乘客跷二郎腿，高高的车顶为的是给戴高顶礼帽的绅士留出足够的空间，甚至为满足战后人们的军事情结，在外形设计上大量使用类似战斗机机翼和垂尾的装饰，这些后来都成为美国汽车设计业羞于启齿的败笔。当然也有经典的设计，如美国肯尼迪机场候机大厅如展翅待飞的巨鸟，展现了欲与旅客一飞冲天的豪迈情怀，这是充满力量感的精品设计造型。

（4）意大利

意大利有着悠久而丰富的艺术和文化历史传统，设计中融入民族的文化理念，使整个设计建构在对人和生活的哲学性解释上，并通过产品传达出一种民族文化和哲学意义。“从一座城市到一把勺子”“从法拉利跑车到通心粉式样”，设计在意大利设计师心目中成为一种探讨社会、政治、生活的方式。与其他国家一样，意大利也经历过现代设计的各种运动，如功能主义、波普设计等，但每一种风格他们都可以产生出许多的变体来，而后便成为意大利式样，因而他们的设计显得多姿多彩。意大利的设计既不同于商业味极浓的美国设计，也不同于传统味极重的斯堪的纳维亚设计。意大利的设计师在每一件设计品中重视民族特质，既注重紧随潮流，也强调发挥个人才能，他们的设计是传统工艺与现代工艺、现代思维与个人才能、自然材料与新材料等完美融合的综合体。

（5）中日设计文化的差异

中华文化自古以来崇尚“天人合一”“物我交融”“以和为贵”的和谐统一，这些文化通过诸如绘画、书法、雕刻、建筑等形式表现出来。这些设计传承了本土文化，设计讲究整体，注重对称性与圆满式，主要体现在以下几方面：

推崇宏伟博大。我国东南面临大海，西枕喜马拉雅山脉，北靠无边的沙漠，中部是广袤的平原，生活在这种半封闭的地理环境中的国人容易滋生稳定与自信、从容与安详的心理，自然也就会偏爱那些博大、厚重、稳定之物。华夏远古时代的艺术，便可从原始彩陶、商周青铜、秦兵马俑、云冈石窟、敦煌壁画、明清家具等艺术中感受到那种博大、宏伟、对称、稳重、深厚的气概。

喜对称。中国人对造型上的对称式一向执着，大到古城的布局与街道的设计，都是严格遵循东西南北对称式的设计，有东城就有西城，有河东就有河西；小到农家院落也是左右对称式的建造，有正房就有偏房，有前院就有后院。甚至于新春佳节家家户户大门外贴的对联也是成双成对的，你“辞旧”我便“迎新”，你“百花齐放”我就“万紫千红”。

尚大物。万里长城、九曲黄河早已成为华夏民族伟大的象征，举世瞩目的都江堰水利的浩大工程充分展现出古代中国人的气概与智慧，三峡大坝也实现了已故巨人毛泽东当年“高峡出平湖”的宏伟蓝图，着实已令“当今世界殊！”“伟大的自然造就伟大的艺术”，所以中华民族自古以来就有崇尚大物的喜好。设计艺术上也是如此，如龙门、云冈石窟，称得上是我国古代的巨型雕塑，其雄伟高大的气概为世间罕见，还有浩如烟海的敦煌壁画，也是蔚为壮观！

与我国一衣带水的日本，是一个情感细腻的国家，从紫式部的《源氏物语》和清少纳言的《枕草子》这些女文学家的作品中，可以看到日本文化的根基，那就是具有多愁善感的审美情感。

日本痴迷于细微精致，因此日本的设计呈现出小型化、多功能、以及精工精致的特点。他们的设计忌讳机械的对称，单调的排列，而是留三分空白，用奇斜取势，体现出不平衡之美。这种对非对称之美的执着，大到日本的庭院、神社设计，小到料理、花道、橱窗的摆放，都可以看出日本民族着力追求通过打破对称与平衡来取得一种视觉上的均衡。

(二) 中西方设计工程文化的相同之处

设计工程文化的创新性与全球化让中西方设计工程文化相互交融，将中国元素与西方现代设计理念同时融入现代设计已经成为必然趋势。

中华文化是世界设计文化的重要组成部分。五千年的悠久历史对世界产生了极其深远的影响。欧洲文艺复兴早期意大利威尼斯派最杰出的画家之一的乔凡尼·贝利尼（Giovanni Bellini，1430—1516年）创作的《众神聚宴》图。画中表现了西方诸神欢宴的场面，是文艺复兴时期人们向往的理想世界的写照。乔凡尼·贝利尼把自己对理想人生的追求，对欢快精神的向往，及对无拘无束的生活方式的憧憬，借神话传说淋漓尽致地表达出来，展示了美丽的生命诗意和彼岸世界的诱人图景。值得一提的是，画中诸神所用的器皿中有部分居然是宋代的青花瓷。可见，中华文化的声名远播以及那个时代的西方人对中华文明的崇拜和神往。

《众神聚宴》

新时代的设计要继承中华文化的精髓，结合世界先进的设计理念，将中华文化融入现代设计中。这种融入不是简单地在产品表面绘制中国传统特色的图案，而是一种精神文明和文化情感的融入，并且以产品本身为载体自然而然地表现出来，传达出产品所承载的文化内涵，这也正是产品在经济价值、审美价值之上的第三种价值——精神价值的体现。可以说此时的产品已经成为架在不同文化领域之间，沟通不同民族情感的桥梁。香港的著名设计师靳埭强之所以能走向成功，因为他有一流的设计意识和头脑，把中国传统文化的精髓，融入西方现代设计的理念中去，如他设计的中国银行的标志，整体简洁流畅，极富时代感，标志内又包含了中国古钱，暗含天圆地方之意。他懂得如何将浸淫五千年的中国文化加入一些现代的调味剂呈现出来，他就这样一步步地跨入了世界一流平面设计大师的行列。

最近几年，从工业设计、建筑设计到平面设计、标识设计等领域，中国元素越来越多地应用在这些领域，如何将传统的中国元素与现代设计合理结合是一个重要课题。例如在手机制造行业，融入中国元素的趋势正在悄然形成，不同视觉效果的中国元素在手机外观上的应用则带来了不同认知。

“设计的内涵就是文化”，这是国际著名汽车设计大师乔治亚罗的观点。显然，在乔治亚罗看来，设计不仅仅是一门视觉的艺术，还是一门多交叉性的学科，需要设计师具备多方面的知识和技能，而平时的文化积累则是重中之重。

能否在设计中体现出文化的内涵，如何将中国元素巧妙地融合到设计当中去？设计师首先要进行市场调查，明确产品定位和确定产品概念，最主要的是把握好消费者的心理需求；其次要研究深层次的文化特点，结合产品的特点和功能，把民族、地域、时代特有的知识、技术、材料、精神融入设计中，提炼出某种文化的精髓和核心内容，对其进行创作和挖掘；最后提出一个系统的整体方案，将“中国元素”潜移默化地融入方案当中，体现出产品设计的整体感。

第三节　设计工程文化案例分析

一、国内

六十余年中国服装“流行”变迁

服装作为人类文明与进步的象征，同时也是一个国家、民族文化艺术的组成部分，是随着民族文化的延续发展而不断发展的，它不仅具体地反映了人们的生活形式和生活水平，而且形象地体现了人们的思想意识和审美观念的变化和升华。它是一种记忆，也是一种语言，更是一种文化。它的变化以非文本的方式记录着社会政治、经济及文化的历史变迁。

中国服饰沿革简明图

新中国成立以来，中国社会发生了诸多变化。而服装不仅反映物质生活水平，而且还反映社会政治文化诸多现象。

（一）六十余年来的中国城镇民众服装大势扫描

1949年前，中国城镇男子着装通常是长袍马褂，妇女服装多为旗袍或者中式短装配长裙。新中国成立至“文革”之前，城镇民众的服装表现为新旧交替、多样并存。

新中国成立之初，中国的政治、经济、军事和文化无不以苏联为模式，苏联服装也成为当然的革命象征，深深地影响着城镇居民。妇女穿衣服都学解放区的样子，鄙夷穿红戴绿的“资产阶级小姐”服饰装扮，“不爱红装爱武装”，人们对衣着美的追求似乎已完全转化成了对革命工作的狂热。旧时旗袍所代表的悠闲、舒适的淑女形象在这种氛围里失去了其生存空间，列宁装、“布拉吉”“毛式服装”颇为流行。

1949年前中国城镇民众服饰

同样，受革命的感召和对共产党干部的崇敬，中山装引起一些青年学生的追捧。继之各界人士竞相效法，很多人改穿中山装。中山装的色彩多以蓝、黑、灰为主，彰显艰苦朴素的时代风气。具有象征意义的是有人把西服穿在里面，外罩一件中山装，这可以说是时代精神的“极致”。因为当时的国家领导人多喜欢穿改良中山装，所以外国人常常把它叫“毛式服装”。

1949年以后，恢复经济建设是我国的主要任务之一。全民积极投入到热火朝天的大生产中，工人阶级的地位得到提高，着工装成为一种荣耀。同时，由于国家经济处于低水平待发展阶段，因而艰苦朴素成为全社会共同遵循的时代风尚。绝大多数民众过着“新三年、旧三年、缝缝补补又三年”的拮据生活，但逢年过节总会做身新衣服，至少也会换身干净的衣服。

20世纪50年代，“棉猴”、绒衣裤是城镇民众常见的服装。男子穿西服的风气也因为传统长袍不适合现代生活的节奏而再度兴起。这一时期，人们多穿手工制作的布鞋。另外，前后挂胶、以草绿色帆布为面，橡胶为底的“胶鞋”，因为中国人民解放军穿用而得名“解放鞋”，成为这一时期城镇民众广为使用和喜欢的鞋型。受经济水平限制，皮鞋并不多见。

十年“文革”时期，开始了“十亿人民十亿兵”的军便服时代。“文革”时期，最时尚的装束莫过于穿一身不带领章、帽徽的草绿色旧军装，扎上棕色武装带，胸前佩戴毛泽东像章，斜挎草绿色帆布挎包，胳膊上佩戴着红卫兵袖章，脚蹬一双草绿色解放鞋。除红卫兵外，工人、农民、教师、干部、知识分子中相当一部分人也穿起了军便服。服装市场也开始出售草绿色上衣和裤子。这一时期，服装的等级意识逐渐消失，取而代之的是阶级意识。在原有的艰苦朴素、勤俭节约的思想风尚中，又增添了浓烈的革命化、军事化色彩。

1978 年，中国人民迎来了改革开放的春天。国门向世界敞开，五色斑斓的外国服饰大量涌入中国市场。中国城镇民众的穿着发生了根本的变化，在思想解放与国民经济发展的前提下，人们追求新异的审美心理日趋成熟，服饰文化呈现了风格多样、色彩斑斓、求新求变的特点。

三十多年来，中国城镇服装还表现出时装大众化趋势，各种名牌时装走入寻常百姓家。世界时装舞台与中国时装几乎同步发展，同步流行。

当代服装设计糅合东方古典神韵及当今流行风尚，推出多元化的系列产品及美轮美奂的组合搭配，设计师将服饰材料的色彩肌理、科技元素、舒适程度与服装的款式、工艺等完美糅合，淋漓尽致地展现了现代人优雅时尚的生活方式和风姿绰约的成熟魅力。

当代服饰

（二）六十余年来中国城镇民众服装的变迁特征

在我国，服饰作为社会生活领域中最直观的物质文化表现，从来没有超然于社会政治、经济、文化之外，它的发展变化相当程度受到这些因素的干预和影响。大体可以说，六十余年来城镇民众服装变迁呈现出以下特点。

（1）服装的色彩、形制以 10 年为流行期，呈现出明显的阶段性。比如，50 年代的苏式服装，60 年代的中山装、制服热，70 年代的“绿色海洋”。80 年代以后，流行逐步与世界服装接轨，长则三五年，短则几个月，服装便可以形成一个流行周期。

（2）“票证经济”下形成了朴素、实用、色彩单一的着装风格。民众衣着可以折射国家的物质水平和综合国力，与此相适应的是形成了朴素、实用、色彩单一的着装风格。

（3）城市民众的服装沿着大中城市→中小城镇→广大乡村这一路径扩展，从而影响全国。城市民众的服装始终引领着中国服装的发展潮流。长期以来，汉民族和少数民族文化不断交互影响，形成中华民族共同的风格和特点。

（4）文化对着装心理、审美观念的影响。人们对理想服装形象的认同受中国文化内涵的制约。中国素有“礼仪之邦”的美称，非常讲究体面、传统，要求服装式样端庄、大方，不愿标新立异，色彩不求鲜艳跳跃，崇尚和谐含蓄之美。在这种文化的影响下，城镇各阶层民众在很长一段历史时期内，追求服装风格整体统一。社会文化因素影响人们的着装心理，决定了着装的保守性以及对新款式的认同存在一定的滞后性。直到改革开放以后，这一特点才有所突破，“时尚”“个性化”才成为人们着装的重要因素，从最初过度体现的政治性向多样性、开放性与审美性发展。

（三）当代服饰设计文化的特征

随着时代的变化，服饰的流行趋势也进行着不同的更新。服饰的流行趋势常常带有周而复始的性质。这种复始，不是简单地重复昔日的模样，而是有着丰富的新内涵，是优秀的旧韵味和时代新特点的美好结合，当代的服饰文化发展便反映了这种规律，同时也呈现出一些新的特征。

1、趋向平民化

过去服饰作为一种符号，标志着人们的身份、地位，人的穿着打扮受到严格的限制。到了近代，服饰的权势象征为奢华所代替。工业革命带来现代化大生产，出现了大范围的时尚服饰竞赛，贵族丧失了对时装的特权，国家的法令也不再干涉人们的穿着方式，服饰的阶层差别也逐渐淡化。随着纺织业和化工业的发展，服饰工业也在崛起，现代社会为更多的服饰提供了物质条件和经济基础，也为世人提供了较为平等的选择权力。由于商业的发达，科技的推波助澜，人们经济收入的提高，谋求某种“贵族时尚”已不再是难事，相反，商业竞争使贵族文化变成了大众皆可享受的通俗文化。

2、增强流行化

在前工业革命时代，服饰样式的主宰者往往来自宫廷和王公贵族，所谓“城中好高髻，四方高一尺。城中好广眉，四方皆半额。城中好大袖，四方全匹帛”，服饰流行同政治因素和王公贵族的喜好紧密联系在一起。现代工业革命带来了机械化、标准化的批量生产，理想化、共性化的时尚成为服饰文化的主要特征。高级成衣定制和福特式的生产方式，使服饰文化的传播成为一种有秩序的、高效快速的模式，服饰设计者发出的信息和号令能顺利地为人们尊崇和自觉地接受。

进入新世纪的今天，服饰文化模式则有了本质的变化。西方现代生活的最大特征之一便是出现了非权威化和求异心理，强调个性，强调对群体的离散，每一个人都是独立的单元，因而在服饰文化中体现了比较自觉的个性意识。在中国，随着人民生活水平和文化素质的提高，人们对着装有了更高的要求，一大群人已越出了随波逐流的时尚追逐大军，渐渐远离了盲从心理。

3、元素高科技化

当代文化是同科技的飞速发展紧密连在一起的，服饰是文化的载体，在世界范围内，服饰文化的表现形式可分为由古希腊服饰文明演变而成的“西方服饰”，以及由中国古代服饰文明演变而成的“东方服饰”。两类不同服饰文明都是在特定的时空条件下，经过久远的历史变迁积淀而成的，古代交通不发达，使得两类服饰文明长期保持着各自独特的心理差异和形式上的区别。而现在高科技的力量使文化成为全球化，万里之遥，朝发夕至，在地球上逐渐将没有陌生人的世界。

高科技手段和大众传媒把人们连在一起，世界文化开始走向融合，服饰文化的世界大交融更是表现得淋漓尽致。从服饰品的造型设计、面料的开发、产品的生产和销售，高科技为之注入了前所未有的新鲜血液，而使其更加丰富多彩和富有生命力。

4、追求个性化

在过去几千年的服饰发展进程中，人们的着装行为要融入社会，要以某种大众规范为准则，大众对美的表现是谨小慎微的，人们在某种权势的主张和压制下，虽然有渴望表现自我的心理，却要恪守“求同”的行为，而近现代成衣工业得以迅速发展正是以这种归宿求同的心理为基础的。

进入信息时代的今天，求新求异求美的自我要求成了着装行为的最高要求，人们试图摆脱流行和传统去追求个性，他们相信自我、追求自我表现，喜欢选择个性服装、喜欢自己动手组合、搭配服饰，这促成了服饰文化的多元化和混杂化，也促使人们的审美表现呈多样化。

5、服饰流行无定化

流行是服饰的特征，但当今的流行仿佛转瞬即逝，即如昙花一现，这是同信息社会变化节奏不断加快以及人们心态的动荡分不开的。在今天，一切事物的发生发展都在短促的潮起潮落中，追新求异，不断变化。时尚无中心，流行无主流，不定性成为一种自然。

当代服饰文化是一种充满感性和活力的大众文化。服饰文化作为一种互动文化，通过它即能深刻地反映出当代人们的思想观念和生活方式。

二、国外

三星如何营造设计文化

（一）品牌革命

完善核心设计理念，创办三星设计学院，培养设计师的全球视野，三星的设计革命迅速改变了自身的品牌形象。三星成功地塑造了其“设计先锋”的品牌形象，在全球市场站稳了脚跟。

三星笔记本创意广告

20世纪90年代初，凭借对原有产品制造工艺的改造和低价策略，三星电子表现出强劲的增长势头。但在更加广阔的全球市场，三星的产品仍然摆脱不了廉价次货的形象。三星董事长李健熙对这种策略的局限性心知肚明，真正全球性品牌吸引顾客的不是价格，而应兼具时尚雅致的外观和稳健实用的性能。李健熙决心将以人为本的设计作为三星的成功要略并加速国际品牌建设。为此，他宣布1996年为三星的“设计革命年”。通常情况下，大多数公司在面临新的挑战时，决策层提出的概念性设想就算传达下去也大都被视作噱头而束之高阁。但在深受儒家文化影响的三星，李健熙的改革宣言就像一道圣旨，他随即投入12.6亿美元，旨在到90年代末全面完成三星的全球设计项目。

（二）理念提出

三星在首尔总部有100多名设计师，他们虽然基本功扎实，但缺乏品牌设计的根本意识，仅从竞争对手那里获取灵感，因而只能设计出没有视觉特色的同质化的产品。事实上，为了完成李健熙的期望，三星的设计团队面临三大挑战。第一，三星必须提出自己的核心设计理念，这也是其设计师开展工作的基石。以相同的价值观和理念来引导设计师，避免束缚他们的创造性，三星的设计才能具有同一性。第二，以核心设计理念为基础，三星还必须营造企业的设计文化。每一名设计师都应深刻理解自己的职责，寻求三星立足市场的独特资本。当然，培养设计师的这种能力必定需要一些时间，但只要坚持积累，就一定能将统一的设计文化全面铺开。第三，设计师还必须突破国门限制，培养全球视野和眼光，这样才能设计出适应国际市场需求的高端产品。

三星以韩国传统文化为龙头，从名胜古迹和文化遗产中探求自己的设计理念。石窟庵石窟是韩国著名的花岗岩石洞，砌有公元8世纪的大佛像，三星从其设计中获得了启发，提出了“理智与情感的平衡”的口号，将东方古典之美融合在当代设计之中。正如三星公司设计总管宋贤珠所说：“这不是黑与白的对立，而是一种平衡。这一口号意味着我们将依靠技术来满足顾客的情感诉求。”

三星一方面逐步完善其核心设计理念，另一方面通过内部建设和同国外设计公司的合作，制定了一系列设计方针，进一步将宏观的设计理念转化成应用于各类产品的战略。为了从视觉效果上探究不同地域对“简洁”与“复杂”的理解差异，三星启动了一个全球消费研究项目，从中提炼出一套简单明了却又行之有效的方案，使设计师和营销人员得以从美学与功用双重角度来审查设计方案，这也是设计首次被三星视作战略框架而不再是个人意见。

（三）学院创建

在完善核心设计理念的过程中，三星逐步意识到自己的设计师虽然颇有才华，但与世界级标准还有一定差距。为此，李健熙派出了一个17人的代表团前往美国巴沙狄那艺术中心设计学院参观学习，筹划创建三星设计学院。他们邀请美国知名设计顾问戈登·布鲁斯和艺术中心设计学院美术包装和电子传媒系主任詹姆斯·米赫访问韩国，并成功征得两位设计大师同意，担任三星创新设计实验室（IDS）的领军人。李健熙斥资1000万美元在首尔市中心建造了IDS总部大楼，开始为三星培养一流的设计人员。最初3年间，这所内部学校的“学生”来自三星公司业绩排名前250的产品的美术及多媒体设计人员，他们带全薪每周上课6个全天，有时甚至还要晚上上课，培训课程持续1年。第4年起，为了打造良好的跨学科氛围，IDS开始将课程范围拓展至营销、工程和产品规划等领域，并完全用英语授课，因为良好的英语水平在李健熙看来是国际性企业的员工必备的素质。

（四）视野培养

尽管学员们学会了运用国际标准来设计产品，但他们当中大多数人从没有走出过亚洲，有些甚至没有离开过韩国。布鲁斯和米赫倡导学员进行“自我探索式的远航”，将目光放得更远。“要认识自我，你们必须突破自身所处的环境，”布鲁斯说。于是，创新设计实验室组织学员走访了北京、华盛顿、佛罗伦萨、雅典、墨西哥等地，在为期1个月的旅行授课过程中，他们参观博物馆，了解各国历史，观察当地人的生活习惯，切身感受了世界各地不同的消费文化，同时也领会了韩国在世界文化传承史上的地位。

如果说三星创新设计实验室夯实了其“设计为先”的基础，那么随后陆续在东京、旧金山、伦敦开办的全球设计工作室则着实让三星具备了全球眼光。以前三星只是委托当地知名设计咨询师来设计本国之外的区域性产品，这么做确实有过出彩的设计，但产品缺乏视觉统一性，难以长期把握本地化市场的特征。建立了一张全球设计网络之后，三星充分网聚了企业内部的资源，将各国的设计概念、信息和观点反馈至首尔总部。这些工作室在培养韩国设计师的全球视野方面也发挥了重要作用。人员的互换增进了全球设计团队的凝聚力，更重要的是加深了不同地区的设计师对韩国文化的认识。

（五）成效初见

1996年年底，三星举办了一场内部设计大赛来结束“设计革命年”，要求每一名设计师以一个产品模型来呈现自己对三星未来的愿景。这场比赛仿佛激活了设计师全身的创意细胞，使他们摆脱了生产和工程条件的禁锢，为从手机到冰箱的全系列产品创造模型。三星的管理者也因此第一次真正理解了设计才是三星赢得竞争的潜在优势。

设计投资很快带来了高额的回报。李健熙宣布推行“设计革命”一年多之后，三星成功地塑造了其“设计先锋”的品牌形象，在全球市场站稳了脚跟，令长久以来一直对它视而不见的索尼、诺基亚等大牌大跌眼镜。

（马克·德莱尼）

第四节　设计工程文化思考与实作

一、简述

1、简述设计工程文化的概念。

2、如何在设计中把握其文化因素？

二、论述

列表分析中西方设计工程文化的异同。

三、实作练习

1、请利用本章所学知识，分析下图LOGO表现出来的设计工程文化内核。

2、走访广告设计公司，然后谈谈当今商标设计市场的现状与发展趋势。

3、走访街头商店，试选择两到三家商店的店招，就其所彰显的文化水平高低做分析。

4、探访本地博物馆，就其建筑的设计风格与文化内涵或馆藏最具代表性文物的设计造型、审美情趣与文化意蕴进行分析介绍。

第六章　企业工程文化

第一节　企业工程文化的概念与特征

一、企业工程文化的概念

（一）企业文化与企业工程文化

企业文化又称公司文化，此概念出现于20世纪80年代初，一种新的概念和理论在形成过程中，往往会发生众说纷纭的现象，企业文化也不例外。例如迪尔和肯尼迪在《公司文化》一书中指出，企业文化是由五个因素组成的系统，其中，价值观、英雄人物、习俗仪式和文化网络，是它的四个必要的因素，而企业环境则是形成企业文化的最大的影响因素。

迈克尔·茨威尔在其著作《创造基于能力的企业文化》中谈到，从经营活动的角度来说，企业文化是组织的生活方式，它由员工“世代”相传。通常包含以下内容：我们是谁，我们的信念是什么，我们应该做什么，如何去做。大多数人没有意识到企业文化的存在，只有当我们接触到不同的文化，才能感到自己文化的存在。企业文化可以被定义为在组织的各个层面得到体现和传播，并被传递至下一代员工的组织的运作方式，其中包括组织成员共同拥有的一整套信念、行为方式、价值观、目标、技术和实践。

企业工程文化是指现阶段工程企业员工普遍遵循且企业不断自觉建设的一系列精神（理念）和物质（行为方式等）的总和，通常表现为企业在精神上的使命、愿景、价值观、行为准则、道德规范和沿袭的传统与物质上的行为、习惯等。它受社会文化影响和制约，以企业规章制度和物质现象为载体的一种经济文化。文化管理强调以企业管理哲学和企业价值观为核心，从而达到凝聚企业员工归属感、提高员工积极性和发挥员工创造性的目的。

（二）企业工程文化的内涵

企业工程文化通常是由企业理念文化、企业制度文化、企业行为文化和企业物质文化等四个层次构成的。

1、企业理念文化

企业理念文化是用以指导企业开展生产经营活动的各种群体意识和价值观念。

范例

1977年6月，日本松下电气公司成立60周年之际，松下幸之助出版了《实践经营哲学》一书。在书中松下幸之助以自己的切身体验说明：正确的经营理念，可以激发全体员工崇高的使命感和奋力工作的干劲。只有在正确的经营理念的基础上，才能真正有效地使人员、技术和资金发挥作用。松下幸之助认为，公司是为了社会的繁荣发展而存在的，而不是为了公司自身的繁荣发展而存在的。有人认为企业的目的就是追求利润，松下幸之助则认为利润并不是企业的最终目的。企业的最基本的使命，是把物美价廉的产品充分地供应给社会，而利润则是更好地实现企业最基本使命的重要因素。

华为公司在其规章中指出，爱祖国、爱人民、爱事业和爱生活是我们凝聚力的源泉。责任意识、创新精神、敬业精神与团结合作精神是我们企业文化的精髓。

小贴士

当前企业文化建设需求解的十个问题：

1、在企业文化设计中怎样把握和体现企业文化的主要内涵和要素？从目前状况来看，在这个问题上有哪些方面值得改进？

2、提炼和确立企业的价值理念有没有需要把握的总原则？

3、在企业文化设计与企业文化建设中怎样避免文化“双脚离地”？关键点在哪里？

4、在企业文化建设中，企业家文化与员工文化是什么样的关系？

5、怎样把握企业文化建设的基本点？在这个问题上应当深化什么样的认识、确立什么样的观念？

6、在企业文化设计中，如何挖掘和体现“中国特色”的文化根脉和深厚底蕴？

7、发展现代企业文化，应当坚持什么样的实践方略，怎样探寻体现大众化、通俗化的有效途径和方式方法？

8、“企业文化手册”如何贯彻推行？

9、怎样看待企业文化“落地”“深植”“落地生根”，它们的真实、确切含义是什么？

10、怎样看待企业文化的变革性和稳定性？

2、企业制度文化

企业制度文化是由企业的法律形态、组织形态和管理形态构成的外显文化，它是企业文化的中坚和桥梁，把企业文化中的物质文化和理念文化有机地结合成一个整体。企业的制度文化一般包括企业法规、企业的经营制度和企业的管理制度。

范例

一位记者问海尔总裁张瑞敏先生：“如果公司更换了新的领导人，海尔的企业文化会不会随之改变呢？”张瑞敏回答：“美国人讲企业就像一堵砖墙一样，如果抽掉一块砖这堵墙不会塌。我们想先做到这个程度，然后考虑这堵墙怎么不断长高。”

张瑞敏所说的涉及企业制度文化。健康的制度将削弱甚至取代个人影响力在企业中的过分存在，为企业的平稳发展创造条件。当海尔规模不断扩大、日渐规范时，张瑞敏总是设法利用企业的规章制度来保证和强化企业文化。他将公司的主要价值观念通过规则或职责规范予以公布，敦促公司所有人遵从这些规定。这样，即使企业变换了新的领导人，海尔文化也不会随之改变，因为它已逐渐扎根于企业。

3、企业行为文化

企业行为文化是指企业员工在生产经营、学习娱乐中产生的活动文化。它包括企业经营活动、教育宣传活动、人际关系活动、文娱体育活动中产生的文化现象。它是企业经营作风、精神面貌、人际关系的动态体现，也是企业价值观的折射。

范例 IBM 公司在几十年的经营中形成了一种良好服务的企业文化。IBM 公司的历届总裁都认为，良好的服务是打开计算机市场的关键，IBM 就是要为顾客提供全世界最好的销售服务。IBM 公司的创始人老托马斯·约翰·沃森从公司建立的那一天起就十分注重销售部门的服务质量，他要求对每一个用户的服务都要周密安排。IBM 公司还免费为用户提供基本软件、保养维修、业务咨询及培训程序设计人员和操作人员。如果用户对机器的性能、质量不满意，可以不付租金，将机器退回。正因为 IBM 公司从上到下竭尽全力为顾客提供尽可能完善的服务，所以赢得了用户的广泛好评。

4、企业物质文化

企业物质文化也叫企业文化的物质层，是指由职工创造的产品和各种物质设施等构成的器物文化，是一种以物质形态为主要研究对象的表层企业文化。相对核心层而言，它是容易看见、容易改变的，是核心价值观的外在体现。

企业物质文化建设的内容：

1）企业的建筑物及其内部规划、建设与管理风格。作为一种物质的存在，企业的各种建筑物对企业成员的影响很大，比如，在一个破旧不堪的厂房工作和在高档写字楼里工作，人的感受是明显不同的。车间或者宿舍的管理水平如何，对员工行为养成的影响也很大，所以企业生产管理中十分倡导6S；又如，在一家老板是军人出身的私营企业，员工的宿舍管理像一座兵营，等等。

2）企业的产品、服务及其展示方式与过程。作为生产型企业来说，主要的物质文化建设方式就是企业产品形象的设计、展示以及顾客对其感知。而作为服务型企业来说，经营场所、服务用具等的设计及其管理，以及服务员工的服饰等，都是物质文化建设的重要因素。

3）承载企业历史的博物馆、展示馆等。一些有历史积淀的企业，为了弘扬企业文化和企业精神，强化外部宣传，建设以系列展示为主的企业博物馆或者展示馆（厅）。例如张裕酒文化博物馆，就是其中的经典之作；青岛网通公司的企业文化展馆，也系列地展示了青岛区域通信事业发展的悠久历史和深厚文化积淀。

五粮液的瓶型办公大楼

二、企业工程文化的特征

(一) 发展的阶段性

清华大学张德教授把企业管理分为三个阶段：第一阶段是经验管理阶段（1769—1901年），最大的特点是人治，靠“一把手”的强势领导来管理企业；第二阶段是科学管理阶段（1901—1980年），最大的特点是法治，靠制度来管理企业；第三阶段是文化管理阶段（1981至今），最大的特点就是文治，把企业文化作为企业管理的最重要的方面。

(二) 对企业形成持续成长的良好价值观的促进性

众所周知，企业的成本有两个方面，一是外部交易成本，二是内部交易成本。企业外部成本更多地依靠企业的市场能力，而企业的内部成本则主要依靠管理效率的提高。优秀企业文化所产生的凝聚力和向心力，对于管理效率的提高又起到至关重要的作用。打个比方说，有两台功率相同的发动机，分别装在一艘摩托艇上和一艘大船上，摩托艇因为体重较轻自然跑得更快。如果将发动机视为企业拥有的核心资源，那么，拥有同样资源的两家企业的成长速度，将在很大程度上取决于企业的“体积”和“体重”。这种“体积”和“体重”则取决于企业的管理及其效率，比如共同价值观的选择与锤炼，企业目标、部门目标与员工个人目标的一致性，企业组织结构的合理设置及其运转效率，企业制度的人性化与可操作性、持续创新性，企业流程的顺畅与持续完善，企业内部信息传递的畅通，企业内部沟通体系的健全与不断完善等，这些管理工作做好了，企业的内部团队意识将逐步紧密，资源配置的效率也将大大提高，企业的“体积”和“体重”将自然“缩小”和“减轻”，企业的竞争力将大为提高，成长速度自然将快起来了。反之，企业将成为一群“乌合之众”——没有目标和方向、相互排斥与攻击、没有合作精神，“体积”不断增大，“体重”持续增加，这样的企业则难以维持。

因此，企业工程文化的作用，更多地倾向于企业内部——即组织管理效率的逐步提升、资源配置的优化和企业竞争力的持续提高。

(三) 企业工程文化对企业实施管理具有功能性

1、导向功能。

2、约束功能。

3、凝聚功能。

4、激励功能。

5、辐射功能。

6、品牌功能。

范例 “微软”“福特”“通用电气”“可口可乐”等跨国企业与国内“海尔”“华为”“康佳”等知名的企业集团，在注重品牌价值的时间积累的同时，也注重在这个过程中企业文化的积累，在它们看来，企业工程文化是企业长期经营与管理积累的价值所在。

因此，我们要建设具有综合竞争力的大型企业，就必须坚持两手抓，一手抓企业经济发展，一手抓企业工程文化建设。

第二节　企业工程文化的中西方比较

一、中西方企业工程文化定义的差别

中国引入“企业文化”是在20世纪70年代末，但目前仍有许多人对于企业文化的认识依然比较模糊。

美国的企业文化理论所关注的重点是在管理理念以及在此指导下所产生的各种制度、流程与管理体系。日本则在美国基础上创新，结合美国“企业形象理论CI”，管理理念MI的基础上增加了行为规范BI、视觉规范VI这两大因素。对于日本来说，企业形象与企业文化并没有本质上的差别，它的重点是对企业和员工形成统一规范。它们是先有管理体系而后有理念的，对于企业文化定义，日本是经过管理实践后才上升到理论层面，其理念体系与管理体系结合比较密切。但企业形象在美国却没有直接与企业文化联系在一起，它所强调的是视觉的设计，而企业文化却是管理课题，它所强调的是管理科学。美国的企业文化是经过先提炼而后推广实践的，因此企业形象与管理文化并不需要直接联系。这就是企业文化在美国与日本的认识差别。

在中国，我们首先大力推广的是基于日本企业文化认识范畴的企业形象系统CI，到目前为止依然有许多企业不知道企业形象与企业文化之间的关系，甚至简单地将企业形象等同于企业文化了。其实中国企业文化的现状是内外两层皮，许多企业在导入企业形象系统之后，将企业形象的理念系统直接等同于管理理念，而企业的管理理念却依然潜在管理体系之后而没有得到提升与整理，所以企业文化务虚的认知成为当前企业界对企业文化的一种基本概念。另外，中国特色企业文化的内容是思想政治工作，由于我们企业原来的体制原因，在很长时间内企业文化与思想政治工作基本是画上等号的。我们认为，思想政治工作是国有企业在特殊背景下所产生的管理文化之一，它是中国特殊背景下企业文化的重要组成部分，而不是企业文化的全部，更不是企业文化的全部内容。

从以上内容可以分析出，美国认为的企业文化重点在管理文化，日本认为的企业文化重点是形象文化。那中国式企业文化应该是什么定义呢？我们认为，中国式企业文化应该是“哲理式企业文化”，即哲理文化。所谓哲理式企业文化是指以企业哲学为中心，对企业内外部矛盾进行转化的一套思维体系。这种哲理文化的特点是：“刚柔并济，以柔克刚；内外兼修，以内主外。”“刚柔并济，以柔克刚”就是将管理制度的刚性与管理理念的柔性相结合，并以管理理念来指导管理制度，这就是管理文化；“内外兼修，以内主外”是指管理文化与形象文化并进，并以管理文化指导形象文化。可以看出，中国式企业文化融

合了美国企业文化和日本企业文化的优点，同时创新出具有中国传统文化特色的新型企业文化模式。

二、中西方企业工程文化运作的差别

（一）文化形成渊源的差别

企业文化的特征与其国家民族文化息息相关，中国与西方文化形成的历史渊源和地理渊源都有所不同。

从历史渊源来看，“人伦”的不同以及当时所处的环境决定了一国文化的特征，任何文化都是以人类社会生活和个人生活为基础，所有打上人类印记的物质和精神的存在都归于文化之列。西方文明的起点是古希腊，在古希腊，人们在现实生活中彻底地脱离了自己所处的自然状态，因此古希腊人认识自己的道路是从明确区分人与自然，把人和自然当作各自独立甚至相互对立的对象分别加以研究开始的。于是人与自然的对立和分离就成了西方文化的“人伦”基础。随着时间的变迁，文化的不断演变，西方的文化形成了如今以个人为本位、以注重自我权利为特征的权利型伦理价值观。而中国的文化，文明的发生是在原有氏族制度的基础上，通过氏族之间的相互联系，逐渐形成了以血缘宗法为基础、注重人际关系的等级制度。由于等级森严，无法获得像西方那样的平等和独立的地位，因此对待自然和自己的态度就有着很大的差别。站在自己的宗法人伦关系的基础上来理解人，把人看作是“人伦”的派生物，重视和强调人与自然的和谐统一。天人合一自然就成了中国文化的“人伦”基础。

从地理渊源来看，由于西方文化源于古希腊，古希腊土地贫瘠、临海，无法靠农牧为生，但临海且岛屿星罗棋布又给古希腊人带来了机遇，船成了他们最主要的生存工具，航海可以占领新的空间，激发人的创造力，古希腊人在惊涛骇浪中锤炼出了冒险精神与扩张的本性，形成了西方文化个人本位的原始定位。而中国西面高山、东临大海、缺乏横越大海的条件，形成了一个封闭的环境，这是形成整体性文化的客观基础。土地肥沃，小农经济长期占主要地位，从而形成了中国文化群体本位的原始定位。

（二）中西方企业工程文化运作的途径差别

西方企业文化理论的基础是管理科学，其文化模式是建立在战略管理的基础之上，往往重内容、轻形式，尽管他们对企业文化的建设非常关注和投入，却很少有企业专门去强调企业文化或是归类到企业文化的工作范畴。西方企业文化工作更多是体现在人力资源、战略管理、品牌营销的各种管理体系之中，比较少有专门机构去运作企业文化。但这并没有减轻企业文化在他们管理体系中的地位或者说是作用。中国现在的企业工程文化运作正日趋成熟。总体来说，目前比较适合的运作方式应该是全面推进，重点突破，虚实结合。全面推进是在外部形象、内部管理文化两个体系进行，重点突破是在内部管理文化之中。如何寻找到适合中国企业的管理文化模式，这应该是中国企业文化的关键。虚实结合是要在企业文化的实施方式上采取多种形式，以务实为主，以虚为辅，虚实结合。

（三）中西方企业工程文化的模式差别

西方企业文化建立的时候，他们的企业发展已经有一百多年的历史，管理基础比较扎实，对科学管理的认识及运作经验相当成熟，所缺乏的主要是管理哲学的牵引，因此他们的企业文化模式相对简单，通常是提出几点核心的价值观，然后在核心价值观的指导下将管理理念在管理体系和流程中全程贯穿，就可以做到理念联系实践，文化落实行为。

中国企业目前的管理现状依然停留在经验管理向科学管理的过渡阶段，许多企业对于科学管理的认知比较粗浅。我们认为中国当前的企业文化是应用型的企业文化，它的模式应该强调分层次、分阶段进行运作，要认真区分核心理念、应用理念和传播理念之间的区别，并将形象文化与管理文化很好地融合在一起。

（四）中国文化的合理内核与西方文化的理性成分

中国的传统文化以儒家思想为主体，极具人文精神，以重视并善于处理人际关系为其显著特点，作为一种深入人心的观念，它不随着自然经济的瓦解和封建制度的衰落而自动消失，而是在不断地吸收外来文化的同时赋予自己新的时代内容，但其合理的内核保持不变。

中国文化的合理内核主要包括：

1、人本主义精神。强调人际关系的和谐，对人生价值尊重，主张“仁爱”，推及万物，实现人与自然的和谐。

2、“内圣外王”。首先造就德、才、智全面发展的“自我”，然后积极参与社会，实现自我的个人价值。

3、注重个人道德的培养。通过“修身”，进而达到“治国，平天下”，以国家、民族的利益为重。

4、强调群体本位。以家族、血缘等为纽带形成一个个群体，以此为基础建立和谐的人际关系。

5、积极进取，自强不息。“天行健，君子以自强不息”，通过自力更生、改革进取，从而造就了历史悠久的中华文明。

西方文化崇尚智慧和理性，讲究科学、民主，信仰宗教，追求道德和灵魂的净化，个人主义价值观深入人心。鼓励个人奋斗、勇于竞争和拥有个人成就感是其价值观的核心。美国文化是西方高度发达的现代资本主义精神的代表，是由各种文化组成的“大熔炉”，具有强烈的开放性和兼容性。美国人民有争取自由、独立、民主的传统；富有开拓和创新精神；极度推崇个人主义和个人奋斗；重视法治，公平竞争。

（五）中国文化的消极因素和西方文化的非理性方面

中国几千年的传统文化有其精华，也有其糟粕。在中国现代化进程中，它一方面使中国社会主义市场经济体制充分体现出不同于西方市场经济的中国特色而充满活力；另一方面，也对现代化的发展产生了部分负面影响，阻止现代化进程的健康发展，因为企业的管理不仅是一种单纯的政治或经济行为，它是一定民族文化背景下的产物。

文化与经济是互动的，美国经济非常发达，但我们不能由此推测以美国为代表的西方文化是完美的，西方文化同样存在许多非理性的方面，主要表现在以下三方面：一是重视认识人与人之间的外在关系，强调人对物的支配关系，忽视人与人之间的内在联系，忽视人与物的和谐统一，这在企业管理中则表现为人际关系不协调，团队精神得不到很好的发挥，一定程度上影响了企业的潜在效益。二是个体本位，虽然张扬了人性，利于创新与进取，促进了自由平等的观念，但却导致了自私自利，自由涣散，唯我独尊以及无政府主义。人与人之间疏远隔离、缺乏融洽的沟通，反映在企业管理中则主要是同事之间是纯粹的竞争关系，员工与企业之间也是纯粹的雇员与雇主的关系，员工不能将自身的利益和企业的目标有效地结合在一块。三是人与自然的对立，这使得西方的一些企业一心地去追求企业利益最大化，追求短期的企业目标，对自然资源的滥采滥用、过度开采，这种不关心"天人"和谐的做法极大地威胁着自然界的平衡与发展。

（六）在企业文化上的差异比较

文化的不同最终决定了中西方企业文化之间存在较大的差异，这些差异主要表现在以下几个方面：

1、权力方面的差异

中国企业的领导人更侧重于"集权"，而西方则倾向于"授权"与"分权"，这种差异也部分反映在各级经理人员的薪酬等级结构上。据统计，在西欧的企业中，高级经理人员年薪通常是初级经理人员的2.6倍左右，在中国台北相应的比例是3.2倍，而在中国大陆地区则高达5倍左右，高于西方国家。

2、思维方式上的差异

一般认为，围棋逻辑与象棋逻辑的区别极富表现力地刻画出中西方人士在思维上的差别。围棋逻辑重在构筑包围圈，尽可能多地扩展地盘；象棋逻辑则重在挑战主帅，"将军"制胜。中国的企业文化更像是"围棋文化"，在管理中注重"情"，通过各种各样的"情"，培育一批亲信，占领企业的核心部门。西方的企业文化更像是"象棋文化"，在管理中注重"法"，不同部门的领导人在公平环境下相互竞争，形成"能者上，庸者让，弱者下"的竞争氛围。

3、领导人与员工的关系方面的差异

在人员的沟通、企业家的精神、企业的内部组织结构等方面中西方都存在差异，这都在企业文化的差异方面有所表现。企业文化作为一种"软管理"，在当今企业发展过程中的地位日显重要，弄清不同文化之间的差异将有利于企业之间更有效地合作和发展。

第三节　企业工程文化案例分析

一、国内

“海底捞”已成为一种现象

海底捞，1994 年还只是四川简阳的一家简易麻辣烫，截至 2016 年年底，海底捞在国内开了 109 家门店，并成功向海外市场拓展。部分大学商学院把海底捞作为案例来研究，由管理商学院的学生担当“卧底实习”，竞争对手群起顶礼取经，连一向傲慢的外资餐饮企业也加入到参观学习的队伍。

如果说制度流程是一个企业的法律，那么企业文化则是企业的道德，能起到凝聚人心的作用。优秀的企业无不是因为其创始人提炼出具有时代价值的企业文化，并始终遵循这些核心价值观。纵观世界 500 强企业管理演变，那些能够持续成长的公司，尽管它们的经营战略和实践活动总是不断地适应着变化的外部世界，却始终保持着稳定不变的核心价值观。

很多企业把尊重人才，以人为本的口号喊得震天响，背后却是老板的一言堂，只有罚文化，没有奖文化的僵硬制度，对于很多劳动密集型企业更是如此。一方面老板感叹员工忠诚度低，员工流动率大，另一方面，员工又指责老板苛刻。

海底捞创始人张勇认为：人是海底捞的生意基石。在海底捞的内刊上，有两行让人印象深刻的字：倡双手改变命运之理，树公司公平公正之风。海底捞的三大公司目标：“将海底捞开向全国”只排到第 3 位，而“创造一个公平公正的工作环境”“致力于双手改变命运的价值观在海底捞变成现实”则排在前两位。尊重人、相信人是海底捞的核心价值观。

餐饮服务行业是典型的高强度重复工作行业，怎样才能让员工充满快乐？答案很简单：让员工在工作中充满创造性，强调与顾客的互动。在海底捞，鼓励员工与顾客的互动，让客人记住你。这种互动从顾客一进门就开始，每个员工都可以给客人擦鞋（只要顾客需要）。公司鼓励员工创新发明，谁的发明创造就以谁的名字来命名。公司给予员工一定的权力，普通的服务员都有免单权、退菜权。不论什么原因，只要员工认为有必要，都可以给客人免费送一些菜，甚至免掉一餐的费用。把员工当成自家人。海底捞的员工住的都是正规小区，还可以免费上网，有专门的宿舍管理人员打扫卫生。

海底捞员工对企业、对上级、对老师都有感恩之心，这是支撑海底捞高效率、高质量服务的根本。并不是每个人都善于感恩，所以，怎么样招聘、培养和提升拥有这样特质的员工成为关键。海底捞在提拔某个人到重要岗位时，老板张勇往往会到员工家里做家访，以确定该员工是不是真的符合企业所需要的特质。

海底捞成功地创造了一种家的文化，解除了员工的后顾之忧，使员工能全身心投入到工作中去。

简析：当下有很多企业对企业文化建设非常迷茫，老板总是抱怨员工不懂得感恩，他们唯一能想到的提升方法竟然是找外部讲师给员工上“感恩”课，这是很可笑的。因为感恩这个东西是教不出来的，而是企业培养出来的。

二、国际

IBM：计算机帝国的企业文化

IBM（国际商用机器公司）是有明确原则和坚定信念的公司。这些原则和信念构成了IBM特有的企业文化。

IBM拥有40多万员工，年营业额超过500亿美元，几乎在全球各国都有分公司。许多人不易理解，为何像IBM这么庞大的公司会具有人性化的性格？

老托马斯·沃森在1914年创办IBM公司时就设立过“行为准则”。正如每一位有野心的企业家一样，他希望公司财源滚滚，也希望能借此反映出他个人的价值观。因此，他把这些价值观标准写出来，作为公司的基石，任何为他工作的人，都明白公司要求的是什么。

老沃森的信条在其儿子时代更加发扬光大。小托马斯·沃森在1956年任IBM公司的总裁，老沃森所规定的“行为准则”，由总裁至收发室，没有一个人不知晓：

1、必须尊重个人。

2、必须尽可能给予顾客最好的服务。

3、必须追求优异的工作表现。

公司任何一个行动及政策都直接受到这三条准则的影响，“沃森哲学”对公司的成功所贡献的力量，比技术革新、市场销售技巧，或庞大财力所贡献的力量更大。在企业运营中，任何处于主管职位的人必须彻底明白“公司原则”，必须向下属说明，而且要一再重复，使员工知道，“原则”是多么重要。IBM公司在会议中、内部刊物中、备忘录中、集会中所规定的事项，或在私人谈话中都可以发现“公司哲学”贯彻在其中。如果IBM公司的主管人员不能在其言行中身体力行，那么这一堆信念都成了空口说白话。员工都知道，即使是个人的成功，也一样都是取决于员工对沃森原则的遵循。

二维码6-1

简析：IBM公司的企业文化充分体现出了西方企业文化中人性化的特点，并且这一文化也得到所有员工的一致认同。正如IBM公司的一位总裁在工作几十年后退休时说，“现在，我的体内都已经流淌着蓝色的血液”，IBM的公司文化已渗透到他的骨子里。让大家互相分享、广泛认可的企业文化是一个公司成功的关键。

第四节　企业工程文化思考与实作

一、简述

1、简述企业工程文化的概念。
2、简述企业工程文化的内涵。

二、论述

分析中西方企业工程文化的异同，并举例说明。

三、阅读下面这篇文章，实地考察一家游乐中心后分析其企业工程文化的优劣得失。

迪士尼的魔力

像许多优秀的公司一样，迪士尼将灌输信仰、严密契合和精英主义等手段，作为保存核心理念的主要方法。只要是迪士尼的员工，不管是什么职位，公司要求每个人都要参加迪士尼大学的新人训练（也叫作迪士尼传统）课程。

该课程的目的是“向迪士尼团队的新人介绍公司的传统、哲学、组织和做生意的方式”。

对于要进入迪士尼乐园工作的按时计酬的员工，迪士尼特别注意筛选和社会化，对于可能招募进来的人，即使是雇来的清洁工必须至少通过由不同口试官主持的两次筛选（在20世纪60年代，迪士尼要求所有应聘人员参加多次性格测验）。脸上有毛的男性、耳环摇摇晃晃或化浓妆的女士不必去应聘，因为迪士尼实施严格的仪容规定。甚至早在20世纪60年代，迪士尼乐园在雇用员工方面，就实施严格符合公司哲学的方针。1967年，理查德·席克尔在他写的《迪士尼之梦》里，对迪士尼乐园的员工有过这样的描述：（他们）有一种相当标准化的仪容，女孩通常都是金发、蓝眼、不爱出风头的那一类型，全都好像刚刚从加州运动装广告里走出来，准备嫁到郊区做个好母亲的女孩，男孩……一律都是纯美国风格，喜爱户外运动，是妈妈喜欢的那种迷糊快乐的小孩。

迪士尼乐园所有新进人员都要接受很多天的培训，迅速学习一种“新语言”：员工是“演员表上的演员”；顾客是“贵宾”；群众是“观众”；值班是“表演”；职务是“角色”；职务说明是“剧本”；制服是“戏装”；人事部门是“分派角色部门”；当班是“在舞台上”；下班是“在后台”。

这种特殊语言强化了迪士尼员工的心态。在此之前，迪士尼已经在新人培训里使用精心编写的剧本，由训练有素的“培训员”用有关迪士尼特性、历史和神话的问题做练习，不断向新人灌输和加强公司的基本理念。

培训员：我们从事什么事业？每一个人都知道麦当劳做汉堡包。迪士尼做什么？

新进人员：我们做的是让大家快乐。

培训员：对，完全正确！我们让大家快乐，不管是谁、说什么语言、从事什么行业、是哪里人、是什么肤色或有什么其他的差别，我们来这里就是要让他们快乐……我们雇的人没有一个是雇来担任什么职务的，每一个人都是在我们的戏里排定的一个角色。

新人培训安排在特别设计的培训室里进行，培训室里贴了很多照片，全是创办人沃尔特·迪士尼和他最有名的角色，像米老鼠、白雪公主和七个小矮人。按照汤姆·彼得斯公司一卷录像带的说法，这些东西“意在创造沃尔特·迪士尼本人亲自在现场欢迎新进人员加入他个人王国的幻觉，好让新进员工觉得自己和乐园的创办人是伙伴”。员工要学习迪士尼大学的教科书，书的内容包括下面这些警语：“我们在迪士尼乐园里会疲倦，但是，永远不能厌烦，而且，即使这一天很辛苦，我们也要表现出快乐的样子。必须展现真诚的笑容，必须发自内心……如果什么东西都帮不上忙，请记住：“我是领薪水来微笑的”。

经过培训，每个新演员和一位有经验的同事搭配，接受进一步的社会化训练，以便了解这个工作的细微之处。从里到外，迪士尼推行严格的行为准则，要求演员迅速磨掉不符合个人特定角色的个性。

迪士尼保存自我形象和理念的狂热，在主题公园里表现得最清楚，但是，也远远地延伸到主题公园之外。一位斯坦福大学 MBA 学生暑假期间到迪士尼公司做财务分析、战略规划和其他类似的工作，事后他描述说：第一天到迪士尼公司，我就领略了沃尔特·迪士尼梦想的魔力……迪士尼大学利用录像带和“仙尘”技术，让大家分享沃尔特·迪士尼的梦想和迪士尼“世界”的魔力。迪士尼文物馆珍藏着沃尔特·迪士尼的历史，让演员同仁享受。接受培训后，我驻足在米老鼠大道和多皮大街交叉口，感觉到公司的魔力、感性和历史。我信仰沃尔特·迪士尼的梦想，并且和组织里的其他人共享这个信仰。

公司里任何一个人如果嘲笑或公然抨击“身心健康”的理想，那就绝对不能在公司里继续工作。公司出版的刊物不断强调迪士尼公司“特别”“与众不同”“独一无二”的“神奇”，连写给股东看的年报都经过加料调味，使用“梦想”“乐趣”“兴奋”“欢乐”“想象”及“魔力是迪士尼公司的根本精神”之类的文字。

迪士尼内部的运作大部分都秘而不宣，更增添了神秘感和精英意识，只有深深属于“内部”的人，才能在幕布后一窥“神奇魔力”的运作情形。例如，除了已经发誓保守秘密的特定演员之外，谁也不能观察迪士尼乐园角色的训练；采访迪士尼的记者都遭遇过守门人的拼命抵抗，这些人不让这个“神奇王国”的秘密外泄。一位作家说过：“迪士尼是一家封闭得让人奇怪的公司。他们严密控制一切，那种偏执程度之高，是我这么多年以来接触到的众多美国企业中所罕见的。”迪士尼密集的员工筛选和教育程序、对秘密运作和控制的沉迷，以及精心创造神话、培养对全世界儿童生活具有特别和重要的形象，全都有助于创造一种类似教派一样的信仰，这种信仰甚至延伸到顾客身上。

有位对迪士尼忠心不二的顾客，一次在某家零售店里看到一个略为褪色的迪士尼角色玩偶，不满地说道：“要是迪士尼叔叔看到了，一定会觉得羞愧。”

的确，审视迪士尼时，心里很难记得它是一家企业，而不是一种社会或宗教运动。乔·福勒在他的《神奇王国的王子》一书里这样写道：

这不是企业的历史，是人类衷心为理想、价值观和希望奋斗的历史。这些都是世间男女愿意牺牲生命去奋斗的东西，是一些有时是如此容易消失，有些人可能斥之为愚蠢的价值观，却也是如此深刻，以致其他人愿意学习、愿意奉献一生去实现的价值观。他们在价值观遭到侵犯时愤愤不平，这就是"迪士尼"这个名字让人印象深刻的地方。大家看迪士尼没有中立的看法……沃尔特·迪士尼不是天才就是骗子，不是伪君子就是典范，不是江湖郎中就是世世代代儿童热爱的老爹。

事实上，迪士尼像教派一样的文化可以追溯到创办人沃尔特·迪士尼，他把自己和员工的关系看成是父亲和子女，期望员工全心全意地奉献，要求员工忠诚于公司和公司的价值观、热心而且——最要紧的是——忠心的迪士尼人可以犯诚实的错误，仍可得到第 2 次（通常还有第 3 次、第 4 次和第 5 次）机会。但是，违反公司神圣的理念或表现不忠……嗯，这就是罪恶了，要受到立即而无礼开除的惩罚。按照马克·艾略特在《沃尔特·迪士尼传》里的说法："要是偶尔有人不小心在沃尔特·迪士尼和众人面前说了一句脏话，结果总是立刻被开除，不管这样做会在业务上造成什么样的不便，结果都是这样。"

沃尔特·迪士尼把对秩序和控制的热爱转变成了有形的做法，以便维持迪士尼的基本精神，从个人仪容规定、招聘和培训过程、对实际布置最细微部分的注重、对保持秘密的关心，到订出一丝不苟的规定，力求保存迪士尼每一个角色的一贯性和庄严性。这一切的一切，都可以追溯到沃尔特·迪士尼执着追求、使公司务必完全在核心理念的范畴内运作的精神。

他的公司的确在持续成长，即使在沃尔特·迪士尼辞世后公司停滞不前，却始终没有失去核心理念，主要原因是他在世时已经把有形的程序安排就绪。到 1984 年，迈克尔·艾斯纳和新的迪士尼团队接管公司后，这种小心保存的核心理念就成了其后 10 年迪士尼重振声威的基础。

学后感言：

下 篇

■ 若无某种大胆放肆的猜想，一般是不可能有知识的进展的。

——爱因斯坦

■ 一个人想做点事业，非得走自己的路。要开创新路子，最关键的是你会不会自己提出问题，能正确地提出问题就是迈开了创新的第一步。

——李政道

第七章　农业工程文化

第一节　农业工程文化的概念与特征

一、农业工程文化的概念

（一）农业与农业文化

农业是以土地资源为生产对象，是人们利用动植物体的生理机能，把自然界的物质和能量转化为人类需要的产品。现阶段的农业分为植物栽培和动物饲养两大类，也可将传统的农林牧渔副业统归于农业。土地是农业中不可替代的基本生产资料，劳动对象主要是有生命的动植物，生产力受自然条件影响大，有明显的区域性和季节性。农业是人类衣食之源、生存之本，是一切生产的首要条件。所以，农业属于第一产业。

狭义农业是指种植业；广义的农业又称为大农业，包括种植业、林业、牧业、渔业、副业。其中副业是主业以外的生产经营活动，如农副产品加工、农机具制造和修理、农业能源建设、农业服务业、养殖业。

所谓农业文化，就是广义的大农业，包括农业产品的销售、运输、农业活动中的土地等生产资料所有制、生产关系、水利建设、品种改良、秉承经营理念思想等，这统称为农业文化。

（二）农业工程文化

农业工程文化是工程文化的一种表现形式，是在农业工程生产建设活动中所形成、反映、传播的文化现象。

农业工程文化的形成、反映和传播是伴随着人类生存发展的一个连续过程。农业工程文化是人类从事农业活动以来形成的一种精神产品，因而农业工程文化是在农业工程生产建设过程中形成的一种文化现象。中西方由于地域、民族、历史、性格的不同，形成了不同的农业工程文化。

二维码 7－1

二、农业工程文化的特点

（一）土地的特殊重要性

土地是农业生产中不可替代的最基本的生产资料。在其他部门的生产过程中，土地仅仅是劳动的场所。在农业生产中，土地不仅是劳动场所，更是提供动植物生长发育所必需的水分和养料的主要来源，是动植物生长发育的重要环境条件。因此，土地的数量、质量和位置都是农业生产的重要制约因素。

正因为土地在农业生产中的特殊重要性，中国将保护耕地作为基本国策之一，要求全国各地、各部门在经济建设过程中切实保证不减少基本农田，同时尽力提高现有土地的生产率。

小贴士

以色列是世界上土地资源相对贫瘠，水资源十分缺乏的国家之一，全国有90%的土地是山区和沙漠，一半以上的地区属于典型的干旱和半干旱气候。几十年来，以色列的旱作高效生态农业世界闻名，以色列人口密度很高，每平方公里近三百人，它的土地资源却十分贫乏，国土面积有4%是沙漠，另一半不是高山就是森林。只有不到20%的土地是可以耕种的，其中一半又必须经过灌溉才能耕作。以色列的水资源极其贫乏，是世界上人均占有水资源最少的国家之一。然而面对恶劣的自然环境加上巴以冲突持续不断的周边环境，以色列却以滴灌等旱作农业生产方式；实现了农业的高速和可持续发展。

（二）自然环境的强大影响

与工业生产不同，农业生产主要在广阔的田野上进行；同时，由于农业生产又是动植物的自然再生产过程，因而必然受自然环境的强大影响。现有动植物的生长发育特点主要是长期自然选择的结果，其生命活动对自然环境的反作用几乎可以忽略不计。成功的人工选择和其他合理的人为措施首先必须适应自然环境，其次才能在有限的范围内改变局部小环境。

自然环境的影响首先表现为各地区具有不同的气候、地形、土壤和植被等自然条件，从而形成各地独特的农业生产类型、品种、耕作制度和栽培管理技术。因此，农业生产的社会分工不仅表现为生产过程的分工，更表现为生产地域的分工，即农业生产具有强烈的区域化趋势。

自然环境的影响还表现为农业生产的波动性。自然界大范围的长期变化，如地质变化、温室效应和臭氧层的破坏等无疑都会对农业生产产生长期影响。不过，这种影响往往要通过长期积累才能从农业生产中反映出来。短期的影响主要来自于气候的变化，尤其是灾害性天气，如旱、涝、风、雹等，可能导致农业生产年度间的剧烈变化。病虫害的爆发往往与气候的变化有关，也可能导致严重减产。因此，减灾防灾在农业生产上具有特殊意义。主要的减灾防灾措施包括建设水利工程、培育抗逆性强的动植物品种、生产类型多样化、综合防治病虫害、发展设施农业、建立合理的农产品储备体系等。

（三）农业生产的周期性和季节性

农业生产的周期长，生产时间和劳动时间不一致，同时具有比较强的季节性。农业生产周期取决于动植物的生长发育周期，通常长达数月以至数年。动植物的生长发育贯穿整个生产过程，但人类的劳动并不需要持续整个生产过程。对于大多数种类的农业生产来说，农业劳动时间即人类劳动作用于劳动对象的时间，仅仅占动植物生长周期的一小部分。由于动植物生长发育的周期受温、光、水、热、气等自然条件的影响，各种农业生产的适宜时间通常固定在一定的月份，劳动时间也集中在这些月份中的某些日期。

上述情况决定了农业生产中劳动力和其他生产资料利用的季节性、资金支出的不均衡性和产品收获的间断性。农业生产的季节性，一方面表明根据农时安排生产的重要性，另一方面表明农户多种经营和兼业经营的必要性。多种经营和兼业经营不仅可以比较充分地利用剩余劳动力和剩余劳动时间以增加生产，同时也可以用其经营的收入弥补资金支出不均衡和农产品收获间断所造成的收支缺口。

农业生产的周期性和季节性还带来其他一些问题。在市场经济条件下，生产周期越长意味着决策时风险越大。因此，需要建立和完善能够减少决策风险的各种制度和措施，如市场信息发布和预测、农业生产保险、农产品储备、保护价收购等。农产品大多数是鲜活产品，生产的季节性与消费的连续性存在明显的矛盾。因此，需要进行适当的保鲜贮藏和加工，以便保持其使用价值，使之符合消费者的需要。

第二节　农业工程文化的中西方比较

大约在1万年前，人类在逐步学会驯化植物和动物的同时，摆脱了完全依靠采集和狩猎为生的阶段，开始了农业生产。在以后的漫长年代里，农业随着生产工具和土地利用方式的改进而不断发展。就世界范围看，农业生产大体上经历了原始农业、古代农业和现代农业三个阶段，但不同地区的发展由于历史、地理等条件的不同而有差异。这三个阶段的划分标准和特征如下：

原始农业阶段

开始于新石器时代的原始农业是以磨制石器工具为主、采用撂荒耕作方法、通过简单协作的集体劳动方式来进行生产的农业。

古代农业阶段

古代农业是使用铁、木农具，利用人力、畜力、水力、风力和自然肥料，凭借或主要凭借直接经验从事生产活动的农业。这一时期农业主要是通过积累经验的方式来传承应用并有所发展的，又常称之为传统农业。

现代农业阶段

现代农业是有工业技术装备、以实验科学为指导、主要从事商品生产的农业。由于技术发展水平的差别，它在西方又经历过近代和现代两个时期。

一、中国农业工程文化的发展沿革

（一）原始农业阶段

中国的原始农业约有近1万年的历史，当时北方黄河流域是春季干旱少雨的黄土地带，以种植抗旱耐瘠薄的粟为主；长江流域以南是遍布沼泽的水乡，多栽培喜高温多湿的水稻。最早都实行撂荒制。近几十年来，黄河流域发现了不少新石器早期文化遗址，如河南新郑裴李岗、河北武安磁山村等处，都有石斧、锄、石镰以及石制杵臼等出土。这些农具磨制精细，配套完整。在磁山遗址下层发现有粮食和猪、羊等家畜骨骼以及纺轮等物，说明畜牧业和手工业在当时的经济生活中已占一定地位。西安半坡遗址除出土有石器、陶器、骨角器等农业和渔猎生产工具外，还有加工、贮藏食物的器具以及保存较为完整的粟和菜籽等，说明农产品加工和园艺生产也已有一定的发展。长江流域的水稻生产，根据湖北京山屈家岭、浙江吴兴钱山漾以及江苏南京青莲岗等出土的实物遗存，至少已有四五千年的历史。1976 年浙江余姚河姆渡出土的 7000 年前的炭化稻谷、稻壳、稻秆以及一些保存完好的骨制耜、镞、锥、针和木制农具，则又把中国水稻生产的历史年代大大提前，还说明了中国水稻栽培是从南向北推移的。到商代，据甲骨文和各地出土的实物看，青铜农具已经出现，但未在农业生产上大量使用；一般农具虽较前有所进步，但仍多以木、石为主。木犁也已出现，似乎没得到推广。当时的作物已有黍、稷、稻、麦；家畜继犬、猪、鸡、牛、羊之后，马也已被驯养。早在新石器时代晚期已被利用的蚕丝，随着栽桑技术的发展，又得到进一步普及。到了西周，虽实行撂荒制，但新垦田不断增加，农具的形制也有改进，所谓“六谷”“六畜”都已分别形成。

（二）古代农业阶段

从春秋战国实行铁犁牛耕进入传统农业阶段后，基本上结束了撂荒制，但没有实行二圃制和三圃制，而是以提高单位面积产量、充分利用土地的精耕细作为主，走上了土地连种制的道路。铁制农具出现于春秋晚期至战国早期，最初以小农具为多，到战国中期之后，带有铁制犁铧的耕犁逐步得到推广。封建地主制下的小农经济为农业生产提供了有利条件。这一时期除扩大耕地面积以外，更重要的是开始实行深耕易耨、多粪肥田措施，而各地先后兴修的芍陂（安徽）、都江堰（四川）、郑国渠（陕西）等大型水利工程，以及约在西汉末年开始出现的龙骨水车（翻车），又为精耕细作提供了灌溉条件。从秦汉到魏晋南北朝，北方旱农地区逐渐形成耕—耙—耢的作业体系，建立了一整套保墒抗旱的耕作措施。在江南，经过六朝时代的开发，唐宋时适应水田地区的整地耕作要求，则形成了耕—耙—耖的水田耕作技术体系。为了便于耕翻起垄，至迟到汉代已有铁制犁壁。汉代还发明了耧犁，提高了开沟播种的效率。唐代水田用的江东犁，形制已相当完备。唐宋以后，江南地区修筑圩田，形成水网，再用筒车、翻车提灌，做到了水旱无虞；在东南、西南的丘陵山区，则修建梯田，有利于生产及水土保持。为了有效地恢复并增进地力，除倒茬轮作外，对肥料的施用也更加注重。北魏《齐民要术》比较完整地概括总结了这个时期的农学成就。

明清以来，中国的商品经济有了一定的发展，如太湖周围等粮食产区。另外，部分地区因主要种植桑、棉等经济作物，需从外地调进粮食，促进了粮食生产的商品化。在花生、烟草乃至甘蔗等其他经济作物逐步形成较为集中的产区之后，也都出现了类似情况。

（三）现代农业阶段

1840年鸦片战争爆发，洋务运动的失败，严酷的现实使人们认识到，仅仅靠引进西方的洋枪洋炮和机器制造不足以救国。要想使中国富强，必须在政治、军事、经济、教育各方面进行全方位的变革。这样，清末民初一场改良政治，全面学习西方的运动风起云涌。农业作为中国经济的基础和主要部门自然成为这场变革的重要方面。

清末民初，近代农业的传播与引进主要表现在办农报和译农书方面，这方面成绩显著者当推农务会。农务会是罗振玉等一批热衷于改良中国农业的社会贤达于1896年在上海创立的，倡导“广树艺、兴畜牧、究新法、济利源”。农务会主办的《农学报》（1897—1906年）共出315期，是中国最早和最系统传播近代农业知识的刊物，产生了十分广泛的社会影响。

中国近代教育始于1862年，但一直没有农学堂。直到1897年和1898年中国近代最早的两所农业学校——浙江蚕学馆和湖北农务学堂才先后成立。这一时期经过政府和民间多种渠道，不少学生赴日本和欧美学习农业科技。他们学成后大多回国，为中国近代农业的创立与发展，为中国农业专门人才的培养做出了积极的贡献。

20世纪20年代末至30年代中期，中国社会相对稳定，农业生产有明显增长。1936年前后，农业收成达近代史上最好水平，但不久抗日战争爆发，民族矛盾上升为主要矛盾，全国实际上形成了各自独立的三个统治区。在国统区，土地集中的态势有增无减，贫富两极分化严重。因日寇封锁打压，农产品供求矛盾突出，国民政府实行专卖制度，对棉花、蚕丝、桐油等强行征购。因通货膨胀严重，田赋由货币改征实物，社会矛盾日益激化，农村生产力下降。

在日占领区，日本军国主义推行“以战养战”政策，加强殖民主义经济统治，大规模进行农业、林业和渔业移民，对农产品实行统制。在华北、华东和华南的新占领区，实行对非占领区的封锁和烧光、抢光、杀光的“三光”政策，给中国农村造成了极大的破坏。

在共产党领导的抗日根据地和各解放区，共产党实行减租减息政策，调动了农民生产和抗战的积极性。为了粉碎敌人的进攻和封锁、减轻人民的负担，中共中央还做出了开展大生产运动的决策。实行军队屯田，边生产、边打仗，“自己动手，丰衣足食”，“发展经济，保障供给”，受到了农民普遍的欢迎，经济日益发展，社会日趋稳定，为最终获得全国性胜利奠定了物质基础。

近代农业在中国起步晚，其间又战乱不断，使农业现代化进程较日本等国明显迟缓。

1949年10月中华人民共和国成立，中国进入了一个新的发展阶段，中国农村经济得到了迅速的恢复和发展，1952年农业生产已恢复到历史最高水平。从1952年到1965年，中国完成了农业合作化和人民公社化，建立了与计划经济体制相适应的统派购制度。这期间，虽然经历了“大跃进”等超越现实条件和客观规律的冒进运动，但总的来说，社会是稳定的，经济也有一定的增长。但“文化大革命”使农村经济与农业生产秩序遭到严重破坏。直到1978年十一届三中全会揭开中国经济改革序幕之后，农业生产的这种停滞状况才得到根本性改变。这场改革始于农村，而影响最为广泛深刻的是家庭联产承包制的推行。

二、西方农业工程文化的发展沿革

（一）原始农业阶段

西方农业首先出现在下列几个地区：

西亚地区　原始农业在底格里斯河和幼发拉底河两河流域（美索不达米亚）及其邻近地区出现较早。20世纪20年代以来考古学、文化人类学和民族植物学的研究证实，在今伊拉克、巴勒斯坦境内，距今八九千年前人类已开始从事农业生产。在约旦河口的耶利哥和伊拉克的耶莫等地都曾发现新石器时代早期文化遗址，出土了石斧、石镰、石臼等经过磨制的石器；在耶莫地区，还发掘出野生型和栽培型之间的中间型粒系小麦和栽培六棱大麦的遗物。同时出土的还有豌豆和扁豆等。养羊在当时也已成为主要的畜牧养殖。居住在两河流域的苏美尔人在公元前4000年金石并用时期，就已发展了灌溉农业。公元前18世纪，古巴比伦王国在有名的《汉谟拉比法典》中提到了耕犁和耕牛等；此外，对有关出租和耕种土地、放牧和管理牧畜以及修建管理果园等，也作了具体规定。这些地区后来由于战乱频繁，水利失修，沟渠湮塞，加上盲目扩大耕地和滥伐森林加快了水土流失，到公元前4世纪时农业生产就渐趋衰落。

美洲　新大陆的印第安人，早在欧洲移民来到之前，就已独立地形成了原始农业，尤以中美洲及中央安第斯地区较为发达。近年来从墨西哥的特瓦坎和瓦哈卡谷地的考古发掘中，发现了公元前至16世纪西班牙人入侵之前的完整地层，证实以玉米为主的植物驯化历史，在当地至少已有7000年之久；而真正的农民定居生活和农村的形成也不会晚于5000年前。印第安人除种植玉米外，还培育了甘薯、马铃薯、花生、向日葵等一大批在当今世界上被广泛利用的作物。此外，他们还驯化了羊驼和火鸡，但从未饲养、使役过在旧大陆所常见的役畜。他们不会冶炼，没有制造过耕犁。但有些地区确已从新石器时代发展到青铜器时代，并进入了阶级社会。

（二）古代农业阶段

西方古代农业的发展情况以下列一些国家和地区为代表。

希腊　欧洲农业的发生比西亚两河流域晚3000多年。希腊前陶新石器文化最初阶段的时间约在公元前7000年左右，创立这些文化的是当地土著居民。当时已有不少农业村落的雏形，其遗址中都发现有石骨器农具、炭化谷物和羊骨等，说明早已进入农业、畜牧阶段。约在公元前3500～前3000年，希腊克里特岛又形成了具有自己特点的克里特和迈锡尼文化，开始使用铜和青铜农具。到公元前1130年，多里亚人开始使用铁器。最早的铁制农具是镰刀，接着其他铁制农具也迅速发展起来。在城邦国家建立的早期，木犁就已装上了铁制的犁铧。农业产量的增加推动了工商业和文化的发展。在这基础上形成了雅典、斯巴达等奴隶制国家。到公元前5世纪中期，在希腊全境除人口稀少的南方山地外，可利用的木材已经伐尽，实行了几百年的二圃制也告结束，开始在土地肥沃的地方实行谷物与蔬菜轮作的一熟制，在较为贫瘠的地方则采用了三圃制，交替种植大麦、稷并安排休闲；还在有条件的地方开始灌溉，修筑梯田。以后又在不适于栽种作物的地方建立果园，种植葡萄和橄榄，并把产品加工成葡萄酒和橄榄油，出口换取粮食。希腊的多数城邦国家就这样从农业国逐步转变为工商业国家。

罗马 罗马地区最早的遗迹年代可上溯至公元前1500年，在公元前1000~前500年时已形成农业村落，它继希腊之后在意大利中部崛起，并不断扩张其版图。从加图、瓦罗、克路美拉等人所著的农书中，可以了解到当时农业生产的一些情况。奴隶制大庄园为适应地中海沿岸冬季多雨夏季干燥的气候条件，实行二圃制的经营方式，在春到秋的休闲期中实行3~5次休闲耕，在秋雨来到之后播种冬麦。冬季为了便于排水，田间多作畦掘沟。地中海东部在5月中、意大利在6~7月初为收获期。收获时多用手镰摘穗，余下的茎秆留给家畜做饲料或翻入地里。在一些农庄里也有种葡萄、橄榄和蔬菜的。阿尔卑斯山以北的地方，由于气候和土质同南部不同，生产情况也有差异。耕犁不是像南部那样用轻便的弯辕犁，而是有轮的较为笨重但适于深耕的反转犁，实行的是较为粗放的二圃制。随着罗马从共和转向帝制，小农相继破产，部分沦为农村雇工，多数则流入城市变为无业游民，依靠国家从其他地方通过掠夺和贸易运来的粮食为生，这就加剧了社会危机，成为后来罗马帝国灭亡的一个原因。

西欧 欧洲少数地区如希腊克里特岛、希腊马其顿地区以及中巴尔干地区等约在公元前6000~前3000年即发生了原始农业，对西欧古代农业的发展起到了一定的促进作用。公元5世纪，随着西罗马帝国的灭亡，日耳曼人先后在欧洲各地建立起许多封建国家。日耳曼人经济原先比较落后，到公元前后还处于原始社会末期，除畜牧业较进步外，农业和手工业都很简陋，土地也没有成为私有财产。后来在封建制度的发展过程中逐步形成领主阶级和依附农民，政治上实行严格的等级制。农业生产以庄园方式进行：通常庄园的土地分成两部分，最好的耕地是领主的直领地，由农民携带自己的农具无偿地为其耕种；农民分得的土地以条田的形式错落相间，可世代相继使用，但须承担繁重的封建义务。过去的公有地包括森林、牧场、荒地等，这时也都成了领主的财产，农民必须付出一定的代价才能使用。庄园中的一切财产都是为了供给领主和生产者本身的消费，手工业和农业密切结合，是一种封闭的自然经济。土地利用方式是典型的三圃制，即将全部耕地划分为3个耕区，依次轮流种植冬小麦、春小麦和进行休闲。三圃制最初在德国南部、法国北部等一些属于王室和寺院所有的组织得较好的庄园内实行，后逐步推广；到11~13世纪，除原来的耕地外，还在新垦土地上推行，从而促使西欧一些国家的耕地面积得以成倍地、个别地方竟是3~4倍地增加。在这以前，即使农业较发达的英国，其耕地也不超过全部土地的二成；德国和法国北部在一成五以下；人口稠密的法国南部和西班牙也只达到二成至二成半之间。但在一些地力瘠薄的地方，如英格兰的西南部直到 16 世纪时也还是二圃制占优势；法国南特地方的农村，直到 18 世纪时仍是二圃制、三圃制并存。有关庄园结构和三圃制的早期情况可从 8 世纪末查理大帝颁布的“庄园敕令”和其他文献中窥知大概。

在中世纪实行三圃制的欧洲，农业生产管理较为粗放，一般用撒播方式播种，几乎不进行田间管理，产量很低。从罗马帝国灭亡到 18 世纪末法国大革命前，欧洲各地谷物的单位面积产量很少提高，在生产技术上也无多大改进。例如中世纪的德国只是把三圃制大体普及到全国，休闲地上犁耕的次数从 3 次增加到 4 次，施肥技术有所改进而已。

（三）现代农业阶段

现代农业在不同的地区和国家，经历过不同的发展过程，大体如下。

资本主义农业的确立 在西方，英国在 14 世纪废除农奴制以后，经过 16 ~ 18 世纪的圈地运动，农业中资本主义的大租佃农场已占绝大多数。其他一些西方资本主义国家的农业发展，经历了两条不同的道路：一条是美国式的道路，它是在彻底摧毁封建土地关系的基础上，在小农经济自发分化的过程中，建立起资本主义的农场经济。法国农业基本上也是沿着这条道路发展的，但它没有像美国南方那样经历过大种植园式的生产组织形式。另一条是普鲁士道路。在德国，实行的是自上而下的资产阶级改革，没有彻底消灭封建的土地关系，农奴—地主经济逐渐地过渡到资产阶级—地主经济。容克地主经营的庄园不但被保留，而且有所扩大。同时，在商品经济发展的推动下，从农民中也缓慢地分化出少数富农来。1861 年废除农奴制的俄国，基本上也是沿着保留封建残余的这条道路发展起资本主义生产关系的。在日本，1868 年明治维新后，曾由政府颁布过地税改革条例，只是部分地废除了旧的封建关系，因而后来佃农日益增多，土地经营更加分散，影响了其资本主义农业的发展。到了第二次世界大战结束之后，经过再次土地改革才在农村中彻底废除了封建的土地占有关系，但小农经营仍然占绝对优势。

西欧近代农业技术的变革 西欧农业上的技术改革以英国为最早，大体上和产业革命同时进行。18 世纪末，塔尔所倡导的中耕法和马拉式条播器及中耕机得到逐步应用推广，开始改变了中世纪遗留下来的粗放经营方式。19 世纪初，A. 扬对轮栽式农业进行了理论上的概括，并在实践中加以推广。这种经营方式由于最初推行于伦敦西部的诺弗克郡，又被称为诺弗克式农业。它是把耕地分成 4 个部分，轮换种植芜菁、大麦、三叶草和小麦。放牧地多改为舍饲而不再单独存在，从而，扩大了耕地面积。同时，包括豆科牧草在内的合理轮作措施和较为精细的田间管理，使单产也有所提高。这样，轮栽式农业就逐步取代了三圃制。土地不再实行休闲，耕地得以充分合理利用。这种农业经营方式传到欧洲大陆时，曾被认为是唯一合理的农业而受到赞誉。

美国近代农业技术的变革 美国从早期殖民地时代到 19 世纪 60 年代南北战争前，就已是向欧洲输出谷物和棉花等农产品的农业国。欧洲移民在驱逐了原来土著印第安人并侵占了他们的土地后，北部出现了自耕农的小农场，南部则从非洲运进黑人，建立起大种植园，以后又不断向西部扩大耕地和牧场。大量移民的流入和技术的改进使农业生产有了一定提高。在这基础上扩大出口，将大量廉价谷物和棉花输入欧洲市场，又促使西欧农业发生变化：英国被迫缩小谷物生产规模，部分耕地被改为牧场，农民流向城市或移居海外；法国、德国等则采取贸易保护措施，国内农业仍能缓慢地增长。在这种情况下，地多人少、劳力不足的美国农业为了迅速提高产量，进行了农机具的改革。19 世纪初开始使用畜力农业机械，1825 年第一台马拉棉花播种机注册登记，接着谷物收割机、畜力脱谷机、玉米播种机及割草机等相继问世。到 19 世纪 50 年代，马拉农具已普遍使用。1850 年美国开始使用蒸汽机，最早是用在脱谷机上。1870 年试制成第一台蒸汽拖拉机，1910 年生产出汽油拖拉机。进入 20 世纪后到 20 年代，则是蒸汽机与内燃机争相发展的年代。此后蒸汽机被淘汰。美国是以农机具的改革作为技术革命的起点，实现农业机械化的。但在 20 年代以前，田间管理一直较为粗放，地力主要靠轮作来维持，一般很少施肥，所以单产提高不多。

发达国家农业的现代化 从 20 世纪初主要是 20 年代开始，农业生产在一些经济发达的国家进入现代化时期。它的标志是：内燃机牵引的轮式通用拖拉机逐步成为农业生产的主要动力；J. von 李比希矿质学说的提出和 F. 哈柏氮肥合成法的成功，使化肥工业有了较大的发展。农业机械化的实现在美国用了近 30 年的时间，其发展的次序是先从固定作业和耕种开始，最后才逐步实现田间管理以至收获的机械化；而收获作业则是从小麦、玉米、大豆等开始，再逐步扩大到甜菜、马铃薯和棉花等作物。其他西方国家略迟于美国。法国是从 20 世纪 30 年代初开始，到 1955 年才基本上实现农业机械化，除去第二次世界大战的 4 年，实际上用了 20 年的时间。英国也是从 30 年代初开始，但在二次大战后就完成了，为时不到 20 年。联邦德国稍后，是在 1935 年开始的，到 1955 年也基本实现了。苏联在实现农业集体化的基础上，从 1929 年开始对农业实行技术改造，也在 1955 年结束了这个技术转变过程。与农业机械化过程相配合，农用汽车和农村电气化也得到了相应的发展。美国从 40 年代以后转向采用化肥和其他技术措施来提高农作物产量。在这个时期中，化肥工业迅速发展，复合肥料、长效肥料、微量元素肥料和微生物肥料等相继出现。各种化学农药则为病虫害和杂草的防治提供了新的手段。在土地利用上，化学灭草剂的应用为实行最少耕作法提供了可能。有些地方轮栽式农业向专业化的自由种植过渡，出现了小麦、玉米、棉花以及蔬菜、果树等的大规模专业化经营。畜牧业和园艺业中还出现了更加集约化的设施型农业。

三、中西方农业工程文化的异同

（一）中西方农业工程文化的不同之处

1、地理环境不同

为什么华夏文明会产生在黄河、长江流域一带呢？从地理环境的变化出发去探究，可以发现两个比较重要的因素：一是黄河流域有比较丰厚肥沃的土壤层；二是黄河中下游处于以喜马拉雅山为界以东的地带，这里的气候主要是温带大陆性气候和温带季风性气候，雨量相对要充足和湿润得多，更适合农作物的生长。

而反观西方的地理形态却并不适合农耕，如地中海是世界上最大的陆间海，位于南欧、北非与西南亚之间，东西长4000公里，南北平均宽约800公里，总面积2966000平方公里，地形被迂回曲折的海岸线切割得支离破碎，属于地中海气候，有大量的森林山地，更适合游牧。

2、农业生产方式不同

正是上述地理环境的差异，导致了中西方农业走上了不同的生产方式，中国人多地少，注重精耕细作。在耕作制度和集约化水平方面都比西方进步，农桑结合是中国农业结构的特点。

欧洲地区由于地多人少，森林茂密，典型的传统农业是休闲、轮作并兼有放牧地的二圃或三圃耕作制，它将种植业与畜牧业结合在一起。

（二）中西方农业工程文化的相同之处

1、注重对炼铁技术和畜力的使用

考古资料表明，公元前2世纪左右，巴比伦人发明了炼铁方法，而中国的冶铁技术更早，至迟是在春秋中期发明的。冶铁技术的发明，必然导致铁制农具的出现，这一跃进产生于希腊的荷马时代和中国的春秋时代。

希腊城邦国家建立的早期，木犁就已经装上了铁制的犁铧。由于各地的气候、土质等自然条件存在着差异，所用农具也有所不同。罗马使用较轻便的弯辕犁，阿尔卑斯山以北的地方则使用有轮的较为笨重但适合于深耕的反转犁。中国在春秋战国时有了功能较为完善的铁制耕犁；汉初，铁犁的形式发展多样化，有铁口犁铧、尖锋双翼犁铧、舌状梯形犁铧等，并且还发明了犁壁装置和能够调节耕地深浅的犁箭装置。

如果缺少了新的动力，先进的铁制农具也是无法充分利用的。在欧洲，罗马帝国末期由于奴隶缺乏，促使人们寻找新的动力，但成效甚微，直至公元1000年前后，西欧才广泛使用畜力。在中国，公元前350年战国时期就已经开始使用牛耕了。

2、注重对外来物种的引进、利用、传播

传统农业时期，由于战争和商业的发展，特别是随着15世纪末～16世纪初新大陆和新航线的发现，农作物与畜禽传播和引种的速度大大加快，范围也明显地扩大。例如：

水稻在公元前5世纪～前3世纪传入中东地区后，经巴尔干半岛传入匈牙利，并由阿拉伯人传入西班牙、意大利等地。公元5世纪从阿拉伯地区传入非洲，而后又从印度传入非洲东海岸和马达加斯加。公元前1世纪从中国传入日本。

玉米由哥伦布于1492年从古巴引入西班牙，稍后又传播至法国、意大利、土耳其、印度和北非等国，16世纪初由印度传入中国、日本。

甘薯于15世纪末由南美传入西班牙，16世纪由美洲传入非洲、印度、菲律宾及马来西亚，16世纪末由吕宋岛传入中国、日本。

大豆于18世纪由中国和日本传入欧洲，19世纪传入美洲。

第三节　农业工程文化案例分析

一、国内

我国的“特色农业”

（引自：《当代中学生报》2010—2011学年新人教版地理必修2第30期）

农业地域是指在一定的地域和一定的历史发展阶段，在社会、经济、科技、文化和自然条件的综合作用下，形成的农业生产地区。不同的区域会形成不同的农业地域类型。农业地域的形成，是因地制宜发展农业，合理利用农业土地的结果。

1、基塘农业

基塘农业是一种形式新颖的混合农业，是我国珠江三角洲地区的劳动人民在长期的农业生产实践中创建的耕作方式。基塘是指水塘及包围水塘的小地块。基塘农业生产包括桑（桑树）基鱼塘、蔗（甘蔗）基鱼塘、果（水果）基鱼塘等类型。

在珠江三角洲中部，有许多地势低洼的地方，每逢暴雨便积水不退，当地人民为改造起伏不平又积水不深的不良地形，把洼地深挖成池塘养鱼，挖出的泥土堆在四周成“基”。对比长江中下游平原，虽有条件挖地成塘、堆土为基开展“基塘生产”，但由于区内有众多的河、湖可供养鱼，土地也较平整，也就没有必要劳民伤财地开展“基塘生产”，所以珠江三角洲采取“基塘生产”的主导区位因素是地形。

基塘农业是生态农业，既能充分合理利用自然资源，又是良性的农业生态系统。“基”既可在暴雨洪水时防止塘水泛滥，又可在“基”面上栽培桑树、甘蔗、果树等。比如，“基”上种植桑树，桑树可以养蚕，蚕沙投入池塘又可成为鱼的饵料，经微生物分解后的塘泥又成为“基”面上作物的肥料，两者相互促进，互为利用构成基、塘互养的水陆物质循环体系，提高了资源利用率和经济效益，这是我国农业生产上充分利用土地资源，变不利条件为有利条件，改造自然的突出典型。

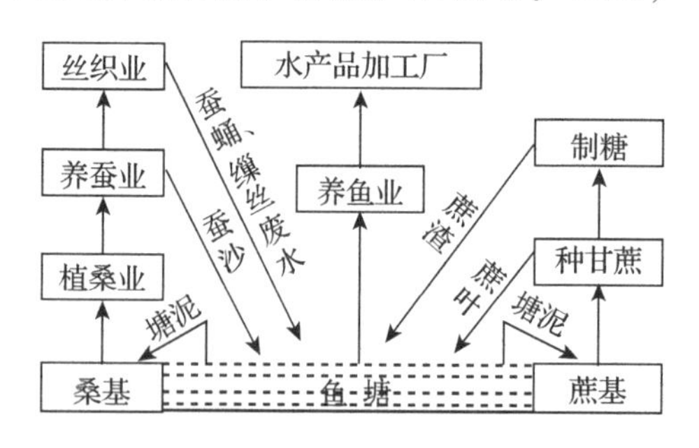

2、立体农业

我国南方低山丘陵地区较多，农业用地类型多样，但利用形式单一，多发展一种或几种农作物，并且人多地少，水土流失问题突出，环境保护任务艰巨。为了解决这些问题，必须发展立体农业生产模式，农业生产结构必须从单一结构向多种经营转变。

“丘上林草丘间塘、缓坡沟谷果鱼粮”的立体农业布局形式使农业生产类型多样化，林业、畜牧业、渔业、种植业等都有安排。从比重来说，林业（果园和经济林）用地面积最大，超过一半以上。

立体农业是低山丘陵地区农业的可持续发展道路。从过去以粮食生产为主转变到现在以林业为主，遵循自然规律、发挥资源优势，有巨大的生态、经济和社会效益。

3、鱼塘—台田农业

黄淮海平原中、低产田多，尤其是低湿洼地多，排水困难，渍涝严重，借鉴珠江三角洲的基塘农业生产模式，科学工作者摸索出鱼塘—台田农业生产模式。

鱼塘表层养鸭，上层养白鲢和鳙鱼，中层养草鱼，底层养鲤鱼和鲫鱼，台田果（苹果）粮（玉米、小麦）间作，果棉间作，果菜（韭菜、白菜等）间作，果草间作。形成鱼—果—粮，鱼—果—棉，鱼—果—菜，鱼—果—草等立体种养模式，把鱼塘和台田物种有机地结合起来配置，治理了低湿涝洼地，达到了立体开发，综合利用的效果。

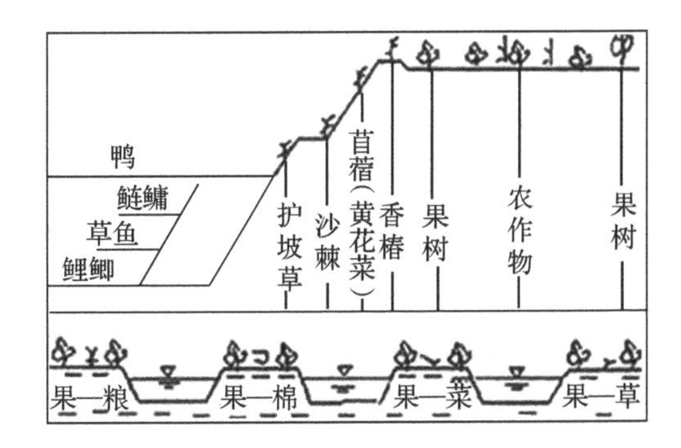

4、绿洲农业

降水量小于250毫米的地区，灌溉水源是种植业发展的必要条件，在干旱荒漠地区的河、湖沿岸，山麓地带与冲积扇地下水出露的地方多是这种绿洲农业。中国西北干旱、半干旱区分布较普遍。

5、河谷农业

高山地区的河谷地带，由于地势较低，气温较高，无霜期比山地长，降水条件较好，河水又可作为灌溉水源，河谷之间的山岭一般都有森林，使谷地土壤的腐殖质较丰富，土壤比较肥沃，是山区适宜农业耕作的地区，被称为河谷农业。我国青藏地区的黄河谷地、湟水谷地、雅鲁藏布江谷地是河谷农业的典型代表。

简析：中国人多地少，为了生活，人们因地制宜发展农业，充分利用农业土地资源，这也是千百年来人类智慧的结晶。

二、国际

高科技农业技术

21世纪是农业发展的重要阶段，生命科学和其他最新科学技术相结合，将使世界农业发生根本性的变化。随着分子生物学的发展，生物基因库的建成，遗传工程的崛起，克隆技术和生物固氮技术的广泛应用，农业的面貌将为之一新。

工业化农业的发展，以投入大量物质和能量为标志，促进了生产力的大幅度提高，但也带来了能源枯竭、环境污染和生态失调等严重的社会问题。在近年来出现的新科学技术革命中，产生了一批新的技术群，如生物工程技术、新能源技术、微电子技术、原子能技术、空间技术和海洋技术等。这些科学技术成果正不同程度地在农业中得到应用，为解决工业化农业带来的环境、能源和生态问题，呈现了光明的前景。

以“全球卫星定位系统”为代表的高科技设备应用于农业生产，导致了“精准农业”的产生，这将大大提高农业的生产水平。这种技术是在联合收割机、播种机和施肥机上安装全球卫星定位仪，驾驶室内的接收器可以将信息传给计算机。这样就具有精确施肥、精确估产和精确作业的特点。目前，美国正在农业领域推广这种精确种植技术。

以因特网为代表的计算机网络技术应用于农业领域，使农业生产活动与整个社会紧密联系在一起，可以充分利用社会资源解决生产过程中的困难，农业生产的社会化将进入一个新阶段。自美国政府决定建造“信息高速公路”以来，计算机网络技术正在美国农业领域迅速普及。通过因特网，农场主可以浏览全美乃至世界各地的网上信息，如农产品期货价格、国内市场销售量、进出口量、最新农业科技和气象资料等，还可以在网上销售农产品。

以基因工程为核心的现代生物技术应用于农业领域，导致了基因农业，其结果是将培育出更多产量更高、质量更优、适应性更强的新品种，使农业的自然生产越来越多地受到人类的直接控制。比如利用农作物中的基因嵌合技术，可以在传统育种一半的时间内，创造出更理想的全新物种。

以高科技为基础的工厂化种养业正在兴起，这将从根本上改变农业的传统生产方式，使农业的生产活动可以不在大自然中进行，而像工业生产一样在厂房里进行。工厂化农业不是一般意义的温室生产，而是综合利用多种高科技成果的产物。其中既要应用生物技术培育种子，又要应用计算机技术对光照、温度、湿度、施肥、农药等进行控制，还要用新材料、新光源等高科技成果。比如许多温室可以模拟太阳的运行过程，使农作物像在自然界一样进行光合作用，这样就可以不分季节、夜以继日、连续不断地生长，从而提高了农作物生长速度，缩短了生长周期，增加了产量。

以确保食物的稳定生产为目标，改善农业产业结构与功能，进一步提高农业生产力水平的综合研究正引起日本政府的高度重视。其主要研究内容是：扩大经营规模，提高经营效率，降低经营成本，充分利用农田的自然循环机能，减轻环境负荷并开发适合日本环境的低负荷型农业新技术，在水田开发出“稻—麦—大豆—饲料作物”轮作体系，同时，分作物类别、学科领域类别等方面进行相应的研究、试验、示范大协作。

以分子生物学为基础的生命科学的飞速发展，深化了人们对生物界的原有认识，而以生命科学为基础的生物产业在21世纪有可能呈现出巨大的发展。日本政府认为有必要促进这些学科领域积累的知识向农业科学领域的应用。主要课题内容有：一是高密度水稻染色体连锁基因图谱的研制。二是开展动物基因组发生分化、免疫及脑、神经等的研究，拟定要将取得的成果应用于对牧业动物的繁殖和产肉性的改善；对有用昆虫的改良、疾病防治，以及对动物摄食与生殖行为的控制等方面的研究还可能对人体医学做出贡献；三是生物综合防治基础的他感作用物质、性激素等生物间相互作用物质的探索；四是对农业水产生物的机能进行深度开发与仿生，以期创造出新的产业，更好地利用生物机能修复环境的技术和生物机能模仿技术等。

（引自：百度文库）

简析：“科技是第一生产力”，极大地推动了农业的生产变革。发达国家正以其发达的科技优势、完善的基础设施，引领农业的发展趋势。作为中国，世界上从事农业人口最多的国家，如何迎头追赶上？值得每一个中国人深思。

第四节　农业工程文化思考与实作

一、简述题

1、简述农业工程文化的概念。

2、简述我国农业工程发展的主要历程。

3、简述西方农业工程发展的主要历程。

二、论述题

1、上网搜寻一个农业工程案例，分析其所蕴含的农业工程文化特点。

2、列表分析中西方农业工程文化的异同。

三、实作练习

阅读下面这篇文章，体会农业文明对这片土地的影响。

木欣欣以向荣，泉涓涓而始流

大学时加入音乐舞蹈协会，导师曾将“竹林七贤”之一阮籍（210—263 年）的古琴曲《酒狂》与奥地利古典主义曲作家弗朗茨·舒伯特（Franz Seraphicus Peter Schubert，1797—1828 年）的《未完成交响曲》比较，以告知中西方文化价值取向之不同。导师是四川泸州人，他总爱谈酒与文学音乐的关系：“说到李白将进酒杯莫停的飘逸潇洒、阮籍《酒狂》的落拓不羁，都离不开酒文化，而中国唯一拥有两种名酒的城市就是我的家乡泸州，有泸州老窖和古蔺郎酒。”

从那时起，我就开始关注泸州。

我的第二任女友当时也正在泸州上大学，去探望她也就开始了今生与泸州的纠缠。

归去来兮，清明与驴友自驾再向泸州，今次我算是“悟以往之不谏，知来者之可追”了。

小长假，为躲免通行费而热门的高速路与景区的“一窝蜂”，我们选择了冷僻的古蔺黄荆老林与川黔交界美酒河边二郎镇为目的地。

“舟遥遥以轻飏，风飘飘而吹衣”，一大早我们从不太拥堵的成渝转内泸转泸宜高速达叙永。

“乃瞻衡宇，载欣载奔”。在叙永鱼凫古街，朋友电话推荐我们到奢香公馆品苗家菜。奢香夫人是元代川南著名彝族土司的女儿，以她名字命名的酒楼，为何会卖苗家菜？好奇心驱使我们去吃一餐以明就理。

刚过饭点，两层楼的奢香公馆，虽无几桌客人，却依然“僮仆欢迎，稚子候门”。我感到虽“三径就荒”，但“松菊犹存”。驴友们携伴入室，有酒盈樽。引壶觞以互酌，此时节确乎“眄庭柯以怡颜”。餐后于窗前矫首遐观：云无心以出岫，鸟倦飞而知还。

惜别鱼凫，我们向尚未通高速路的古蔺县城一路狂奔。

叙永、古蔺，这两个县城名，总让我回味诸葛孔明“五月渡泸，深入不毛”之太息，几位哥们儿与我此刻都在用手机搜寻车行过处汉彝苗杂居古“苗疆”所在地之得名。……

我们在古蔺城边随意找了家餐馆坐下，与店主攀谈中问明街上哪家椒麻鸡最“巴适”，两位哥们儿旋去购买，我们留守。

这次第，真如“农人告余以春及，将有事于西畴”之情景再现。

暮投黄荆老林外小镇——长滩。

这从明代就封山的原始森林，一路所见令我诵起陶潜佳句：“或命巾车，或棹孤舟。既窈窕以寻壑，亦崎岖而经丘。木欣欣以向荣，泉涓涓而始流。善万物之得时，感吾生之行休。”

山居一夜，我们始发黄荆老林。

……

当印度洋季风抵达西南中国时，我们行走于古蔺。

那时《舌尖上的中国2》尚未播出，但凡到古蔺的行者，很难不发现这里比买卖“蔺草”（灯芯草）更多的手工面作坊。

沿美酒河一路颠簸，我们到达郎酒故乡——二郎镇。多年前，听望娘滩二郎的传说，我便缱绻于古老故事里那母子的眷眷拳拳和二郎与爱人般故乡的生死挈阔。

如今坚持行走此地的我，已被失望的同行驴友抱怨了太多太多。

“世与我而相违，复驾言兮焉求？”二郎与习水仅由不足百米的山涧（美酒河）相隔，从二郎这厢望去，整个习水镇竟被习酒厂车间全覆盖，而若从那厢望二郎镇，四川郎酒厂的气势也一如贵州习酒厂般恢宏。

携万分失落，我们途径太平镇。

游走在赤水河上的太平镇，目睹当年那群为信念而万里奔走壮士之足迹，景仰令我情不自禁模仿眼前雕塑而摆出他们当年的英姿。

……

"富贵非吾愿，帝乡不可期。怀良辰以孤往，或植杖而耘耔。登东皋以舒啸，临清流而赋诗。聊乘化以归尽，乐夫天命复奚疑！"

《酒狂》也罢，《未完成交响曲》也罢，归去来兮，这泸州叙永古蔺：木欣欣以向荣，泉涓涓而始流。

（源自新浪博客）

学后感言：

第八章　机械工程文化

第一节　机械工程文化的概念与特征

一、机械工程文化的概念

（一）机械与机械工程

“机械”一词由“机”与“械”两个汉字组成。“机”在古汉语中原指某种或某一类特定的装置，后来又泛指一般的机械。东汉时成书的《说文解字》对“机”的解释是“机，主发者也”，说的是弩机。由弩机延伸，触发式捕兽器也称为“机”。“机”的本义指机械装置中的传动构件。“机”还泛称机械发明，《战国策·宋卫》说：“公输般为楚设机，将以攻宋。”注称：“机，械，云梯之属。”“械”在古代是指器械、器物等实物。

西方最先提出机械定义的是古罗马的建筑师维特鲁威。他在著作《建筑十书》（约成书于公元前33—前32年）给出了这样的定义：“机械是把木材结合起来的装置，主要对于搬运重物发挥效力。”

亚历山大利亚城的希罗最早讨论了机械的基本要素，他认为机械的要素有五类：轮与轴，杠杆，滑车，尖劈，螺旋。

1724年，德国莱比锡的机械士廖波尔特给出的定义是：“机械或工具是一种人造的设备，用它来产生有利的运动；同时在不能用其他方法节省时间和力量的地方，它能做到节省。”

马克思在《资本论》中对充分发展了的机械给出了界定：“一切已经发展的机器，都由三个本质上不同的部分——发动机、传动机构和工具机械工作机构成，发动机是整个机构的动力。”

德国机械学家勒洛（1829—1905）在其《理论运动学》中的定义是：“机械是多个具有抵抗力之物体的组合体，配置方式使其能借助它们强迫自然界的机械力做功，同时伴随着一定的确定运动。”

20世纪初，出现了把机构学和机械动力学合在一起的机械原理著作。当时西方的机械原理教科书中有如下的定义：

“机械者，固定部分与运动部分之组合体，介乎能力与工作之间，所以使能力变为有用之工作者也。”

“机械者，两个以上物体之组合体，其相对运动皆继续受一定之限制，使一种能力由之变化或传达，以作一种特别之工作者也。”

1930年，我国机械学家刘仙洲在编写中国最早的机械原理教科书时，参考西方这类教科书给出了一个定义："机械者，两个以上之物体之组合体。动其一部分则其余各部分各发生一定之相对运动或限制运动，吾人得利用之使一种天然能力或机械能力发生一定之效果或工作者也。"

1955 年，乌克兰奥德萨工业大学多布罗沃利斯基在一篇论文中给出了一个定义："机械是为人所使用的劳动工具，在这个劳动工具中，形状和尺寸适合的部分是由能经受很高压力（阻力）的材料所制成；在引入能量不断作用下，能完成适合的实际上有利的运动和动作；这些运动和动作是人们为完成技术的工艺目的所必要的。"

这里定义的"机械"，更确切地说是机器，即现代机械原理中的 machine 概念。

综上所述，有关机械的一般性概念随着机械的发展逐渐发生了变化，随着机械工程科学的建立和发展而深化。从区分机械与手工工具开始，到区别复杂机械与简单机械和工具，进而形成了机械工程学中最基本的机器和机构概念。

机械原指"巧妙的设计"，作为一般性的机械概念，主要是为了区别手工工具。随着社会的发展，机械主要指一切具有确定的运动系统的机器和机构的总称（《新华词典》的解释）。机械是简单的装置，它能够将能量、力从一个地方传递到另一个地方，它能改变物体的形状结构并创造出新的物件。

机械工程就是以有关的自然科学和技术科学为理论基础，结合在生产实践中积累的技术经验，研究和解决在开发、设计、制造、安装、运用和修理各种机械中的理论和实际问题的一门应用学科。

（二）机械工程文化

机械工程文化是工程文化的一种表现形式，是在机械工程建设活动中所形成、反映、传播的文化现象。

机械工程文化现象的形成、反映、传播是一个连续的过程，不是割裂在同一时空里实现的。机械工程文化是人类从使用机械工具以来形成的一种精神产品，因而机械工程文化是在机械工程建设与实施过程中形成的一种文化现象。在人类使用机械征服自然的过程中，总是在冰冷的机械上打上自己思维意识的烙印，这也就逐渐形成了独特的机械工程文化。

中西方由于地域、民族的不同，形成了不同的机械工程文化。但总体来看，机械工程文化表现为科学技术的进步和扩张。在人类使用机械征服自然的过程中，体现了人与自然、社会的对立和分裂。机械工程文化在体现人类文明进步的必然性的同时，也带来了一些负面影响。

二、机械工程文化的特征

（一）实用性

机械工程的历史价值主要表现在机械工程技术在东西方社会经济和科技发展中占有十分重要的位置。机械工程技术的运用，使得农业、手工业、商业、纺织、造船、军事等方面都取得了长足的进步。

1、促进了农业的进步

我国春秋时期，铁器在农业生产中开始使用。到战国时期，铁农具已经很多，标志着社会生产力的显著提高。新中国成立以后，我国作为农业大国，更是强调机械在农业生产过程中的运用和大面积的机械化作业。

公元前5000年，中国出现原始耕地工具——耒耜。这是中国机械史上第一件机械。

耧车是一种畜力播种工具，据东汉崔寔《政论》的记载，耧车由三只耧脚组成，下有三个开沟器，播种时，用一头牛拉着耧车，耧脚在平整好的土地上开沟播种，同时进行覆盖和镇压，一举数得，省时省力。

20世纪40年代起，欧美各国的谷物联合收割机逐步由牵引式转向自走式。60年代，水果、蔬菜等收获机械得到发展。自70年代开始，电子技术逐步应用于农业机械作业过程的监测和控制，并逐步向作业过程的自动化方向发展。

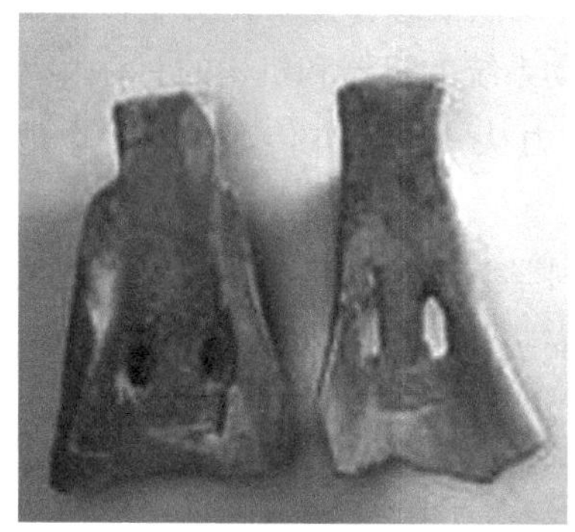

耒耜

播种工具耧车

2、推动了手工业和商业的兴盛

早在春秋时代，我国已经发明了生铁冶炼技术，比欧洲早1900年。春秋晚期晋国曾把成文的刑法铸在铁鼎上颁布。战国时期，铁矿山达到30多处。那时候，煮盐业、纺织业和漆器业都有显著进步。

1765年，瓦特发明了有分开的冷凝器的蒸汽机，降低了燃料消耗率。1781年瓦特又创制出提供回转动力的蒸汽机，扩大了蒸汽机的应用范围。蒸汽机的发明和发展，使矿业和工业生产、铁路和航运都得以机械动力化。

詹姆斯·瓦特

瓦特蒸汽机

小贴士

詹姆斯·瓦特（James Watt，1736 年 1 月 19 日——1819 年 8 月 25 日）是英国著名的发明家，是工业革命时期的重要人物。英国皇家学会会员和法兰西科学院外籍院士。他对当时已出现的蒸汽机原始雏形作了一系列的重大改进，发明了单缸单动式和单缸双动式蒸汽机，提高了蒸汽机的热效率和运行可靠性，对当时社会生产力的发展做出了杰出贡献。他改良了蒸汽机，发明了气压表、汽动锤。后人为了纪念他，将功率的单位称为瓦特，用符号“W”表示。瓦特也是国际单位制中功率和辐射通量的计量单位。

在瓦特的讣告中，对他发明的蒸汽机有这样的赞颂：

“它武装了人类，使虚弱无力的双手变得力大无穷，健全了人类的大脑以处理一切难题。它为机械动力在未来创造奇迹打下了坚实的基础，将有助并报偿后代的劳动。”

3、在水利工程、建筑工程、交通运输、纺织等领域发挥着重要作用

赵州桥

隋朝杰出工匠李春设计和主持建造的赵州桥，是世界上现存最古老的一座石拱桥。桥的大拱两端上方各有两个小拱，可减轻桥身重量对桥基的压力，遇到洪水又可以减轻急流对桥身的冲击。隋朝著名的建筑师宇文恺设计了隋朝新都大兴城和东都洛阳城，并指导了两座城市的营建。到了北宋，指南针应用于航海事业。宋朝的海船装有罗盘针，无论白天、黑夜、阴雨、大雾，都能辨识方向。南宋时，指南针传到欧洲，为欧洲的航海家进行环球航海和发现新大陆，提供了重要条件。

花本式提花机出现于东汉，又称花楼，是我国古代织造技术最高成就的代表。

4、在军事上具有举足轻重的作用

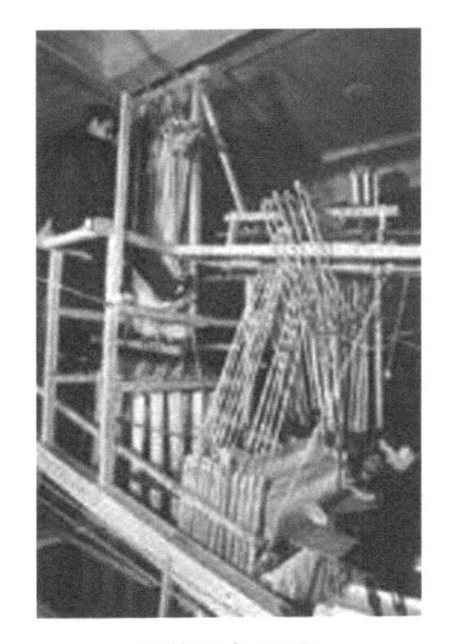

提花机复原图

机械技术在军事上具有举足轻重的作用，先进和精良的武器与军事装备的制造都要依赖先进的机械技术。唐朝末年，火药开始用于军事。宋朝时期，火药在军事上广泛使用。那时的火药武器有火箭、突火枪和火炮等。13 世纪、14 世纪，火药和武器传入阿拉伯和欧洲。到了元朝，大型的金属管形火器——“火铳”在军事上很受重视。蒙古西征时，多次使用火药武器攻打中亚和波斯的城市。在战争中，阿拉伯人学会了制造火药和火药武器。

（二）时代性

生产工具决定生产力，生产力决定生产关系，所以，生产工具影响着社会的时代、制度、文化、道德等。

人类经历了“石器→青铜器→铁器→蒸汽→电气→核子”等不同时代。

人类对机械的认识和利用水平决定了生产工具的制造水平，而生产工具的制造水平则

决定生产力的发展水平，生产力决定着生产关系。

牛顿在《自然哲学的数学原理》中认为“哲学的全部任务看来就在于从各种运动现象来研究各种自然之力”，这些力主要指重力、浮力、流体阻力等，生物学的不发达，使人们更习惯于用经典力学的观点来看世界。“有一个支点就能撬动地球”，最典型地反映了机械论的自负。但不管怎样，这都是人类文明飞跃发展的一个时期，它有助于人类更好地了解自己的生存环境。以机械论科学为特征的工业文明时期，也是上帝神学对人的精神统治逐渐松动的时期，并由此促进了个体自我意识的觉醒。以机械力学为基础的天文学，打破了亚里士多德地心说天文学体系，被称为“哥白尼革命”，它构成了对上帝创世说的最有力的挑战。这一学说促进了人类对自我的了解，并且这一天才见解逐渐渗入社会意识，使当时的封建制度逐步丧失其合法性。以机械论为特征的文化模式相对于神性色彩的文化模式是人类的一个巨大进步，由此导致人的行为模式的转换，其主客体模式以对立分裂为基本特征。它在基本的生存层次上表现为人与自然的对立。人类社会经历了从狩猎采集到农业定居的转移，工业文明时代人类借助于机械论的科学技术进行了又一次的转移，前一次的转移的物质前提是从狩猎采集到种植、畜牧，自然土地具有无可比拟的优先性，这一次的转移物质基础是高度分工、机械技术制造生产、商业市场经济，远离土地，远离农村。

人类对机械工具的认识和利用程度，影响着时代，影响着制度，影响着道德，影响着文化，影响着人类对自然的认识，影响着人类的思维方式，影响着社会结构，影响着时代的特征。

（三）继承性

机械技术的发展有很强的继承性。

在历史上，我们的先民们对机械的不断发明、创造、革新，大大推动了生产力的发展和社会的进程。科学技术的发展和人类社会的其他事物一样，是有着一定的历史继承性的。

范例

1791年，法国人西夫拉克经反复试验，造出来第一架代步的“木马轮”。

1818年，德国人德莱斯，在“木马轮”前轮上加了一个控制方向的车把，这样就可以改变前进的方向。但是骑车依然要用两只脚蹬踩地面，才能推动车子向前滚动。

1840年，英格兰的铁匠麦克米伦，在后轮的车轴上装上曲柄，再用连杆把曲柄和前面的脚蹬连接起来。当骑车人踩动脚蹬，车子就会自行运动起来。这样，骑车人的双脚才真正离开地面，以双脚的交替踩动变为轮子的滚动，大大地提高了行车速度。

1861年，法国的米肖父子，他们在前轮上安装了能转动的脚蹬板。

1869年，英国的雷诺看了法国的自行车之后，觉得车子太笨重。经过研究，他采用钢丝辐条来拉紧车圈作为车轮；同时，利用细钢棒来制成车架，车子的前轮较大，后轮较小，从而使自行车自身的重量减小一些。

从西夫拉克开始，一直到雷诺，他们制作的5种形式的自行车都与现代自行车的差别较大。

1874年，英国人罗松别出心裁地在自行车上装上了链条和链轮，用后轮的转动来推动车子前进。但仍然是前轮大，后轮小，看起来不够协调，不稳定。

1886年，英国的斯塔利，从机械学和运动学的角度设计出了新的自行车样式，为自行车装上了前叉和车闸，前后轮的大小相同，以保持平衡，并用钢管制成了菱形车架，还首次使用了橡胶的车轮。斯塔利不仅改进了自行车的结构，还改制了许多生产自行车部件用的机床，为自行车的大量生产和推广应用开辟了广阔的前景，因此他被后人称为“自行车之父”。斯塔利所设计的自行车车型与今天自行车的样子基本一致。

1888年，爱尔兰的兽医邓洛普，从医治牛胃气膨胀中得到启示，他把家中花园里用来浇水的橡胶管粘成圆形，打足了气，装在自行车轮子上。充气轮胎是自行车发展史上一个划时代的创举，它增加了自行车的弹性，不会因路面不平而震动；同时大大地提高了行车速度，减少了车轮与路面的摩擦力。这样，就根本上改变了自行车的骑行性能，完善了自行车的使用功能。由此可知，从18世纪末到19世纪末，自行车的发明和改进，经历了100多年的时间，有许多人为之奋斗不息，才演变成现在这种骑行自如的样式。

现在，已经有了变速自行车、折叠自行车、电动自行车等。

1、前轮	8、车把	15、货架	22、后轮
2、辐条	9、竖杆	16、飞轮	23、链条
3、花鼓	10、车架	17、反光镜	24、轮盘
4、前叉	11、前变速	18、后轮	25、脚踏
5、前刹	12、车座杆	19、后变速	26、曲柄
6、钢索	13、车座	20、脚撑	
7、刹车及变速把手	14、后刹	21、气门	

变速自行车构造图

（四）创造性

在人类征服自然的过程中，从事机械工程的天才工作者们充分发挥才能和想象力，发明、创造、改进了很多的机械设备、装置。这些机械对人类征服自然取得了不可估量的作用。

石　磨

公元前1200年，两河流域文明在建筑和装运物料过程中，已使用了杠杆、绳索滚棒和水平槽等简单工具。

公元前400年，中国的公输班发明了石磨。

公元前110年前后，罗马桔槔式提水工具和吊桶式水车使用范围扩大，涡形轮和诺斯水磨等新的流体机械出现，前者靠转动螺纹形杆，将水由低处提到高处，主要用于罗马城市的供水；后者用来磨谷物，靠水流推动方叶轮转动，其功率不到半马力。

唐代，中国出现了灌溉工具筒车。

1131—1162年，中国记载走马灯（燃气轮机雏形）。

1656—1657年，荷兰的惠更斯创制单摆机械钟。

1764年，英国的哈格里夫斯发明竖式、多锭、手工操作的珍妮纺纱机。

1769年，英国的瓦特取得带有独立实用凝汽器的蒸汽机专利，从而完成了蒸汽机的发明。这种蒸汽机于1776年投入运行。

1820年前后，英国的怀特制成第一台既能加工圆柱齿轮、又能加工圆锥齿轮的机床。

1903年，美国的莱特兄弟制成世界上第一架真正的飞机并试飞成功。

1927年，美国的伍德和卢米斯进行超声加工试验。1951年，美国的科恩制成第一台超声加工机。

1952年，美国帕森斯公司制成第一台数字控制机床。

……

当我们的先民们发明和运用这些天才的创造时，人类自身的一些能力在一定程度被放大了，这样就极大地增强了人类认识和改造世界的能力。

随着社会的发展，机械工程文化又体现出新的特色：个性化、绿色化、信息化、人性化。

第二节　机械工程文化的中西方比较

一、中国机械工程文化的形成与发展沿革

我国是世界上发明和利用机械最早的国家之一，有些发明居世界前列。在机械原理、结构设计和动力应用等方面都取得较高成就。我国在28000年前就开始使用弓箭，这是机械方面最早的一项发明。

我国的机械史的发展从远古时代原始积累，春秋战国奠定基础，两汉、宋元分别是两次发展的高峰时期，中间经过魏晋南北朝的充实提高和隋唐五代的持续发展，一直到明万历以后虽比同时期的西方有所落后，但仍有缓慢的进展。

关于我国机械工程发展的历史，我们可以把它大致分成五个阶段：春秋战国时期、两汉（尤其是东汉）时期、隋唐时期、宋元时期、明清时期至今。

(一) 奠定基础：春秋战国时期

春秋战国时期可以说是我国古代机械工程的全面奠基时期，也是第一次大发展时代。主要有：

1、杠杆在中国的典型发展——秤（天平）

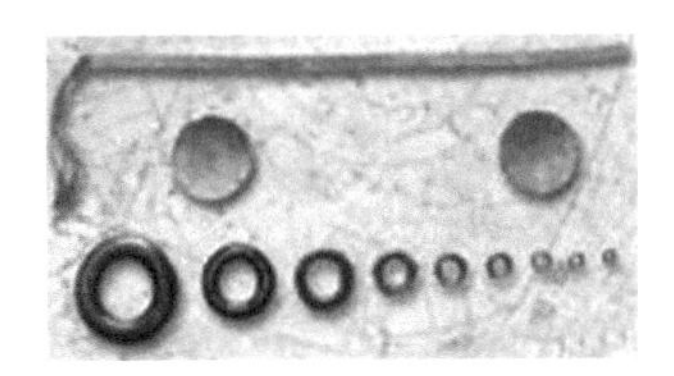

天平（秤）

2、桔槔

桔槔是在一根竖立的架子上加上一根细长的杠杆，当中是支点，末端悬挂一个重物，前端悬挂水桶。当人把水桶放入水中打满水以后，由于杠杆末端的重力作用，便能轻易把水提拉至所需处。桔槔早在春秋时期就已相当普遍，而且延续了几千年，是中国农村历代通用的旧式提水器具。

3、辘轳

辘轳也是从杠杆演变来的汲水工具。据《物原》记载："史佚始作辘轳"。

桔槔（图片来自古书《天工开物》）

辘　轳

(二) 第一次高峰：两汉时期

自东汉始，作为机械器件的齿轮广泛应用在水转连磨、指南车、记里鼓车等机械上。在原动力方面，逐步从人力、畜力向利用水力、风力的方向发展，机械传动方式亦逐步扩大。在历史上，我国的先民对机械的不断发明、创造、革新，大大推动了生产力的发展和社会的进程。

候风地动仪复原图

指南车复原图

纺　车

（三）持续缓慢发展：隋唐时期

唐朝末期机械制造已有较高水平，如西安出土的唐代银盒，其内孔与外圆的不同心度很小，子母口配合严紧，刀痕细密，说明当时机械加工精度已达到新的水平。

唐代筒车复原图

在运输工具方面，人力和水力并用，在技术上有进一步发展。南朝齐祖冲之所造日行百里的所谓千里船和南朝梁侯景军中的160桨快艇，都是人力推进的快速舰艇。南北朝时期出现了车船。唐代的李皋对车船的改进起了承前启后的作用。

水力机械也有新的进展，唐代已有筒车，从人力提水发展为水力提水。南宋末期又创造出先进的水转大纺车，三摧、五摧（锭）手摇纺车曾是当时世界上比较先进的人力纺纱机具。

机械工程在唐代的军事上也得到了广泛的应用：

抛车（炮车）和车弩（绞车弩）的制造使用就是典型代表。

（四）第二次高峰：宋元时期

宋元时期，是中国传统科学技术发展的高峰时期，众所周知的中国古代四大发明的火药、指南针、活字印刷术都发明于宋元时期。机械工程作为科学技术重要的组成部分也取得了辉煌的成绩。

宋代锻制的犁刀

踏　犁

这一阶段，在农业机械方面有很大的进步。宋代出现了锻制的犁刀装置，还较广泛采用了铁搭、踏犁等新式农具。各种水力机械得到了更广泛的利用。这一阶段出现了论述农业机械的专著。兵器制造技术在这一阶段发展很快，出现了管形火器和喷射火箭等新式武器。在宋代，许多新型船纷纷出现，造船技术趋于鼎盛。应指出的是，这一阶段在天文仪器方面取得了重大突破，出现了莲花漏法、太平浑仪、假天仪、水运仪象台和简仪等重要仪器和装置。我国传统的天文仪器这时已发展到高峰阶段。这一阶段还有一些重大的发明，如出现了活字印刷术和双作用活塞风箱，发明了冷锻和冷拔工艺。

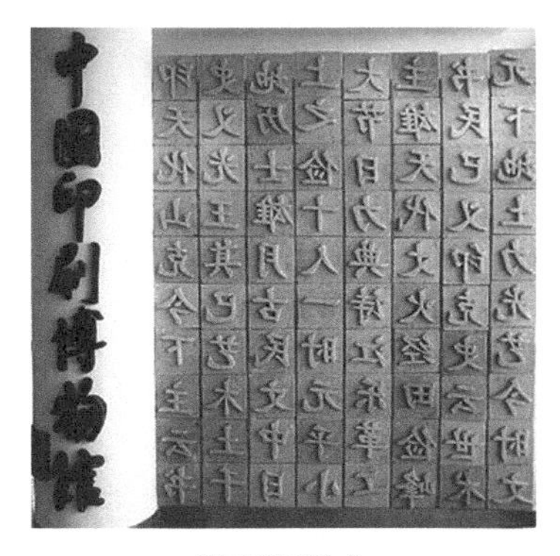

活字印刷术

双作用活塞风箱图

（五）借鉴西方：明清时期至今

明代，西方的某些器械东传，中国开始仿造。崇祯二年（1629年），明廷应徐光启请求，决定制造望远镜。据《明史·天文志》记载，系由两个镜片组成，用于天文观测和“望敌施炮”。

徐光启

自鸣钟由利玛窦带入中国，但直到清代制钟技术才得到发展。

清乾隆年间宫廷造办处曾制造大更钟，它依靠悬锤的重力驱动，并增添了精确的报更机构，加工精致，富有中国民族特色。明清两朝中国钟表工匠创制了不少新奇的钟表。当时的广州、苏州、南京、扬州等，成为有名的制造钟表的城市。

从1840年至1949年新中国成立前为近代时期，这期间中国的机械工业逐步由手工业作坊式小生产，向使用动力机器的生产方式转变。

鸦片战争后，中国社会由封建统治开始转变为半殖民地半封建统治。这个时期的机械工业，主要由外商创办。第一次世界大战时期，西方帝国主义无暇东顾，这一时期中国的民族资本主义虽得到较大发展，但频繁内战，同时又受洋货倾销和外国厂商打击，除个别企业有所发展外，民族资本经营的机械工业陷入困境。

近百年来，由于封建制度的束缚，严重阻碍了中国工业化的进程。至中华人民共和国成立前夕，中国的机械制造业非常落后。

新中国成立以来的 60 多年间，我国机械制造业有了很大发展，开始拥有了自己独立的汽车工业、航天航空工业等技术难度较大的机械制造工业。特别是改革开放以来，我国机械制造业充分利用国内外两方面的资金和技术，进行了较大规模的技术改造，使制造技术、产品质量和水平及经济效益都有了很大的提高，为推动国民经济发展起了重要作用。

2005 年 10 月 12 日 9 时整，神舟六号载人飞船从甘肃酒泉发射中心发射场拔地而起，以漂亮的曲线在空中成功演绎了“中国制造”。

神舟六号载人飞船发射

据了解，神舟六号的整个研发过程是我国完全依靠自己的技术独立自主完成的，拥有自己的知识产权。托举神舟飞天的运载火箭，仅是故障检测处理系统和逃逸系统，就采用了 30 多项具有自主知识产权的新技术。这表明，我国在高科技领域，从基础技术的研究到精密配件的制造，能够实现真正意义上的“中国制造”与“中国创造”。

二、西方机械工程文化的形成与发展沿革

几千年来，西方机械工程的发生、发展过程可以分为以下 4 个阶段：

（一）公元前

原始阶段，人类主要使用石器和青铜制成简单的机械装置作为征服自然的武器。

由于鼓风器的发明和发展，可以将炉火吹旺，可以获得足够的高温，人类就可以从矿石中炼得金属，人类从石器时代进入青铜时代，进而到铁器时代。

古代埃及

早在公元前 2700 年，古埃及人就造出了长达 47 米的船。公元前 1600 年发明了制造玻璃的技术，陶器、亚麻织物、皮革、纸草（用于书写）以及珠宝等制造工艺技术也都达到了很高水平。公元前 1500 年前后，古埃及人学会了青铜冶炼技术，但铜矿资源不丰富。铁器的使用较晚，到公元前 7 世纪才普遍代替铜器。古埃及在人类历史上最为显著的技术成就就是用石头建造至今犹存的巨大金字塔和神庙。

古代两河流域

公元前3000年前后的苏美尔人造出了世界上最早的轮车，以后又发明了用陶轮制陶器。

古希腊

受地理条件的限制，古希腊农业不发达，以种植油橄榄和葡萄为主，手工业和商业活动占重要地位。雅典是最著名的工商业中心。制陶、制草、榨油、酿酒、造船、家具制作等都是古希腊的主要手工业行业。

古希腊人较早地从西亚传入了冶铁技术，公元前16～前12世纪就有了铁器。

古代罗马

公元前7世纪后期，意大利半岛上的古罗马人建立了奴隶制的城邦。公元前2～前1世纪，罗马人征服了马其顿和希腊人的托勒密王朝，成为跨欧、亚、非三大洲的大帝国。

公元1世纪左右，罗马帝国有许多发明创造，出现了复杂的滑轮系统、鼓风机、计里程器、虹吸器、测准仪等机械器具。

（二）公元元年至工业革命前

公元元年直到工业革命以前，西方的机械工程水平有所发展，但发展缓慢，很多的机械工具都受到中国机械的影响。

工业革命以前，机械大都是木结构的，由木工用手工制成。金属（主要是铜、铁）仅用以制造木结构机械上的小型零件。

风车是西方机械工程中较具特色的一种机械动力装置。

在农业机械方面，西方的农业工具远远落后于我国，很多的机械工具都是借鉴、仿制我国的机械工具。

到中世纪晚期，欧洲才知道有犁壁这种东西，即使在那时，其结构也是极其粗糙的。带有壁的中国犁在公元17世纪时由荷兰海员带回荷兰。这些荷兰人受雇于英国人，这种犁从英格兰传到苏格兰，又从荷兰传到美国和法国。

我国的扬谷方法比西方领先大约2000年。旋转风扇车于公元1700年至公元1720年之间由荷兰船员带到欧洲。

欧洲最早的方形板叶链式抽水机（龙骨车）制于公元16世纪，它直接模仿我国的设计。

公元前1世纪，我国就已发明了独轮车。西方直到公元11世纪至公元12世纪才有独轮车。

荷兰风车

（三）工业革命

15～16世纪以前，机械工程发展缓慢。

18世纪后期，蒸汽机的应用从采矿业推广到纺织、面粉、冶金等行业。

机械工程通过不断扩大的实践，从分散性的、主要依赖匠师们个人才智和手艺的一种技艺，逐渐发展成为一门有理论指导的、系统的和独立的工程技术。机械工程是促成18～19世纪的工业革命，以及资本主义机械大生产的主要技术因素。

工业革命有时又称产业革命，指资本主义工业化的早期历程，即资本主义生产完成了从工场手工业向机器大工业过渡的阶段。工业革命是以机器取代人力，以大规模工厂化生产取代个体工场手工生产的一场生产与科技革命。工业革命以蒸汽机等新技术的发明创造和机器的广泛使用为主要标志。

19世纪末，电力供应系统和电动机开始发展和推广。20世纪初，电动机已在工业生产中取代了蒸汽机，成为驱动各种工作机械的基本动力。生产的机械化已离不开电气化，而电气化则通过机械化才对生产发挥作用。

机械技术的发展促成了工业革命，工业革命也使西方机械技术获得迅速发展并取得了很多成就。

1764年詹姆斯·哈格里夫斯发明珍妮纺纱机。

瓦特发明的蒸汽机

珍妮纺纱机

1807年富尔顿造出用蒸汽机做动力的轮船。

1825年史蒂芬孙发明的蒸汽火车试车成功。

1866年西门子制成发电机，人类进入“电气时代”。

19世纪七八十年代制成煤气、汽油机，九十年代制成柴油机。

美国在1914年研制出了联合割草机（若干机器联在一起同时运转），在1926年试制成功了第一台电动样机。

……

1807年富尔顿首创蒸汽轮船

工业革命时期，一系列工业技术创造和机

器得到了广泛使用，大大提高了生产力。“珍妮机”发明前一年，英国加工的棉花不过 380 万镑，到 1789 年就达到了 3240 万磅。1740 年，英国的生铁产量仅有 1.7 万多吨，1800 年就增至 25 万吨。1700 年，英国的煤产量为 260 万吨，1795 年达到 1000 万吨。

1825 年史蒂芬孙发明的蒸汽火车试车成功

柴油机

（四）现代阶段

20 世纪初期，在一些工厂有了流水装配线，使大批量生产的机械产品的生产效率很快达到了过去无法想象的高度。

20 世纪后半叶，电子计算机的广泛应用，使得对复杂的机械及其零件、构件进行力、力矩、应力等的分析和计算成为可能。对于掌握有充分的实践或实验资料的机械或其元件，已经可以运用统计技术，按照要求科学地进行机械设计。

现代科学技术的不断发展，极大地推动了不同学科的交叉与渗透，从而进一步推动了机械工程领域的技术革命与改造。在机械工程领域，由于微电子技术和计算机技术的迅速发展及其向机械工业的渗透所形成的机电一体化，使机械工业的技术结构、产品结构、功能与构成、生产方式及管理体系发生了巨大变化，使工业生产由“机械电气化”迈入了“机电一体化”为特征的发展阶段。

一个国家的机械经济实力和发展水平是与该国综合经济实力和经济总体规模及发展水平相适应的。世界经济发展的不平衡性决定了世界机械经济发展的不平衡性。发达国家凭借其在科技、交通、通信、服务业水平等方面的优势，在世界机械经济发展过程中处主导地位，占有绝对优势。而发展中国家的机械经济受其国内经济发展水平的影响和市场规模的限制，发展得相对缓慢。而且随着发达国家跨国公司的快速扩张，许多发展中国家的机械市场逐步被发达国家所控制和掌握。在欧洲，德国、意大利、英国、法国都是世界级的机械业大国。美洲地区的美国和加拿大也是机械强国。亚洲的大部分国家虽属于发展中国家，但随着近期亚洲经济的崛起，以新加坡和中国为代表的亚洲机械经济的发展也非常迅速。

三、中西方机械工程文化的异同

（一）中西方机械工程文化的不同之处

1、对自然的认知不同

中国重“天道”与“人道”的统一，即人与自然的和谐相处。《庄子·齐物论》说：“天地与我并生，万物与我为一”，明确表述了人与自然之间的价值在于和谐与协调。《老子》把人与自然之间的关系看成是有序进程：“人法地，地法天，天法道，道法自然”，这样客体与主体，自然与人凝聚为中国传统的整体形态。《庄子·知北游》说：“山林与！皋壤与！使我欣欣然而乐与！”直接体现了中国传统关于人与自然是一种相亲相近相融合的关系。

西方重人对自然的超越，即人应征服自然。

2、价值取向的不同

我国自古以来就重义轻利、重道轻器，人们专注于心性之学而“迂远腐阔”，忽视了机械技术发展所必需的实践精神。

西方人自古就重视实证主义，因此积极的实践精神引领他们自古就重视科技发明，西方开放进取的海洋文明促使他们面对宽广的未知领域，由积极探索升华认识，并转化为创造的技能。

3、思维方式的不同

在思维方式上，中国“天地万物本吾一体”的理念导出的思维，往往具有多维性，许多不同的诠释都可以包容一个概念，而一个概念也可以引申出不同含义的规定。

文艺复兴后，自笛卡尔、康德到黑格尔，都强调理性思考。人只有通过理性思维获取确定的知识，才能建设社会文明。工业革命后，追求“所以然”的科学精神和严谨的逻辑思维促使西方技术飞速发展，物质文明高度发达，也证明了理性思维是西方的主流。

随着历史演进出现的文化差异：西方人的秩序与逻辑使得取用食物的器具分成了分工明确的刀和叉，东方人灵活与较宏观的思维使之变成适应性很强的形式：筷子。

“中庸”是中华民族重要的思维传统，作为思维方式的“中庸”是“不偏不倚”，反对“过”与“不及”。

创新是科学技术发展的灵魂和不竭动力。创新的实质在于求“异”，离开个性化，任何科学技术的发现和发展都是无从谈起的。正是从这个意义上说，我们应当克服思维的局限性，追求求异创新，推动科学技术的快速发展。

西餐刀叉勺

中国碗筷

4、消费心理不同

在人类社会的早期，生产力极其低下，物质财富十分匮乏。面对恶劣的生存环境和基本需要难以满足的窘境，先哲们便不断强化自足自乐和安于贫穷的文化观念。

产生需求和不断满足需求是科学技术发展所必需的物质动力。正是无穷的欲望极大地刺激了科学技术的发展。而古时候的中国，情况却相反。知足安贫思想，压抑人们的欲望，也必然消解人们的奋斗精神和创新激情，这就从根本上瓦解了科学技术产生和发展的物质动力。

5、与农业的密切程度不同

我国的机械技术的发展是与我国的农业密切相关的。我国古代经济主要是农业经济，古代封建主义国家的时候又采取重农抑商的政策，因此，我国的机械技术的发展与农业关系密切。

先秦以来，一直强调以农为本，即使是现在我国仍然是农业大国。所以，我国很多的机械技术的发明和发展都是以服务农业为基本前提的，如耕地机械（耒耜）、播种机械（耧车）、灌溉机械（筒车）等。

再就农业本身而言，自古以来，我国的农业就很发达，悠久的农业历史，使农学和农业机械技术知识得到了丰富和积累，这样又促进了我国机械工程的发展。

6、政府参与的程度不同

我国古代机械技术事业大多为官办，相当多的著名科学家同时又是官吏臣僚，这从一些历史史实里可以清楚地看出这一点，科学史家也从史料的分析研究中得出同样的结论。

对各门科学技术有重要贡献的著名科学家或技术专家多数人又均出身于官僚世家，而本人也都是高官。统计从先秦至明清期间的 74 位著名科学家，其中 69% 是这样的社会背景与个人经历，而且不论数学、天文、医学、农学乃至生物、地理都有这样的情况。

李约瑟在《中国与西方的科学与社会》一文中指出：“我们觉得无论是理论方面还是应用方面，科学都相对具有‘官办’性质。”几乎所有的机械作坊都是国家所有，几乎所有技师或工匠都具有官僚性质，或者是追随某个显赫官员个人的食客。

上述情况与西方同时期相比，差异显而易见。

中世纪的欧洲，教育文化全由教会把持，知识分子都是神职人员，数量甚少，受教育面也有局限。大多数科学家，是一些摆脱了社会环境的公民，也就是说他们的科学成就往往是由个人进行着，多数与生产没有什么密切关系，很少由政府来发挥科学技术工作的组织作用。文艺复兴以后的情况有了很大变化，在17世纪，一些学会、学院的建立对科学技术的发展是起促进作用的，科学家的社会背景与个人经历也有不少变动。18世纪又有了发展，一批科学中心十分活跃。到19世纪，随着工业的发展，科学技术有了更快的进步，科学团体与大学发挥了更大的促进作用，但是科学技术由官办的比例仍然是比较小的。

（二）中西方机械工程文化的相同之处

1、理论与实践脱节

在古代中西方机械发展的过程中，理论和实践并不是平行发展，而是相互脱节的。

2、机械与信息化的结合

21世纪以来，世界的政治、经济和技术发生了前所未有的巨大变化，经济全球化和信息化使制造业的竞争环境、发展模式和活动空间等发生了深刻变化。

第三节　机械工程文化案例分析

一、国内

美国《商业周刊》在2005年8月22日刊登一篇署名文章说，中国正在为成为更加尖端的、同时也需要大量资本的技术密集型产业的世界强国奠定基础。巨额资金流向了汽车、钢铁、化工和高科技电子工厂。中国的这种发展势头必将影响西方工业的新格局。

这篇题为《中国一跃而起》的文章认为，这种大规模投资势头是中国国内市场对各类产品的巨大需求以及跨国公司大量向中国转移制造活动的结果。因此，中国在重要材料和零部件领域的自给自足能力迅速提高，并为成为高端产品的主要出口国创造条件。文章列出了这些出口产品：

汽车

到2008年，中国小型车的生产能力将达到每年870万辆，是预期购买人数的两倍。汽车质量也在提高。本田中国公司总经理兵后笃芳断言：“中国将成为日本汽车制造商的全球市场出口生产基地之一。”这一天正在到来。

钢铁

2004年，中国钢铁工业第一次成为净出口商。2005年上半年，轧制钢材的出口量激增 54%。一些亚洲钢铁生产商，如韩国爱恩耐钢铁株式会社和东京制铁公司都以宣布降价作为回应。

现在断言中国会成为一个钢铁出口大国还为时过早，因为中国的建筑和公路投资正在飞速增长，它对钢材的需求量依然很大。但是，即使是中国仅仅满足自身的钢铁需求，那也意义重大。以不锈钢为例，中国现在的不锈钢产量是 2000 年的 4 倍。这就使中国的不锈钢进口从 5 年前的 65% 下降到去年的 40%，这是一个令全球钢铁巨头们担忧的信号。

化工

石化领域的情况也是这样。中国正在进行的石化项目有 50 个之多，共吸引了至少 10 亿美元的投资。

半导体

中国的芯片工业虽然处于起步阶段，但却发展迅速，民用电器和电信设备制造商是主要的购买者。2008 年之前，将有约 22 个新的硅片制造工厂建成。在这种发展趋势的推动下，中国的芯片设计业 5 年来增长了 4 倍，现有公司达 450 家。尽管中国大陆制造的产品仍然比美国、日本和欧洲的产品落后了一两代，但用于家电和其他消费电器已经足够了。

数码电器

不管从哪方面来衡量，中国都是家用电器生产大国，彩电、手机、计算机的生产都居世界前列。现在消费电器行业还准备占领高端产品领域的首要地位。这就意味着中国还可能成为一个全球技术创新大国。

随着中国挤入这些比较尖端的行业，西方工业的全新格局可能会走向十字路口。他们将不得不更加迫切地开发科技含量更高、价值更大的材料和产品，否则就得像其他国家那样从中国购买这些产品了。

简析：美国《商业周刊》在 2005 年的那篇题为《中国一跃而起》的文章中很多的预测已经成为现实，中国正在影响着世界工业的新格局。我国正在面临适合国力发展的千载难逢的机会。良好的投资环境吸引了来自世界各国的投资者，中国制造正成为国际分工体系中的重要组成部分。中国，“制造大国”的头衔已名副其实！

中国是制造大国，却还不是制造强国，应该看到，大部分的“中国制造”还处于加工环节，资源、能源制约和环境压力已成为我国工业发展的主要约束条件。我国持续了 20 多年的高投入、高消耗、高污染的工业增长方式在市场机制的作用下不得不发生重大的改变。

我们要清醒地认识到，随着市场环境的变化和国内经济的发展，中国制造产品与一些地区相比难以再有成本优势，如印度、泰国、越南及南美的一些国家等。

二、国际

范例 环境污染由来已久。早在14世纪初，英国就注意到了煤烟污染；17世纪伦敦煤烟污染加重时，有人著文提出过改善大气品质的方案。不过直到这时，污染只在少数地方存在，污染物也较少，依靠大自然的自净能力，尚不至于造成重大危害。环境污染发生质的变化并演变成一种威胁人类生存与发展的全球性危机，则始于18世纪末叶兴起的工业革命。现代经济史和社会史学家普遍把工业革命视为人类历史的分水岭，同样的，我们也可以把这场革命视为人类环境污染史的分水岭。

（一）18世纪末~20世纪初，环境污染的发生

从18世纪下半叶起，经过整个19世纪到20世纪初，首先是英国，而后是欧洲其他国家、美国和日本相继经历和实现了工业革命，最终建立以煤炭、冶金、化工等为基础的工业生产体系。这是一场技术与经济的革命，它以蒸汽机的改良和广泛应用为基本动力。而蒸汽机的使用需要以煤炭作为燃料，因此，随着工业革命的推进，地下蕴藏的煤炭资源便有了空前的价值，煤成为工业化初期的主要能源。煤的大规模开采并燃用，在提供动力以推动工厂的开办和蒸汽机的运转，并方便人们的日常生活时，也释放了大量的烟尘、二氧化硫、二氧化碳、一氧化碳和其他有害的污染物质。

与此同时，在一些工业发达国家，冶矿工业的发展既排出大量的二氧化硫，又释放许多重金属，如铅、锌、镉、铜、砷等，污染了大气、土壤和水域。而这一时期化学工业的迅速发展，构成了环境污染的又一重要来源。另外，水泥工业的粉尘与造纸工业的废液，也对大气和水体造成了污染。

在这些国家，伴随煤炭、冶金、化学等重工业的建立、发展以及城市化的推进，出现了烟雾腾腾的城镇，发生了烟雾中毒事件，河流等水体也受到污染。

尽管如此，这一时期的环境污染尚处于初发阶段，污染源相对较少，污染范围不广，污染事件只是局部性的或某些国家的事情。

（二）20世纪20年代~40年代，环境污染的发展

随着工业化的扩展和科学技术的进步，西方国家煤的产量和消耗量逐年上升。据估算，在20世纪40年代初期，世界范围内工业生产和家庭燃烧所释放的二氧化硫每年高达几千万吨，其中2/3是由燃煤产生的，因而煤烟和二氧化硫的污染程度和范围较之前一时期有了进一步的扩大，由此酿成多起严重的燃煤大气污染公害事件。

在这一时期，内燃机经过不断的改进，发展成为比较完善的动力机械，在工业生产中广泛替代了蒸汽机。因而，在20世纪30年代前后，以内燃机为动力机的汽车、拖拉机和机车等在世界发达国家普遍地发展起来。1929年，美国汽车的年产量为500万辆，英、法、德等国的年产量也都接近20万~30万辆。由于内燃机的燃料已由煤气过渡到石油制

成品——汽油和柴油，石油便在人类所用能源构成中的比重大幅度上升。开采和加工石油不仅刺激了石油炼制工业的发展，而且导致石油化工的兴起。然而，石油的应用却给环境带来了新的污染。

此外，自20世纪20年代以来，随着以石油和天然气为主要原料的有机化学工业的发展，西方国家不仅合成了橡胶、塑料和纤维三大高分子合成材料，还生产了多种多样的有机化学制品，如合成洗涤剂、合成油脂、有机农药、食品与饲料添加剂等。就在有机化学工业为人类带来琳琅满目和方便耐用的产品时，它对环境的破坏也渐渐地发生，久而久之便构成对环境的有机毒害和污染。

到这一阶段，在旧有污染范围扩大、危害程度加重的情况下，随着汽车工业和石油与有机化工的发展，污染源增加，新的更为复杂的污染形式出现，因而公害事故增多，公害病患者和死亡人数扩大，人们称之为“公害发展期”。这体现出西方国家环境污染危机愈加明显和深重。

(三) 20世纪50年代~70年代，环境污染的大爆发

20世纪50年代起，世界经济由战后恢复转入发展时期。西方大国竞相发展经济，工业化和城市化进程加快，经济高速持续增长。在这种增长的背后，却隐藏着破坏和污染环境的巨大危机。因为工业化与城市化的推进，一方面带来了资源和原料的大量需求和消耗，另一方面使得工业生产和城市生活的大量废弃物排向土壤、河流和大气之中，最终造成环境污染的大爆发，使世界环境污染危机进一步加重。

首先，发达国家的环境污染公害事件层出不穷，按其发生缘由，可分为以下几类：

1、因工业生产将大量化学物质排入水体而造成的水体污染事件。

2、因煤和石油燃烧排放的污染物而造成的大气污染事件。

3、因工业废水、废渣排入土壤而造成的土壤污染事件。

4、因有毒化学物质和致病生物等进入食品而造成的食品污染公害事件。

其次，在沿岸海域发生的海洋污染和海洋生态被破坏，成为海洋环境面临的最重大问题。靠近工业发达地区的海域，尤其是波罗的海、地中海北部、美国东北部沿岸海域和日本的濑户内海等受污染最为严重。

海洋污染源复杂，有通过远洋运输和海底石油开采等途径进入海洋的石油和石油产品及其废弃物；有沿海和内陆地区的城市和工矿企业排放的、直接流入或通过河流间接进入海洋的污染物；有通过气流运行到海洋上空随雨水降入海洋的大气污染物；还有因人类活动产生而进入海洋的放射性物质。

再次，两种新污染源——放射性污染和有机氯化物污染的出现，不仅加重了已有的环境污染危机的程度，而且使环境污染危机向着更加复杂而多样化的方向转化。

总之，这一时期环境污染已成为西方国家一个重大的社会问题，公害事故频繁发生，公害病患者和死亡人数大幅度上升，被称为“公害泛滥期”。此外，海洋污染越来越严重，

况且又增添了放射性和有机氯化物两类新污染源。这一切足以表明，在20世纪60～70年代，当西方国家经济和物质文化空前繁荣之时，对大自然的污染和破坏却不断加深，人们实则生活在一个缺乏安全、危机四伏的环境之中。

（四）西方国家对环境污染的控制和治理

西方国家在环境污染发生初期，采取过一些限制性措施，颁布了一些环境保护法规，如英国1863年颁布的《碱业法》、1876年颁布的《河流防污法》；日本大阪府1877年颁布的《工厂管理条例》等。

1970年3月9～12日，国际社会科学评议会在日本东京召开“公害问题国际座谈会”，并发表了《东京宣言》，提出“环境权”要求。同年4月22日，由美国一些环境保护工作者和社会名流发起的一场声势空前的“地球日”运动，更是令人瞩目。这是历史上第一次规模宏大的群众性环保运动。

在学者们和广大公众的强烈要求下，在各国舆论的压力下，1972年6月联合国在瑞典的斯德哥尔摩召开了“人类环境会议”，试图通过国际合作为从事保护和改善人类环境的政府和国际组织提供帮助，消除环境污染造成的损害。

1992年6月，全世界183个国家的首脑、各界人士和环境工作者聚集里约热内卢，举行联合国环境与发展大会，就世界环境与发展问题共商对策，探求协调今后环境与人类社会发展的方法，以实现“可持续的发展”。

2002年5月24～26日，国际保护环境大会暨国际环境与资源有效利用展览会在中国国际科技会展中心成功召开。这次活动得到了我国政府和联合国相关机构的积极参与和大力支持。此次展览为国内外环保领域的最新技术与设备搭建了市场平台，促进了环保界国际交流与合作，同时也为改变国人生活方式和加强“绿色奥运”意识，提供了全新理念。

简析：西方国家环境污染与治理的历史表明，工业革命以来人类对自然的认识经历了一个由否定自然（即无视自然）到肯定自然（即重视自然）的过程，这是人类环境价值观由不科学到科学的转变。在生态危机威胁着人类生存与发展的今天，在许多发展中国家依然重蹈发达国家覆辙的情况下，从道德的高度看待人对自然环境的态度，呼吁全人类树立科学的环境价值观，激发人们保护环境的道德责任感，就显得十分必要和迫切。

第四节　机械工程文化思考与实作

一、简述

1、机械工程文化的概念与特点。

2、我国机械工程文化发展的主要历史时期。

3、西方机械工程文化发展的主要历程。

二、论述

1、参观一家自己所在城市的机械厂，然后分析其中所蕴含的机械工程文化特点。
2、中西方机械工程文化的异同。

三、实作练习

实地考察当地大型机械工程项目，并分析其所体现出的机械工程文化特征。

走访本校机械专业老师或同学，请他们谈谈在机械专业教学中，机械工程有何人文特点，并展望机械工业的可持续发展前景。

学后感言：

第九章　电力电子信息工程文化

第一节　电力电子信息工程文化的概念与特征

一、电力电子信息工程文化的概念

（一）电力、电子信息工程

电力工程是指与电能的生产、输送及分配有关的工程，包括发电、输电、配电和供电等工程领域。广义上还包括把电作为动力和能源在多个领域中应用的工程。

电子信息工程是指应用计算机等现代化技术进行电子信息控制和信息处理的工程，包含信息的获取与处理，电子设备与信息系统的设计、开发、应用和集成。电子信息工程已经涵盖了社会的诸多方面，集现代电子技术、信息技术、通信技术于一体。

我们常用“强电”表示电力，“弱电”表示电子。“强电”“弱电”实际是个相对概念，强电指220伏特以上的高压电，其处理对象是运用于电的能源工程（电力），特点是电压高、电流大、功率大、频率低，其技术与文化层面的主要考虑的问题是减少损耗、提高效率。弱电指36伏特以下的低压电，其处理对象主要是信息（信息传送和控制），特点是电压低、电流小、功率小、频率高，其技术与文化层面的主要考虑的问题是信息传送的效果（如保真度、速度、广度、可靠性），弱电主要运用于电视工程、通信工程、消防工程、安保工程、影像工程等和为上述工程服务的综合布线工程。

电力电子信息工程的建设和应用已经深刻改变了人们的生产、工作、学习、交往、生活、思维方式等。

（二）电力电子信息工程文化

电力电子信息工程文化是工程文化的一种表现形式，是在电力电子信息工程建设和应用活动中所形成、反映、传播的文化现象。

电力电子信息工程文化现象的形成、反映、传播是在工程建设中逐渐形成和发展起来的，是一种精神产品，因而电力电子信息工程文化当然是在工程建设与实施过程中形成的一种文化现象。电力电子信息工程的完成和应用实质上是电力电子信息工程文化的展示平台，在这个平台上，自然就会形成、反映、传播独特的电力电子信息工程文化。由于建设阶段不同、民族特点不同、地域不同，形成了不同的电力电子信息工程现象。

（三）电力电子信息工程文化实例

1、分布式发电，通常是指发电功率在几千瓦至数百兆瓦的小型模块化、分散式、布置在用户附近的高效、可靠的发电单元。它的优势在于可以充分开发利用各种可用的分散存在的能源，包括本地可方便获取的化石类燃料和可再生能源，可提高能源的利用效率。

2、智能电网是将现代先进的传感测量技术、通信技术、信息技术、计算机技术和控制技术与传统电网高度集成而形成的新型电网。功能：充分满足用户对电力的需求和优化资源配置，确保电力供应的安全性、可靠性和经济性，满足环保约束，保证电能质量，适应电力市场化发展等为目的，实现对用户可靠、经济、清洁、互动的电力供应和增值服务。

3、光纤入户和4G应用大面积普及。

4、全国各级政府加快普及网上政务服务。

5、各地积极探索信息资源开放共享新模式。

6、社群电商和微电商崛起。

7、消费互联网方兴未艾，生产型互联网又成为热点。

8、大数据技术和应用加速向经济社会各领域快速延伸。

9、智能工业开始起步。

10、多行业加快O2O布局。

二、电力电子信息工程文化的特征

（一）传播的高速性

范例

微信的发展

微信（WeChat）是腾讯公司于2011年1月21日推出的一个为智能终端提供即时通信服务的免费应用程序，微信支持跨通信运营商、跨操作系统平台，通过网络快速发送免费（需消耗少量网络流量）语音短信、视频、图片和文字，同时，也可以使用通过共享流媒体内容的资料和基于位置的社交服务插件，即“摇一摇”“漂流瓶”“朋友圈”“公众平台”“语音记事本”等。截至2015年第一季度，微信已经覆盖中国90%以上的智能手机，月活跃用户达到5.49亿，用户覆盖200多个国家、超过20种语言。此外，各品牌的微信公众账号总数已经超过800万个，移动应用对接数量超过85000个，微信支付用户则达到了4亿左右。

微信提供公众平台、朋友圈、消息推送等功能，用户可以通过“摇一摇”“搜索号码”“附近的人”“扫二维码”方式添加好友和关注公众平台，同时微信可将内容分享给好友以及将用户看到的精彩内容分享到微信朋友圈。

（源自：百度百科）

简析：通过微信提供的公共服务的增多，微信公众号、微信群和朋友圈的广泛传播，微信对社交的影响力在增加，移动信息消费行为的意识增强，社会影响力快速增加。

（二）信息资源的共享性

信息资源的共享性是指信息资源可以为许多用户所共同使用的特征。物质资源和能源资源的利用表现为占有和消耗。当物质资源或能源资源量一定时，各利用者在资源利用上总是存在着明显的竞争关系，而信息资源的利用则不存在这种竞争关系。在信息资源的使用中使用者彼此之间不存在直接的制约作用，同一信息资源可以同时被不同的使用者所利用。信息资源的这种共享性为信息资源在社会经济生活中更有效地发挥作用奠定了基础。信息资源开发出来以后，不同的信息资源获得者都可以根据自身的情况对信息资源进行再开发与再利用，使得信息资源作为资源在社会经济生活中充分地体现出其价值来。

范例

科技信息资源共享平台

为推动我国科技资源的整合共享与高效利用，“十一五”以来，国家有关部门贯彻“整合、共享、完善、提高”的方针，组织开展了国家科技基础条件平台（以下简称“科技平台”）建设工作。

科技平台是充分利用现代信息技术等手段，创新机制，有效整合科技资源，为全社会的科学研究、技术创新和社会民生提供共享服务的网络化、社会化的组织体系。科技平台作为提高科技创新能力的重要基础，已成为国家创新体系的重要组成部分、政府管理和优化配置科技资源的重要载体、开展科学研究和技术创新活动的物质保障，是提升科技公共服务水平的重要措施和有力抓手。

几年来，经过广大科技工作者和管理部门的共同努力，科技平台建设取得很大的进展。初步建成了以研究实验基地和大型科学仪器设备、自然科技资源、科学数据、科技文献等六大领域为基本框架的国家科技基础条件平台建设体系；同时，各地方结合本地科技经济发展的具体需求和自身优势，因地制宜地建成了一批各具特色的地方科技平台。基于信息网络技术的科技资源共享体系初步形成，科技资源开放共享的理念得到广泛认同，科技资源得到有效配置和系统优化，资源利用率大大提高。

以国家平台建设为引导，各地方平台建设工作有了极大推进。目前，30多个省、市、区已经启动了地方平台建设工作，其中19省、市、区安排了财政专项经费，部分省市已经初步形成了各具特色的地方平台建设体系，形成了一定的资源整合共享和开放服务能力，对区域科技创新和产业技术进步形成了有效支撑。

（源自：中国科技资源共享网）

简析：目前还建设有四川省科技文献信息资源共享服务平台、交通科技信息资源共享平台、中国海事科技信息资源共享平台、福州地区大学城文献信息资源共享平台、北京市文化信息资源共享平台、石家庄市科技资源共享服务平台、辽宁省科技创新资源共享服务平台等多个领域的平台，使相关资源得以整合和充分利用，发挥资源的最大作用。

在庞大的信息工程和信息手段的支撑下，使信息共享变成了一种文化行为，即信息共享文化。

（三）工程的融合性

"技术"的融合带来了"文化"的融合，信息的融合性以系统的融合性为基础，而系统的融合性以系统集成为代表。所谓系统集成，就是通过结构化的综合布线系统和计算机网络技术，将各个分离的设备（如个人计算机）、功能和信息等集成到相互关联的、统一和协调的系统之中，使资源达到充分共享，实现集中、高效、便利的管理。系统集成应采用功能集成、网络集成、软件界面集成等多种集成技术。系统集成实现的关键在于解决系统之间的互联和互操作性问题，它是一个多厂商、多协议、多操作系统、多应用平台和面向各种应用的体系结构。

因此在系统集成的实施过程中，不同规模、不同性质、不同国家、不同地区的企业的产品为了更好地融合在一起，必须彼此了解和沟通才能实现。

范例

国华电力生产管理系统

北京国华电力有限责任公司（以下简称国华电力）生产管理系统主要采用了德国西门子公司的电厂 IT 系统，其中包括：负责实时/历史数据采集存储的 PI 系统；用于厂级性能技术和优化指导的 OPTIpro + 软件；用于电厂设备管理系统的 BFS + + 系统；用于发电成本计算和竞价上网决策支持的 Cockpit 系统。

为了能有效解决上下信息不对称的问题，实现数据实时传递、充分共享的目标，国华电力结合各控股发电公司现有信息系统的情况，引进德国西门子公司的信息门户概念，并专门成立信息小组与西门子公司共同开发实施了国华电力的应用集成与门户系统。

国华电力的门户系统是由界面接口、网络服务和终端工具组成的完整系统，利用 Internet 技术和数据仓库技术构建的企业级综合信息平台，可提供灵活个性化定义的综合性任务信息。该信息门户采用了 PROFIT Cockpit 系统，通过协同工作平台技术，对发电公司的信息系统（电厂资产管理 BFS + +、电厂实时生产数据库 PI、财务管理 FMIS、办公自动化 OA、IT 监控等）进行信息集成与综合处理。

国华电力门户系统架构包括一个集数据仓库、数据传输、数据整合、统一接入的综合信息平台，分为两级门户系统。

首先在电厂级搭建一个为电厂管理层使用的综合信息平台，其主要目的是将电厂主要生产经营方面的 IT 系统进行集成（财务系统、电厂生产管理系统、办公自动化系统、燃料管理系统等），在发电厂内实现各信息系统数据的跨部门、跨专业、及时准确地共享。

其次在国华电力总部建立一个服务于公司全体管理人员的综合信息门户，该系统根据公司集团化管理的需要，实时从各发电厂门户系统采集重要生产经营数据，实现数据的跨单位、跨平台共享，使集团公司及时准确地掌握发电厂的生产经营情况，从而为公司科学决策提供数据支持。

通过门户系统的实施，建立起了企业级数据仓库和统一的综合应用平台，实现了跨平台的系统集成与数据集成，消除了发电公司内各信息系统间、各发电公司间、发电公司与国华电力公司间的信息孤岛现象，充分实现了数据跨专业、跨部门、跨单位的横向与纵向共享。

通过门户系统直接的、实时的数据收集，可减少外界因素的干扰，充分实现发电公司生产数据、生产状况的实时传递，充分实现数据及时、准确的共享，消除上下信息不对称的管理问题，提高数据的唯一性、准确性和可比性。

通过门户系统，根据经营管理需要，可实时采集相关的生产经营数据，进行数据挖掘和二次计算分析，为电量竞价上网，为有效利用发电厂机组效率提供依据，为公司经营管理决策提供数据支持。

简析：通过技术的融合，使信息得以快速交换，为决策者提供决策信息，而多种系统的集成，使多种管理思想和管理文化得以有效的融合，形成融合文化，即技术的融合带来文化的融合。

（四）信息交流的平等性

在传统的交流环境中，对象之间由于经历和背景的不同，可能在交流上产生不平等状态，强势的一方可能得到更多的话语权，而弱势的一方可能没有表达自己意愿的机会和条件。信息和互联网技术的发展，使交流平台日益扩大，交流对象日益平等，无论你是什么职务，什么学历，什么职称，在交流中都只是一个标号，任何人都可以对你的见解发表自己的看法和意见。同时你也可以自由地表达自己的观点和看法。

范例

从“Duang”到“马桶盖”如何引爆自媒体营销

自媒体（外文名：We Media）又称“公民媒体”或“个人媒体”，是指私人化、平民化、普泛化、自主化的传播者，以现代化、电子化的手段，向不特定的大多数或者特定的单个人传递规范性及非规范性信息的新媒体的总称。自媒体平台包括：博客、微博、微信、百度官方贴吧、论坛/BBS等网络社区。

2015年春节期间，“Duang”和“马桶盖”成为微信圈和自媒体上最火热的词。

“Duang”的热炒，源于成龙10年前拍摄的某品牌洗发水广告中的一段台词，因为近期这款产品被打假了，反而被网友重新挖出来调侃，很多帖子的标题前都要加一个“Duang”；而国外网友在社交网站上分享了一款裙子的照片，引发了网友对裙子颜色的讨论，瞬间引爆社交媒体，并从国外波及国内的社交媒体。然而，这些网络事件都是来去匆匆，只有“马桶盖”事件从自媒体的影响力延伸到传统媒体，从线上延续到线下，成为一次网络营销的狂欢。

2015年1月25日，财经作家吴晓波在自己的自媒体“吴晓波频道”上发表了一篇文章《吴晓波：去日本买只马桶盖》，文章出来后，在微信圈里“疯传”，一天的阅读量就达到167.6万。1月27日，营销专家孔繁任也发表了一篇网络文章《买只马桶盖，我们还要去日本吗》，也获得了很多业内人士的转发和点评。这一事件开始持续发酵。

身为业内人士的九牧厨卫副总裁张彬，也于25日这天在自己的微信圈里转发了《吴晓波：去日本买只马桶盖》这篇文章，并留言：干吗去日本买？咱家就有，还便宜一半，有需要的找我！结果，出乎意料的是，竟然有好几百个微信朋友圈给他留言，表示要买九牧的“马桶盖”。

而在吴晓波的文章出来之前，西安良治电器的“洗之朗”正在西安启动“全民马桶换盖大行动”，良治电器总裁马锐也很快转发了孔繁任的文章，并附上大意为“吴晓波先生摆问题，孔繁任先生给药方，两位大佬打喷嚏，洗之朗这里就感冒。”的点评。这篇文章也刷新了马锐个人的微信点“赞”纪录。不知道是因为“马桶盖”事件的热炒，还是“换盖”大行动的力度大，这次西安促销活动的效果也非常好。

原本以为，“马桶盖”引起的话题活跃了几天，就此打住了。没想到，2月6日，央视二套财经频道开始报道赴日“疯抢”马桶盖的盛况，甚至让日本销售者在中央级媒体上讲解推销产品，内容和吴晓波先生的文章诉求大致相同。央视的报道给“马桶盖”事件再添一把火。

此后，各大媒体也开始相继关注“马桶盖”事件，《南华早报》《参考消息》《凤凰卫视》等权威媒体都开始跟进“马桶盖”事件，从不同角度解读国人去日本哄抢马桶盖的动因以及国产便洁器企业的反应。于是，一场从网络上引发的热点，最终演变成为全媒体和全民关注的话题，甚至惊动了总理在北京两会上对“马桶盖”话题的表态。

（源自《中国经营报》）

简析：在自媒体时代，各种不同的声音来自四面八方，“主流媒体”的声音逐渐变弱，人们不再接受被一个“统一的声音”告知对或错，每一个人都在从独立获得的资讯中，对事物做出判断。

自媒体有别于由专业媒体机构主导的信息传播，它是由普通大众主导的信息传播活动，由传统的“点到面”的传播，转化为“点到点”的一种对等的传播。同时，它也是指为个体提供信息生产、积累、共享、传播内容兼具私密性和公开性的信息传播方式。

（五）主体间合作的灵活性

随着信息技术的发展、竞争的加剧和全球化市场的形成，没有一家企业可以单枪匹马地面对全球竞争。因此，由常规的竞争到企业主体间的竞合是必然的。其合作方式一般包括以下六种：

1、生产外包

这些厂商或拥有设计，或拥有品牌，或在销售上具有独特竞争优势，所以它们将生产过程外包给了其他厂商，从而获取更大的利润。

2、销售外包

（1）代理销售。

（2）特许经营。

（3）解放下属销售公司的产权。

3、研发外包

企业没有专属自己的研发中心，也能通过相关策略取得技术上的竞争优势。

（1）专案委托。

（2）联合研究和开发。

4、虚拟战略业务单位

5、企业共生

当几家企业有着共同的需要，出于对技术保密或成本的考虑不愿外包的部分，共同出资建立专业化的厂家来生产，并共同分享利益，负担成本。

6、策略联盟

当几家公司拥有不同的关键技术和资源而彼此的市场互不矛盾时，可以相互交换资源以创造竞争优势。

二维码 9－1

第二节　电力电子信息工程文化的中西方比较

一、电力电子信息工程文化简况

18 世纪以来，随着科学技术的飞速发展，世界范围内完成了三次技术革命，使人类社会发生了巨大变化。18 世纪 60 年代到 19 世纪 70 年代蒸汽机的发明和使用，使机械大工业代替了手工业。19 世纪最后 30 年，电力技术的广泛使用，人类由蒸汽时代，跨进了电气时代。20 世纪 40 年代至今，电子信息技术、原子能和空间科技飞速发展，并在电子、能源、材料三大基本技术领域展开，人类开始迈入信息社会。

如果说过去工业革命出现的机器是对人类体力劳动的解放，那么现代电子信息技术手段的应用，则是对人类脑力劳动的解放。现代电子信息技术的应用，让人们借助信息技术不断开拓新领域，创造新知识，生产新财富。因此，探讨电力电子信息工程文化就显得很有必要了。

二、我国电力电子信息工程文化现状

截至2014年底，我国全口径发电装机容量为13.6亿千瓦，同比增长8.7%，其中非化石能源发电装机容量4.5亿千瓦，占总装机容量比重为33.3%。2014年，全国全口径发电量5.55万亿千瓦时，同比增长3.6%，其中非化石能源发电量1.42万亿千瓦时，同比增长19.6%；非化石能源发电量占总发电量比重自新中国成立以来首次达到25.6%，同比提高3.4个百分点。

截至2014年12月底，全国并网太阳能发电装机容量2652万千瓦（绝大部分为光伏发电），同比增长67.0%，其中甘肃、青海和新疆分别达到517万千瓦、411万千瓦和376万千瓦，内蒙古和江苏超过200万千瓦，宁夏和河北超过100万千瓦。2014年，全国并网太阳能发电量231万千瓦时，同比增长170.8%。

电子信息行业是国民经济的支柱产业，与人们生活息息相关。在全球经济持续低迷、国内经济增速放缓的情况下，电子信息行业仍保持较快的增长速度。

作为电子信息行业的重要组成部分，其他计算机制造业增速迅猛，2013年其他计算机制造业主营业务收入达到1064.59亿元，同比增长率高达26.59%。随着我国国民经济发展主题由“追求速度”逐步转变为“追求质量”，产业结构不断调整优化，电子信息行业将发挥越来越重要的角色，其他计算机制造业仍将保持快速增势。

我国已经成为全球最大的电子信息产品制造基地。在通信、高性能计算机、数字电视等领域也取得一系列重大技术突破，形成一批国际知名的信息技术企业，如联想、华为、阿里巴巴等，成为推动我国经济转型、结构优化的中坚力量。

三、西方电力电子信息工程文化现状

全球各种信息网络已进入了一个以“宽带”为基础，以“融合”为特征的新时代，一轮更深层次的数字通信技术革命浪潮扑面而来。

这种浪潮已经并正在更深刻地从“观念、制度和器物”三个层面上影响人类的价值观念、审美情趣、思维方式等文化表象，影响着人类文化的未来走向。

电子信息的数字转换处理技术正走向成熟，信息传输正在向数字化、智能化、宽带化发展，不同性质的网络融为一体，信息终端丰富多彩，信息内容更加深入全面。最终的走向是全球通信网络以宽带为基础结成一体，全息化文化时代的到来。通信文化将成为真正的时代性主流文化。

全息化时代将会把所有的人、所有的产业、所有的人类关心的信息深深地纳入一个无所不能的信息网络中，将造成电子信息文化产业真正的繁荣，把人类社会推进到崭新的电子文化时代。比尔·盖茨为世人提供了全新的娱乐概念，他说：未来的微软要涵盖的不仅仅是消费者的计算机，还包括他们的家庭。通信传媒技术的革新，文化内容的再生产，大众需求的培养，产业制度环境的构建，是电子文化产业发展壮大的四大核心要素，它们互相牵制、互相促进。通信传媒是大舞台，文化产品是演出的节目，大众需求是观众，制度保障体系是剧院，四者相辅相成，共唱电子文化产业大戏。

二维码9－2

第三节 电力电子信息工程文化案例分析

一、国内电力电子信息工程文化案例分析

北斗卫星远程抄表助力智能电网信息化建设

“北斗抄表结果稳定有效，宁夏电力确定使用青海电力研发的北斗Ⅲ代产品，计划前期在宁夏固原地区安装56个点，解决1463户居民用电采集问题。”宁夏电力公司营销部专责人员说，这表明青海电力公司利用北斗卫星有效支撑省际智能电网建设的蓝图已经打开。

助推无公网信号偏远地区用电采集：

为了促成北斗卫星通信技术在电力通信领域的应用，解决青海无公网偏远山区长期以来依赖人工抄表的历史难题，2012年初，青海电力信通公司启动了“基于北斗卫星通信的电能量数据传输技术”研究，并在青海省门源县珠固首兰口村等7个无公网信号的偏远地区试点成功。

数据显示，截至2015年5月底，该技术已在青海电网覆盖范围无公共网络信号地区得到推广应用，投入装置194台，覆盖用电客户近15000户。据现场监测表明，该装置满足不同类型的集中器装置，用电信息采集成功率达100%，能够满足用电信息采集及费控业务需求。

2015年，青海北斗卫星远程抄表设备历经数年的研发与磨炼，已升级到第三代产品，进一步优化了性能和外观，完善了技术和功能。青海电力公司加大对该项技术的推广应用，计划在省内实施安装该装置500台，同时开展宁夏、冀北、新疆、重庆、云南、四川、内蒙古等地区的技术推广和支持工作，为国内无公网信号偏远地区用电信息采集开辟新的模式。

助力智能电网及营销信息化建设：

据悉，青海北斗卫星远程抄表Ⅲ代产品，为青海无公网信号地区的用电自动化奠定了坚实基础，该产品安装便捷，功能丰富，运行稳定，技术经科技厅鉴定处于国际先进水平，在国网领域属于技术最成熟也是最早处于领先地位，具有3个专利及1个计算机软件著作权。该装置的推广应用不仅降低了劳动成本，提高了工作效率，也有效降低了电力职工的抄表风险，更为智能电网及营销信息化建设提供了坚强通信保障。

（源自：中国测控网）

简析：越来越多的企业利用电子工程基础上的信息手段，降低经营成本、捕捉市场机会、整合企业经营，建立长期、可持续盈利的商务运营模式，从而将企业带入倍增效益的快车道。上述案例再次表明，利用网络信息手段，从内到外加速企业信息流、物流、资金流的循环，全面降低经营成本，开拓全新的市场机会，正是电网信息化建设的魅力所在。

二、国外电力电子信息工程文化案例分析

波音-777 的研究和制造

在 20 世纪 80 年代中后期美国的制造业出现了衰退，波音公司运营也不景气，订单下降，亏损裁员。为了扭转危局，走出困境，波音公司投资 40 亿美元，集中了 4000 名工程技术人员，并向 14 个国家、112 万名专家征集意见。在 1990 年 10 月启动了制造波音-777 计划，并实施了一种全新的制造模式——灵捷制造模式。

灵捷制造模式是以波音公司为核心，集合其他具备核心能力的公司联合进行研发制造。波音公司作为灵捷制造组织的核心企业负责大部分机身的设计制造和整体的协调，日本的三家公司负责 20% 的机身的设计和制造，在约 74 件组件中三菱重工主要制造三段机身的壁板和旅客舱舱门，川崎制造两个机身段的壁板、尾密封框、货舱舱门和一些机翼部件，富士则负责制造机翼、机身整流罩、机翼中央段和主轮舱舱门，在经济上承担 25% 的开发成本。发动机由美国通用电气公司、英国的罗罗公司以及美国普惠公司负责提供。另有一部分组件外包，以实现虚拟化，通过企业的利益共享和风险共担来实现企业间的精诚合作。

灵捷制造模式首先要按照客户的要求实现小批量个性化生产。因此在设计初期，波音公司和一些航空公司进行了广泛深入的讨论以确定和开发新飞机的结构布局。这些航空公司包括：美国联合航空公司、全日航空公司、英国航空公司、日本航空公司、香港国泰航空公司。它们在航线结构、客流量和服务频率方面全方位地代表了各航空公司现有的营运水平。这些航空公司的参与，保证了产品可最大限度地满足全世界航空公司的需要。在设计之初就把客户的想法作为设计的一个阶段，这使得产品能够更好地符合客户的要求。

在开发设计制造的整个过程大胆地尝试了并行工程，“无纸设计”等先进制造技术。在波音-777 飞机的设计过程中建立了许多产品综合研制小组。每个组负责飞机的一个部分或一个操作系统。这些小组由各相关部门的人员组成，包括设计、制造、装配、试验、采购、使用、保障及其他专业人员。各成员集中在一起，同时工作，互相交流专业知识以期解决设计问题。1991 年至 1992 年，当波音- 777 飞机设计工作进入高峰期时，曾有 7000 余名各类专业人员组成的 238 个产品综合研制小组同时工作。成员中有波音公司的分包商、供货商和客户代表。

设计人员在计算机上以三维方式设计该机的全部零件，并进行数字化预装配。三维实体模型数字化预装配是在计算机上对零件进行造型和装配，利用关系数据库通过工装对零件进行协调。数字化预装配还用作系统布局、管路安装、导线走向等设计集成，论证零部件是否便于安装和拆卸。

设计时，并行进行结构详细设计、系统布置、制订工艺计划和进行工装设计及跟踪服务等工作。在飞机设计任务完成后，有些综合研制小组就解散了，但其中的很多成员被转移到制造波音-777飞机的12个主要工厂，去参加类似的综合研制小组。这些小组包括设计、制造和质量保证人员，便于及时解决制造中发生的问题并进行长期的工艺改进工作。

过去，设计人员在设计飞机时，很少考虑到维修的方便性，往往飞机是好飞机，但检查和维修却非常困难。在波音-777设计中，用计算机模拟真人检验其维修区的可接近性和可工作性，使波音-777又成为世界上第一种称得上维修和检查"舒适性"最好的飞机。

波音公司用计算机组成的"飞行事业台"，将一套"全真"的波音-777飞行控制系统按照"全真"的航线飞行环境进行"航线准备飞行"检验以发现可能的潜在问题，这在世界上是首次。波音公司用计算机控制的"铁鸟"将波音-777的襟翼、主起落架和前起落架及全部起飞、着落控制系统组合成"全真"的系统，同步进行"超循环"起飞和着陆的疲劳试验，这也是波音公司的首创。

将所有生产制造、总装及飞行中可能会出现的各种潜在问题通过计算机在制造前、总装前及飞行前就给以解决，使飞机出厂后就是一架"不会再有意外问题"的飞机，不能不说是设计和生产观念的革命性改变。波音-777就是这样被设计和制造出来的。作为新型民航客机，到1994年6月，仅用了3年8个月就试飞一次成功，大大地缩短了研制周期，降低了成本，提高了质量。自从1990年10月启动以来，赢得同级客机市场80%的订单，远远超过空中客车工业公司和麦道公司。

简析：在网络时代和知识经济的背景下，在信息技术的支撑下，虚拟制造和虚拟企业都在实践中表现出了强大的生命力。它主要有几大特点：经营机制灵捷化、企业功能虚拟化、合作方式契约化、经营成果多赢化、组织结构网络化、项目流程并行化。

第四节　电力电子信息工程文化思考与实作

一、简述题

1、简述电力电子信息工程文化的内涵。

2、简述电力电子信息工程文化的特点。

二、论述题

中西方电力电子信息工程文化的主要差异。

三、讨论题

1、中西方电力电子信息工程文化的差异与建立良好的人际关系有无直接关系。

2、将学生分成两组，一组代表中国长虹集团，一组代表日本索尼公司，查找资料后，各自阐述企业应该如何打造自身的工程文化。

学后感言：

第十章　建筑工程文化

第一节　建筑工程文化的概念与特征

一、建筑工程文化的概念

（一）建筑与建筑工程

（《中国大百科全书·建筑学·建筑》）解释建筑，“既表示营造活动，又表示这种活动的成果——建筑物，也是某个时期、某种风格建筑物及其所体现的技术和艺术的总称”。

由此可见，建筑本身就是工程，也是文化。

（二）建筑工程文化

建筑文化是建筑在设计建设中体现的民族性、地域性、历史性和时代性，建筑工程文化是人类各社会历史时期所创造的建筑物质财富和建筑精神财富的总和。

建筑工程文化是融合了建筑文化的工程。

建筑文化有两个不同于其他文化的性质：建筑既是一种文化，又是容纳其他文化的场所；建筑既表达着自身的文化形态，又比较完整地映射出人类文化史。

建筑是实用对象，又是艺术对象，真正的建筑艺术形式是以建筑的美为其目的的。建筑艺术不是一种纯艺术，建筑必然是有非艺术的目的，建筑艺术的逻辑位置是交叉的关系。建筑既有艺术性，又有其他内涵。

建筑艺术有自己的“语言”特征，这种“语言”，在人们的心理过程中就是形象思维（不论是设计创作还是欣赏）。建筑艺术“语言”也就是建筑的形式美法则，如变化与统一、均衡与稳定、比例与尺度、节奏与韵律等。

建筑作为人类文化的物质形态不同于其他艺术门类，它需要大量的财富和技术条件，大量的劳动力和集体智慧才能实现。它的物质表现手段规模之大，是任何其他艺术门类所难以比拟的。宏伟的建筑建成不易，保留时间也较长，这些条件导致建筑美学的变革相对迟缓。建筑艺术是一门综合性很强的艺术。它常常需要应用绘画、雕刻、工艺美术、园林艺术等，创造室内外空间艺术环境。

建筑文化分为三大类：区域性、历史性、功能性。

范例 欧洲传统时期的建筑文化分类主要有希腊建筑文化、罗马建筑文化、中世纪建筑文化、文艺复兴建筑文化、工业革命建筑文化等；中国传统时期的建筑文化分类基本上可划分为秦汉建筑文化、两晋建筑文化、隋唐建筑文化、两宋建筑文化、明清建筑文化等这么几个粗线条的类型。传统时期后期，各文化区间的文化交流逐渐全方位展开，彼此间的文化界线逐渐模糊，进入到人类文化的大交融时期，这个时期的建筑文化又可分为近代建筑文化、现代建筑文化、当代建筑文化。

二、建筑工程文化的三大特点

1、功能性。建筑的首要目的不是艺术，建筑设计不只是塑造艺术品，而首先是有使用价值，如住宅是供人居住的。《韩非子・五蠹》说：“上古之世，人民少而禽兽众，人民不胜禽兽虫蛇，有圣人作，构木为巢，以避群害。”那时，建筑仅仅是物质生活手段，而不具有文化内涵。随着人类社会发展，才出现了适用于人们各种场合和环境需要的建筑。

2、工程经济性。建筑不仅具有功能性，还具有工程经济性，建筑的目的是创造一种人为的环境，提供人们从事各种活动的场所。生活起居、交谈休息、用餐、购物、上课、科研、开会、就诊、看书阅览、观看演出、体育活动以及车间劳动等，都在建筑空间中进行，能这样被充分利用的建筑就具有经济性。

范例 多功能厅因其功能的多样性（如会议厅、视频会议厅、报告厅、学术讨论厅、培训厅等），在近几年的时间得到迅速普及应用。在初期的建设投入上可能要高于单一功能的投资建设，并且从技术的角度上来看，对系统在设计和施工上都有一定的技术复杂度，尤其对用户方的使用也有一定的技术要求，这就需要一种技术来综合管理不同功能的设备使其相互协调的工作，这种技术就是中央控制技术。

3、艺术性。建筑和其他工程技术一样具有功能性、工程经济性，但建筑又有很强的艺术性，在这一点上和其他工程技术学科又不相同。古罗马维特鲁威《建筑十书》阐述建筑的内涵大约包括：建筑艺术、建筑技术、建筑制度、建筑物等这么几个部分；同时又阐述“建筑的学问是广泛的，是由多种门类的知识修饰丰富起来的”，建筑的技术和艺术密切相关，相互促进。

范例 修建埃及金字塔若无几何、测量知识和运输巨石的技术手段是无法建成的。人们总是可能使用当时可以利用的科学技术来创造建筑文化。现代科学的发展，建筑材料、施工机械、结构技术以及空气调节、人工照明、防火、防水技术的进步，使建筑不仅可以向高空、地下、海洋发展，而且为建筑艺术创作开辟了广阔的天地，形成了现代建筑的不同风格和流派，比如：复古主义、现代主义、后现代主义等，出现了“未来派”“主体派”“构成主义”“表现主义”“风格派”等新的建筑观点和建筑艺术风格，造就了一批现代标志性建筑。

建筑工程文化是技术和艺术相结合的成果，建筑师要表达的空间想象、审美观念等总是在可行的建筑技术条件下进行艺术创作，因为建筑艺术创作不能超越技术上的可能性和技术经济的合理性。

范例 复古主义建筑杰作——巴黎凯旋门；现代主义建筑的典范——包豪斯校舍；后现代主义建筑——俄勒冈州波特兰市政大楼和德国斯图加特市国立美术馆新馆。中国北京奥运会主体育场——国家体育场（“鸟巢”）和国家游泳中心（水立方）充分利用了当今科学技术的发展成果。

随着人类文化的形成与发展，建筑糅合了人类的感情、信仰和智慧，这才使建筑有了文化的意义。建筑开始成为社会思想观念的一种表现方式和物化形态，成为固化艺术和文明的物证。因而建筑被誉为“凝固的音乐”“立体的画”“无形的诗”和“石头写成的史书”。建筑是艺术世界中最庞大、最引人注目的一员。它不仅具有实用价值，是人们遮风避雨，抵御烈日冰雪的必要生活设施，同时又具有很强的社会文化价值。世界各地保留的各种建筑遗址和古建筑，如实地记录了人类文明发展的过程。

建筑不完全是艺术对象，但建筑无疑具有艺术性。建筑与其他造型艺术具有共同的形式美法则。建筑既是满足人们工作和生活需要的物质条件，又是满足人们审美需求、令人精神愉快的产品。由于地域、文化、民族的不同，形成了丰富多彩的建筑风格，留下众多建筑文化遗产。建筑是文化的载体，而文化又是支撑建筑的内涵，因此，建筑是人类重要的物质文化形式之一。

范例 中国故宫、法国卢浮宫、英国白金汉宫、俄罗斯克里姆林宫、美国白宫等都凝聚了本民族的思想价值和审美价值，反映不同时代、不同民族的审美价值和精神价值的活动。

一个民族、一个国家的建筑的功能性、工程经济性和艺术性，最能准确地反映这个民族、国家物质精神继往开来的面貌。

第二节 建筑工程文化的中西方比较

建筑是人类文化的高度集中，每个时代、每个民族都有自己的文化，都有产生和反映这种文化的建筑艺术。不同的文化催生的建筑工程文化体系，反映了不同的哲学思想、传统观念、性格气质和审美心理，也同时反映了具有对真善美追求的人类共性特征。

因为建筑本身就是工程，这里建筑工程文化的中西方比较是基于传统意义上的建筑文化的比较。

一、中西方建筑工程文化的发展沿革

由于真正的世界历史与世界地理作为专门的学科成熟较晚，中西方在漫长的历史进程

中，很晚才有真正的沟通，长时期在相对封闭的系统内发展，故形成形态、个性迥异的东西方建筑形式。我们整合、比较其在建筑形式上的差别，就能清楚了解其文化差别，同时也能从中看到其反映出的自然物质环境、社会结构形态、人的思维方法、审美境界的差别，故本章不再单独讲解其各自发展的历程。

范例 唐人杜牧在《阿房宫赋》中记载有："六王毕，四海一；蜀山兀，阿房出。"中国建筑多用木材，体形组合多用曲线和生态型，群体组合，在时间上展开，具有绘画美和姿态美，表现出伟岸俊秀的气质，中国建筑是立体的诗画；西方建筑多用石材，体形组合多用直线和几何体，个性突出，西方建筑是凝固的音乐。

简析：中西方人祖先对建筑材料的不同选择，直接反映出其古代做人做事的民族性。

二、中西方建筑工程文化的异同

（一）中西方建筑工程文化的不同之处

1、建筑材料的不同，体现了中西方物质文化、哲学理念的差异。

从建筑材料来看，在现代建筑未产生之前，世界上所有已经发展成熟的建筑体系中，包括属于东方建筑的印度建筑在内，基本上是以砖石为主要建材来营造的砖石结构系统。

范例 古希腊的神庙，古罗马的斗兽场、输水道，中世纪欧洲的教堂均用石材筑成，是"石头史书"的历史见证；我国古典建筑（包括邻近的日本、朝鲜等）是以木材来做房屋的主要构架，属于木结构系统，因而被誉为"木头史书"。

简析：中西方的建筑对于材料的选择，除自然因素不同外，更重要的是文化理念不同。西方以狩猎方式为主的原始经济，造就出重物的原始心态。从西方人对石材的肯定，可以看出西方人求智求真的理性精神，在人与自然的关系中强调人是世界的主人，人的力量和智慧能够战胜一切。中国以原始农业为主的经济方式，造就了原始文明中重选择、重采集、重储存的活动方式。由此衍生发展起来的中国传统哲学所宣扬的是"天人合一"的宇宙观。"天人合一"是对人与自然关系的揭示，自然与人乃息息相通的整体，人是自然界的一个环节，中国人将木材选作基本建材，正是重视它与生命的亲和关系，重视它的性状与人生关系的结果。

2、建筑空间的布局不同，反映了中西方制度文化、性格特征的区别。

中国建筑是封闭的群体的空间格局，在地面平面铺开。中国建筑的美是一种"集体"的美；相反，西方建筑是开放的单体的空间格局向高空发展。

范例

以北京故宫和巴黎卢浮宫比较，前者是由数以千计的单个房屋组成的波澜壮阔，气势恢宏的建筑群体，围绕轴线形成一系列院落，平面铺展异常庞大；后者则采用"体量"的向上扩展和垂直叠加，由巨大而富于变化的形体，形成巍然耸立、雄伟壮观的整体。

简析：中国建筑占据着地面，西方建筑就占领着空间；中国建筑反映出人们对土地的热爱与对集权的崇拜的稳健保守精神；西方建筑反映出西方人崇拜神灵的狂热，更多利用科技成就的开放向上精神。

3、建筑的发展不同，表现了中西方对革新态度的差别。

从建筑发展过程看，中国建筑是保守的。据文献资料可知，古代中国的建筑形式和所用的材料千年不变。与中国不同，西方建筑经常求变，其结构和材料演变得比较急剧。

范例 从希腊雅典卫城上出现的第一批神庙距今已2500余年，期间整个欧洲古代的建筑形态不断演进、跃变着。从古希腊古典柱式到古罗马的拱券、穹隆顶技术，从哥特建筑的尖顶、十字拱和飞扶壁技术到欧洲文艺复兴时代的罗马圣彼得大教堂，无论从形象、比例、装饰和空间布局，都发生了很大变化。

简析：这种不同反映出了中国人与西方人在敢于独辟蹊径、勇于创新等精神方面的不同。

4、建筑价值的不同，显现中西方审美观念的异殊。

中国的建筑着眼于信息，西方的建筑着眼于实体。

范例 中国古代建筑的结构，不靠计算，不靠定量分析，不用形式逻辑的方法构思，而是靠师傅带徒弟方式，言传手教，靠实践，靠经验。我们对于古代建筑，尤其是唐以前的建筑的认识，多从文献资料上得到信息。历代帝王陵寝和民居皆按风水之说和五行相生相克原理设计。为求得与天地和自然万物和谐，以趋吉避凶，招财纳福，在借山水之势力，聚落建筑座靠大山，面对平川流水。这种“仰观天文，俯察地理”是中国特有的一种文化。古代希腊的毕达哥拉斯、欧几里得首创的几何美学和数学逻辑，亚里士多德奠基的“整一”和“秩序”的理性主义“和谐美论”，对整个西方文明的结构带来了决定性的影响。西方建筑美的构形意识其实就是几何形体：雅典帕提农神庙的外形“控制线”为两个正方形，从罗马万神庙的穹顶到地面，恰好可以嵌进一个直径43.3米的圆球；米兰大教堂的“控制线”是一个正三角形；巴黎凯旋门的立面是一个正方形，其中央拱门和“控制线”则是两个整圆，园林绿化、花草树木之类的自然物，经过人工剪修，刻意雕饰，也都呈现出整齐有序的几何图案。它们以其超脱自然、驾驭自然的“人工美”，同中国园林那种“虽由人作，宛自天开”的自然情调，形成鲜明的对照。

简析：西方人把“坚固”和“实用”作为评价优秀建筑物的第一和第二原则。因而当中国古老的建筑物随着时间的流逝而被毁坏或“烟消云散”的时候，西方古希腊、古罗马、古埃及的建筑依然完好地保存着，用实物形象演绎着自己的文化。通过对中西方建筑的比较，可看出中西方在建筑工程文化（观念、制度、物质）上的不同。

（二）中西方建筑工程文化的相同之处

1、通过建筑工程文化，我们可以了解中西方民族、时代、国家的价值观念。

2、近现代后期，随着中西方思想文化、科学技术的交流融合，中西建筑不仅与各自传统意义上的建筑大相径庭，而且也更多地趋向于一致性。

三、中西方建筑风格的差异

中西方建筑工程文化的差异也影响到中西方建筑风格的不同，大致可归纳为四点。

（一）幻想与理念

法国著名文学家维克多·雨果高度概括了东西方两大建筑体系之间的根本差别，他说“艺术有两种渊源：一为理念——从中产生欧洲艺术；一为幻想——从中产生东方艺术”。

（二）模仿与写意

亚里士多德认为艺术起源于模仿，艺术是模仿的产物。希腊建筑中的不同柱式就是对不同性别的人体分析性；中国人则重视人的内心世界对外界事物的领悟和感受，以及如何艺术地体现或表现出这种领悟或感受，即具有很强的写意性。

（三）封闭与开放

中国的四合院、围墙、影壁等都显示出内向的封闭心态，甚至有人认为：“封闭的庭院象征着我们封闭的社会。”而西方强调以外部空间为主，把中心广场称为“城市的客厅”“城市的起居室”等，有将室内转化为室外的意向。中国人往往将后花园模拟成自然山水，用建筑和墙加以围合，内有月牙河，三五亭台，假山错落……表明有将自然统揽于内部的取向。可以说，这是某些文化心态在建筑上的反映和体现。

（四）稳定与多变

中国封建王朝实力强大，封建制度稳定。人们很少有强烈的突破愿望，甚至认为被皇权统治是天经地义的。因苦难而发动的社会革命，只是在皇朝之间转换，并没有对封建制度产生根本性的突破。正因为如此，使中国封建时代持续了整整两千年，是欧洲的两倍。同时，也为中国封建社会的繁华稳定提供了丰沃的土壤。中国的传统建筑也正是在这种社会政治环境下产生并发展到了高潮，成为世界建筑史上一个辉煌的分支。

14～15世纪，欧洲也步入了封建社会的鼎盛期。但与中国不同，欧洲封建势力并未建立起统一强大的帝国，封建地主的政治力量较弱，这应当归功于古希腊罗马市民的自由观念。自由已深植于欧洲民众的思想中。反对专制，追求自由；反对神学，追求世俗。这就是欧洲人民的性格，本能的叛逆，使封建政权缺少稳固的思想基础，封建势力相对较弱。而同一时期的欧洲建筑，也因为政治原因走上多元多变的道路。

第三节　建筑工程文化案例分析

一、国内

世界最长的墙——万里长城

举世闻名的长城，以悠久的历史、浩大的工程、雄伟的气魄著称于世。它横亘在中国辽阔的土地上，东起渤海之滨的山海关，西至甘肃祁连山下的嘉峪关，中间经过数个省区，穿过无数的崇山峻岭、跨过万千的沟涧峡谷，全长6000多公里，宛如一条巨龙盘旋在起伏的群山之巅，气势磅礴，雄伟壮阔，是世界上最大的人工建筑物，堪称为人类与自然环境互动的宏伟典范，被誉为世界七大奇观之一。

万里长城

小贴士

建筑工程文化赏析方法

1、欣赏建筑艺术要把局部的审美观与整体的审美知觉结合起来。

2、感悟建筑形象的象征意义。

3、要善于欣赏建筑艺术的音乐美，建筑艺术通常以错落有致的空间造型显现出类似音乐的节奏感。

4、建筑艺术的欣赏通常包括欣赏角度、欣赏距离和欣赏方法这三个组成部分。

长城的建筑形式初始都是按照实用的目的而设计的，但在今天却呈现出一种巧夺天工的艺术魅力。

原来城墙的垛口之间保持均等的距离，是为了合理地布置兵士，利于防守，现在却呈现出一种均匀、和谐的节奏感。从前在城墙上设置敌楼是为了驻兵和储存粮草、武器。而在今天它却为长城带来一种内在的律动美感。城楼的设计与建造更具有艺术的匠心。它的层数和高度、建筑的式样以及悬挂其上的横匾，都与整个关城处于一种整体的和谐之中，显得威严、雄伟、壮观。

简析：长城建基于大地之上，以群山为座，以云天为幕，伴随其周边地理环境的变化而把奇伟的自然美与建筑美融为一体，展示出一种人文与自然相融合的天人合一的境界，可以说是真正的大地的艺术。它作为一种精神象征震撼着人们的心灵。它与宇宙相通的雄伟气势和深厚的精神内涵将具有永恒意义的崇高和壮美。

天下第一庙——曲阜孔庙

孔庙是中国古代朝廷为了纪念孔子，推崇儒学而建的建筑。它规模宏大、气势雄伟，号称“天下第一庙”。孔庙与北京的故宫、承德的避暑山庄并称为“中国三大古建筑群”，具有极为深厚的历史文化内涵，是人类文化遗产的重要组成部分。

孔庙位于曲阜城的中央，从公元前 5 世纪开始，历经 2400 多年从未放弃过祭祀，是中国使用时间最长的庙宇，也是中国现存最为著名的古建筑群之一。孔庙平面呈长方形，南北长 600 米，东西长 145 米，面积 8 万多平方米，有 5 座大殿，堂、坛、阁 640 多间，门坊 64 座，“御碑亭” 13 座。

孔庙的总体设计是颇为讲究的。全庙由南而北，以垣墙廊庑分为九进，贯串在一条中轴线上，左右对称，布局严谨。空间由窄而宽、建筑由少而多，追求温良、浑厚、凝重、和谐的整体风格。前三进为引导性庭院，只有一些尺度较小的门坊，里面耸立着牌坊和棂星门，门坊高揭的额匾上，极力赞颂着孔子的功绩，给人以强烈的印象。院内遍植成行的松柏，浓荫蔽日，创造出使人清心涤念的环境，而高耸挺拔的苍松古柏间辟出一条幽深的甬道，使人既感到孔庙历史的悠久，又烘托了孔子思想的深奥。庄严肃穆的气氛，让人敬仰之情不觉油然而生。由棂星门至大中门，为孔庙前奏；大中门起开始有长方形的院墙，四角都置有角楼，近似于皇宫的建筑形制。其建筑雄伟壮观，殿堂的黄瓦与红墙、绿树交相辉映，预示孔子思想的博大高深和功绩的丰伟。供奉儒家贤达的东西两墙长达 166 米，喻示儒家思想的源远流长。

曲阜孔庙

再进为宏伟的奎文阁，阁后即为孔庙主体建筑：大成门和大成殿。奎文阁至大成门间，隔一横街，东西有门，其间有碑亭十三座，皆重檐高阁，形体特别宏大，有金、元碑各一，余为明清所建，碑体硕大，为历代帝王所立。

孔庙四周用高大庄严的红色围墙围绕，南门外有仰圣门，上面篆刻着清朝乾隆皇帝御笔“万仞宫墙”。仰圣门后、孔庙门前有金声玉振坊，象征孔子是古圣先贤的集大成者。坊后有一座单孔石拱桥，桥后东西两侧各立一座石碑，上刻“官员人等至此下马”的字样，俗称“下马碑”。无论官员还是平民经此都得下马下轿，皇帝也不能例外，由此可见孔庙的尊严。

孔庙的主要建筑集中在中轴线上，包括有奎文阁、十三碑亭、杏坛、大成殿及其两庑的历代碑刻。奎文阁被誉为“中国古代十大名阁之首”。“奎”是二十八星宿之一，后人将奎星演化为文官之首。奎文阁原来是孔庙藏书的地方，后用来珍藏孔子遗著和皇帝御赐书籍，是中国最早的大型图书馆之一。这座古阁始建于宋代，金代重修，700 多年来，一直巍然屹立。

穿过层层院落，迎面可见孔庙的主体建筑——大成殿。大成殿是孔庙的正殿，也是孔庙的核心建筑。“大成殿”为全庙最高建筑。正中高悬的竖匾上刻着清雍正皇帝亲笔御书的“大成殿”三个贴金大字。殿正中为像龛，龛内供奉着孔子像，其余房间供奉的是小一号的诸贤像位。大殿采用重檐歇山式屋顶，黄瓦覆顶，金碧辉煌，气势宏伟，是中国三大古殿之一，可与故宫的太和殿媲美。站在殿前，一种庄严崇高的感受油然而生。

大成殿构架简洁质朴，环绕大殿的梁柱却平生奇景，它们从内至外共有三周，分别被称为内金柱、外金柱和檐柱。其中最著名的就是正面的檐柱，均以整石刻成。每根柱上都雕刻有两条飞龙，两龙之间雕有宝珠，四周云蒸霞蔚、下端波涛翻滚。柱脚上还有石山，山下是片片莲瓣，造型优美，气势磅礴，栩栩如生。据说，石柱之精美连皇宫里的都不如，所以每当皇帝来这里朝圣时，当地官员总是用红绫把石柱包起来，以免皇帝见了心里嫉妒。其余石柱也是各不相同，柱柱生姿。所谓内外金柱，虽称其为金，实际上还是以木头制成，外面裹以金属，是以金光闪烁。

位于大成殿前甬道正中的杏坛，传说是孔子讲学之处，坛旁有一株古松，据说是孔子当年亲手栽种的。孔庙内的圣迹殿、十三碑亭及大成殿东西两庑，陈列着大量碑碣石刻，孔庙保存自汉代以来历代碑刻1044块，有封建皇帝追谥、加封、祭祀孔子和修建孔庙的记录，也有帝王将相、文人学士谒庙的诗文题记，文字有汉文、蒙文、八思巴文、满文，书体有真草隶篆，是研究封建社会政治、经济、文化、艺术的珍贵史料。碑刻中有汉碑和汉代刻字20余块，是中国保存汉代碑刻最多的地方。乙瑛碑、礼器碑、孔器碑、史晨碑是汉隶的代表作，张猛龙碑、贾使君碑是魏体的楷模。此外还有米芾、李东阳、董其昌、翁方钢等著名书法家的书写，以及元好问、郭子敬等人的题名。孔庙碑刻真可谓是中国古代书法艺术的宝库。

简析：孔庙内殿宇庄严肃穆，楼阁典雅素美，牌坊高挺巍峨，宅堂庭房古朴大方，具有典型的东方色彩和格调。两千多年来，曲阜孔庙旋毁旋修，从未废弃，在历代王朝的保护下，它由一座私人宅邸发展成为规模形制与帝王宫殿相类似的雄伟壮丽的庞大建筑群。延续的时间之久，史料记载之丰，可以说是人类建筑史上罕见的范例，具有极高的历史、文化和艺术价值。

二维码10－1

二维码10－2

二、国际

帝国的背影——古罗马角斗场

古罗马角斗场位于意大利罗马，建于公元72年至公元80年。

古罗马角斗场也称科洛西姆斗兽场，因建于弗拉维尤斯掌政时期又称“弗拉维尤斯圆剧场”，是古罗马建筑中，在新观念、新材料、新技术的运用上具有代表意义的建筑艺术典范。它坐落在当时罗马城的正中心。这个时期的建筑，不像希腊时期贯穿着对宗教、对生灵较为纯粹的理想主义追求。它们更重视日常生活的居住和具体的享乐，更为实际，比较注重新技术成果在建筑中的推广和应用，以可立即使用为目的。而角斗场则是不折不扣的罗马式建筑，罗马帝国的雄壮英伟的威力和气势在其中得到了淋漓尽致的表现。

古罗马角斗场呈椭圆形，长轴为 188 米，短轴为 156 米，高达 57 米，外墙周长有 520 余米，整个角斗场占地约为 2 万平方米，可容纳 5 至 8 万名观众。角斗场中央是用于角斗的区域，长轴 86 米，短轴 54 米，周围有一道高墙与观众席隔开，以保护观众的安全。在角斗区四周是观众席，是逐级升高的台阶，共有 60 排座位，按等级尊卑地位的差别分为几个区。距离角斗区最近的下面一区是皇帝、元老、主教等罗马贵族和官吏的特别座席，这样的贵宾座是用整块大理石雕琢而成的；第二、三区是骑士和罗马公民的座位；第四区以上则是普通自由民（包括被解放了的奴隶）的座位。每隔一定的间距有一条纵向的过道，这些过道呈放射状分布到观众席的斜面上。这个结构的设计经过精密的计算，构思巧妙，方便观众快速就座和离场，这样，即使发生火灾或其他混乱的情形，观众都可以轻易而迅速地离场。

古罗马角斗场

观众席后面是拱形回廊，它环绕着角斗场四周。回廊立面总高度为 48.5 米，由上至下分为四层，下面三层每层由 80 个拱券组成，每两券之间立有壁柱。壁柱的柱式第一层是多立克式，健美粗犷，犹如孔武有力的男性；第二层是爱奥尼式，轻盈柔美，宛若沉静端秀的少女；第三层则是科林斯式，它结合前两者的特点，更为华丽细腻。这三层柱式结构既符合建筑力学的要求，又带给人极大的美学享受。到第四层则是由有长方形窗户的外墙和长方形半露的方柱构成，并建有梁托，露出墙外，外加偏倚的半柱式围墙作为装饰。在这一层的墙垣上，布置着一些坚固的杆子，是为扯帆布遮盖巨大的看台用的。四层拱形回廊的连续拱券变化和谐有序，富于节奏感；它使整个建筑显得宏伟而又秀巧、凝重而又空灵。角斗场的特点从任何一个角度都能详尽地显示出来，为建筑结构的处理提供了出色的典范。

罗马角斗场的内部装饰也十分考究，大理石镶砌的台阶还有花纹雕饰。在第二、三层的拱门里，均置有白色大理石雕像。竞技场的底层下面还有地下室，用作逗留和安置角斗士，还有关野兽的笼子。不使用时，这些地方都用闸门封闭。角斗时，表演者被由机械操作的升降台带上场。

角斗场通常是露天的，但若是在雨天或在艳阳高照下，则用巨大帆布遮盖场顶，工程由两组海军来操作。他们也常常参加角斗场举行的海战表演。

罗马角斗场的材料用大理石以及几种岩石建成，墙用砖块、混凝土和金属构架固定。部位不同，用料也不同，柱子墙身全部采用大理石垒砌，十分坚固。在历经 2000 年的风霜，现在人们所见到的角斗场尽管破败不堪，但残留建筑的宏伟壮观，仍让人们为往日的辉煌成就啧啧称奇。

简析：罗马角斗场规模宏大，设计精巧，具有极强的实用性，其建筑水平更是令人惊叹，可以说在当时达到了登峰造极的效果。在欧洲的许多地区直到千年以后，才出现了同等程度的建筑。尤其是它的立柱与拱券的成功运用。它用砖石材料，利用力学原理，建成的跨空承重结构，不仅减轻了整个建筑的重量，而且让建筑物具有一种动感和向外延伸的感觉。这种建筑形式对后世的影响极大。直到今天，建筑学界仍然广为借鉴。而且古罗马角斗场的建筑结构、功能和形式，是露天建筑的典范，在体育建筑中一直沿用。可以说现代体育场的设计思想就是源于古罗马的角斗场。

澳大利亚的风帆——悉尼歌剧院

二维码 10－3

悉尼歌剧院坐落在澳大利亚的著名港口城市悉尼的贝尼朗岬角上，造型新颖奇特，既像洁白如玉、清雅俏丽的贝壳漂浮在海面上，又像在风浪中迎风起航、飞洒灵逸的帆船，与蓝天碧海交相辉映，巧妙和谐地融为一体，既是艺术化的建筑，更是建筑化的艺术，被公认为世纪最美丽的建筑物之一、建筑史上的经典之作，是悉尼的标志和澳大利亚的象征。

悉尼歌剧院是澳大利亚全国表演艺术中心，又叫海中歌剧院。它矗立在澳大利亚悉尼市的贝尼朗岬角上，三面环海，南端与悉尼市内植物园和政府大厦遥遥相望，环境位置十分优越。在悉尼市的任何地方，只要登高眺望，就会看到这座构思新奇独特大胆、建设巧夺天工的建筑。倚靠着海湾上著名的悉尼铁桥，悉尼歌剧院好像是重叠的巨型风帆在迎风招展，又好像是晶莹洁白的大贝壳巧妙堆叠。设计师在构思时从日本的古代建筑的屋顶中得到启发，不但要做到建筑的四面富于感染力，而且还想从空中或更高处观看同样美丽壮观。如同剧院设计师伍重所说：“悉尼歌剧院是以屋顶取胜的建筑之一，它完全暴露于来自各个方向的视野，人们可以来自空中，或泛舟于其四周的水面。在这个引人注目的位置上，实在不该出现一栋毫不强调屋顶特性的建筑。应该以一种雕刻的手法来处理。”为了更出色地表达建筑与太阳、光线、云朵之间的相互作用，使建筑充满活力，伍重将所有屋面都铺上瓷砖，使得阳光、月色、云影的变幻在壳面上产生变化多端的光影效果。沐浴在灿烂的阳光下，悉尼歌剧院闪烁着莹白的光芒，而当夜晚燃起万千灯火，更衬托出它的晶莹剔透。

悉尼歌剧院在蓝天、碧海、绿树的衬映下婀娜多姿，轻盈皎洁。犹如巴黎的埃菲尔铁塔、旧金山的金门大桥一样，悉尼歌剧院是澳大利亚和悉尼的标志性建筑。

悉尼歌剧院占地近2万平方米，长183米，宽188米，主体建筑采用贝壳形结构，外观为三组巨大的壳片，耸立在一南北长186米、东西最宽处为97米的钢筋混凝土结构的基座上。第一组壳片在地段西侧，4对壳片成串排列，3对朝北，1对朝南，内部是大音乐厅。第二组在地段东侧，与第一组大致平行，形式相同而规模略小，内部是相连的歌剧厅和话剧厅。第三组在它们的西南方，规模最小，由两对壳片组成，里面是餐厅。这10

大块壳片是由2194块，每块重15.3吨的弯曲形混凝土预制件拼成的，壳形屋顶中最高处为67米，相当于20层楼的高度。所有的壳片外表面都覆盖着莹白闪烁的白色瓷砖，都经过特殊处理，能抵御海风侵袭，共有100多万块。

走进剧院，犹如进了水晶宫一般，剧场宽敞明亮、富丽堂皇。在悉尼歌剧院这座世界罕见的建筑群中，音乐厅最为壮观，演奏台建在大厅的正中，环绕演奏台，是2600多个风帆状的座位。大厅的墙壁、屋顶和座位都用特殊材料制成，以取得最佳的音响效果。后壁顶端耸立着有1万多根铜管的大型管风琴，最大的一根铜管长达9米，重340公斤。据说，这是目前世界上最大的管风琴。歌剧厅有半圆形的座位1500多个，在每个座位上都能清晰地看到舞台上的演出。舞台非常宽阔，台上悬挂着澳大利亚艺术家用高级羊毛织成的大挂毯，挂毯为红色，图案用红、黄、粉红色组成，好似道道阳光普照大地，人称“太阳之幕”。在灯光的照耀下，艳丽夺目。话剧场可容纳500名观众，舞台上是一幅“月亮之幕”挂毯，长9米，宽16米，用蓝、黑、白、棕、黄色羊毛织成，看上去雅静悦目，给人以月夜朦胧的幻觉。

休息室设在壳体开口处，由2000多块高4米、宽2.5米的玻璃镶成的玻璃墙面，令人叹为观止。凭墙眺望，美丽的悉尼海湾风光一览无余。旁边的餐厅，名为贝尼朗餐厅，每天晚上可接纳6000余人进餐。此外还有电影厅、大型陈列厅、接待厅、5个排练厅、60多个化妆室、图书馆、展览馆、演员食堂、咖啡馆、酒吧等大小厅室都巧妙地设置在底座里。这些厅室装饰华丽，布置讲究，颇具艺术色彩。悉尼歌剧院已经不仅仅是一个歌剧院，而是一个综合性的文化艺术演出中心。它的魅力，主要在于其独特的屋顶造型及其和周围环境浑然一体的整体效果，诗情画意，美不胜收。

简析：悉尼歌剧院以其构思奇特，工程艰巨，气势壮丽而蜚声世界，而由它所引发的是非争论，也是旷日持久，正如皇家澳大利亚建筑学院院长所说：“伍重先生的经历表明，冲破世俗，把新的梦想带进城市是极其困难的。”但随着岁月的流逝，悉尼歌剧院在时间的考验中越发展现出它超凡脱俗的动人魅力。伍重本人在85岁高龄获得了普立兹克奖，它是建筑学里的“诺贝尔奖”。评奖委员会评价他说，伍重先生不顾任何恶意攻击和消极批评，坚持建造了一座一改传统风格的建筑，设计了一个超越时代、超越科技发展的建筑奇迹。这也表明了建筑界对悉尼歌剧院这座巧夺天工的建筑奇葩的最终肯定。

第四节 建筑工程文化思考与实作

一、简述

1、简述建筑工程文化的概念。

2、简述中西方建筑工程的起源与发展。

3、简述西方建筑工程文化的发展。

二、论述

1、选择当地具有代表性的民居，或选择中华民居，试析其民族、地域、风俗习惯等文化特点。

2、列表分析中西方建筑工程文化的异同。

3、阅读下文，然后从建筑工程文化的角度加以分析。

高棉的微笑

高棉人认为只有神灵才能住在可以永恒存在的石头建筑里，吴哥城的600多座宫殿、佛寺、宝塔等见证着一个王朝曾经的辉煌，而其在建筑、雕刻、创意、施工、艺术上的成就，又让我们到此见证的旅行者叹为鬼斧神工。走在石头宫殿与丛林之间，看到残缺的石壁上依然清晰可见翩翩而起的仙女的舞姿，看到气势磅礴史诗般的战争场面，看到盘桓在墙体与石头上生死缠绕的大树根茎，看到这座曾经被历史湮没的王城，我感受到的是岁月留痕。

吴哥有五座城门，每个城门入口左右都各有27尊石像，分别是修罗、阿修罗，他们正分别抱住蛇王“搅动乳海”，此外约20米高的石刻门上有分别面朝东南西北方的四面佛。

四面佛

当年，高棉王正是因为建造吴哥城而耗尽国力，吴哥城里景点繁多，其中包括巴扬寺与皇宫。建造于12世纪末的巴扬寺最独特的设计是每一座塔的四面，都雕刻有3米高的最后一位也是最成功的一位吴哥建造者阇因跋摩七世微笑的面容，人们称这位被神化了的国王为“四面佛”，而他的这些面容就是著名的“高棉的微笑”。这位创造了奇迹的国王生前并未因他的建设带来国富民强，300年后，吴哥还是选择了避开世人的眼睛而远遁丛林深处。

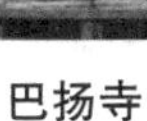

巴扬寺

高棉的微笑

如果说“蒙娜丽莎的微笑”是世界上最神秘的女性笑容，那么“高棉的微笑”则是世界上最神秘的男性笑容。

行走在这微笑中，我们端详着那216张双目低垂，表情安详，厚厚嘴角微微上扬的巨大面容，感到他似乎有太多故事欲说还休，但他最终选择了闭口不语，只以神秘而包容的微笑面对一切。

漫步在中央平台，目光可及是这些几乎一样却又微殊的面庞。随时处在这微笑笼罩之下的我们，仿佛置身于一个后现代的梦境中。阇因跋摩七世不仅通过这种方式将自己的微笑留存世间并得到了永生，而且巴扬寺也成为吴哥唯一的一座献给人，而不是神的寺庙。

巴扬寺的别样就在于它是吴哥寺庙中唯一抛开佛而不“献”的凡俗，但这凡俗并不让人生厌，国王将自己似人似神的模样流传于世，让无数人在此间获得和平与安宁。那216个微笑充溢于葱茏之中，我们很难逃避这极为相似的大脸制造出的此种视觉迷阵，时时刻刻处处都如沐春风，而这正是阇因跋摩七世创造的属于他的奇妙世界。

到巴扬寺的人都会从地面一层一层从石阶走上去，而每到一个平台上，都会驻足与阇因跋摩七世的面部相对，几乎都是从仰视到平视；而每当我们与这位古代高棉王对视定格的时刻，我的感觉都是：高棉的微笑，穿越时空的美丽。

在吴哥古迹中，佛教与印度教共存的现象屡见不鲜，1世纪印度教传到此，后来，虽然这位拥有高棉微笑的国王笃信佛教，但他的继位者却又改奉了印度教，经过多次沧桑更迭，到1431年，印度教突然消失于高棉大地上。

在巴扬寺，我们没有错过外墙上那些精美绝伦刻满故事的浮雕。每当遭遇浮雕的那一刻，我们都会放缓自己匆匆的脚步，让眼睛去收获历史、宗教与古印度感人的传说。这里的浮雕与吴哥窟其他地方的一样，主要取材于佛教与印度教故事以及印度史诗《摩诃婆罗多》和《罗摩衍那》。寺顶伫立着很多四面佛，也许他的数量代表着某个有意义的数字，但我们没有去细数，只是端详着写满秘密的四面佛每一张不尽相同的脸，那些脸在千变万幻中透露着淡定，为风尘仆仆的人们抚平跋涉的疲惫和艰辛，使我们获得静谧与愉悦。

如今，巴扬寺所代表的巴扬风格，与库伦、匹寇、巴肯、比粒、女王宫、科朗、巴方、吴哥等共同构成了吴哥的璀璨的建筑艺术风格。

日落时分，巴扬寺空灵寂静，远处鸟鸣唧唧，我们与身穿黄色僧服的和尚一样选择一处还散发着微热的石阶坐定，等着最后一抹日光从四面佛的脸上掠过。“拂”通“佛”，佛祖的光辉不只顾及这些大块的石头，也眷念着他的弟子和远渡重洋而来的各国游人。

巴扬寺只是阇因跋摩七世欲实现自己永存于世的理想，虽然他无法像印度教神话里的天神般“搅动乳海”而获得长生不老的甘露，但他留下的“与佛同在”的微笑面容，却始终目睹着世界的瞬息万变。与其说他把自己塑造成了佛，不如说他眷恋着这片此后几百年都没有得到安宁的国土，他一刻也不曾离开他曾经君临过的天下与臣民。这就是从 12 世纪末到今天的柬埔寨——无处不在的国王，无处不在的佛，无处不在的高棉的微笑。

（源自：新浪博客）

三、实作练习

1、讨论现代中国哪些建筑能够展现出中国建筑工程文化水平。

2、实地考察然后举例分析中国古建筑文化元素在当代建筑中的运用。

学后感言：

第十一章　商务工程文化

第一节　商务工程文化的概念与特征

一、商务工程文化的概念

（一）商务的含义

所谓商务是指经济组织或企业的一切有形资产与无形资产的交换与买卖事宜，即商业经济活动中的一切事务。它是经济法律认可的，以社会分工为基础，以提供商品、劳务、资金或技术等为内容的营利性的经济活动。它是以交易为目的的所有活动的总称。

商务活动是以盈利为目的的，为他人提供商品或劳务的社会活动。

小贴士

华商始祖——王亥

王亥，河南商丘人，华夏商人、商品、商业的缔造者，华商始祖，商族先公之一。王亥，子姓，又名振，阏伯的六世孙，契之后，冥之长子，商部落族的第七任首领。甲骨卜辞中称为“高祖亥”或“高祖王亥”。

王亥不仅帮助父亲冥在治水中立了大功，而且还发明了牛车，开始驯牛，促使农牧业迅速发展，使商部落得以强大。史书上有“立皂牢，服马牛，以为民利”的记载。随着农牧业的迅速发展，使商部落很快强大起来，他们生产的东西有了过剩，于是商祖王亥用牛车拉着货物，到外部落去搞交易，开创了华夏商业贸易的先河。

华商始祖王亥

久而久之人们就把从事贸易活动的商部落人称为“商人”，把用于交换的物品叫“商品”，把商人从事的职业叫“商业”。由此衍生的文化称为“商文化”。

（二）商务工程的含义

商务工程是指需要投入巨大人力、财力、物力的系统性的商务活动。商务工程领域的范围很广，几乎涵盖了第一、二、三产业全部。

本教材所定义的商务工程，包括商务活动的主体——企业，以及为商务活动提供指导、服务、监督的行政部门和为商务活动提供配套并参与的其他组织在自身商务活动或全社会商务活动过程中所进行的投入大量人力、财力、物力的较系统的商务活动。

（三）商务工程文化的含义

文化是指人类在历史过程中所创造的物质财富与精神财富的总和，也特指精神财富，如教育、科学、文艺等。

商务工程文化是文化的一种表现形式，是在商务工程建设活动中所形成、反映、传播的文化现象。商务工程文化是在商务工程领域里，各行各业、各个环节相对系统的商务活动中所发生、反映、传播的具有商务特色的文化现象，它是人类在商务活动中产生的物质文明、精神文明的总和。

商务工程文化通常包括商务工程的价值观、商务工程的伦理道德、商务习俗、商务环境、商务礼仪、国际贸易规则、企业文化、电子商务文化、营销文化、物流文化、消费者文化、产品文化、广告文化、商务旅游休闲文化等。

二、商务工程文化的内容及表现形式

商务是以交易为目的的所有活动的总称。商务工程文化是在系统性商务活动中的观念、方式和结果。任何一个独立的经济单位从事任何一种商务活动都离不开观念的支配、环境的制约、风俗的影响，依次重叠形成商务心态文化（商务文化的核心）、商务行为文化（观念在以往文化中的积淀）、商务制度文化（观念形成的环境和约束）和商务物态文化（观念的主体及表现）。因此，商务工程文化从文化的层面上剖析，具体可以分为以下四个层次的内容：

（一）心态文化层

1、商务工程价值观

商务工程价值观是从事商务活动的主导意识和观念，是人们在商务活动中对于宗旨、目标、信念、行为、价值取向的一种总的根本性的观念，是价值主体对价值客体做出评价的总和，包括为什么从事商务活动，从事商务活动的价值及大小等。商务工程价值观是商务工程文化的核心，是指导各项商务活动开展的基础。我国商业企业应遵循的核心价值观为：正义公平、诚信合法、合义取利、回报社会。

范例

邵逸夫原名邵仁楞，香港电视广播有限公司荣誉主席，邵氏兄弟电影公司的创办人之一。邵逸夫在1958年于香港成立邵氏兄弟电影公司，拍摄逾千部华语电影，他旗下的电视广播有限公司（TVB，习惯称无线电视）主导着香港的电视行业。邵逸夫并非香港最有钱的人，但却是香港富豪中的大慈善家，他在香港的影响力源自于他的影视王国，而他在内地的口碑则主要是因为他的慈善捐赠。截至2012年，邵逸夫共捐赠内地教育47.5亿港元，捐建项目总数超6000个。邵逸夫基金共捐建了中国内地大、中、小学和职业技术学校、师范学校、特殊教育学校6013个项目，包括图书馆、教学楼、科技楼、体育馆、艺术楼、学术交流中心等，遍布全国31个省、市、自治区。

邵逸夫认为：一个企业家的最高境界就是慈善家。创业、聚财是一种满足，散财、捐助是一种乐趣，我的财富取之于民众，应当用回到民众。

古有陶朱、子贡、白圭等一代儒商，后有徽商、晋商、淮商、闽商、郴商等儒商商帮，现今也涌现出了诸如邵逸夫等具有新时期儒商精神的现代儒商代表。

简析：儒商，即以儒家理念为指导的、从事商品经营活动的商人，他们既有儒者的道德和才智，又有商人的财富与成功。一般认为，儒商应有如下特征：注重个人修养、诚信经营、有较高的文化素质、注重合作、具有较强责任感。儒商在商业活动中坚持儒道经商，坚持道义为先，不以盈利作为经商的唯一目标，关怀民生，回报社会。儒商是传统价值观和商业行为结合产生的优秀代表。

2、商务伦理道德

商务伦理道德是人们在追求利益过程中应当遵循的诚信等道德原则，是对从事各类商务活动的行为主体的道德准则和规范，同时也包括商务活动主体在工作中应当遵循的职业规范和职业准则。

范例

诚信才是世界上最大的财富

2006年2月10日，在阿里巴巴一年一度的全体员工大会上，董事局主席马云像往常一样以充满激情的语调，向员工们宣布了公司新一年的三大主题：第一，诚信建设和知识产权保护；第二，以高科技网络技术为社会创造更多的就业机会；第三，帮助更多中小企业盈利，让广大农民上网卖农产品。诚信，再次被马云置于公司发展的第一使命，只不过，这次比以往表述得更为直接和明确。

短短数年时间，马云领导的阿里巴巴以奇迹般的发展速度——从一家小企业变成目前全球最大的企业电子商务平台、亚洲最大的个人电子商务平台，全面收购雅虎中国，像谜一般地被各种版本解说着：勇气、机遇、冒险、才华、激情……然而在这些辞藻背后，一座巨大的冰山正渐渐浮出水面——那就是经过历年苦心经营、架构完备的诚信体系。

马云说：财富并不只是金钱，诚信才是世界上最大的财富。

简析：诚信是金。马云的经商睿智和企业发展的经历，一再表达出坚持正义和诚信原则的价值意义。

（二）行为文化层

商俗，即商务民俗文化，是指一个国家或民族在经济领域里所创造、积淀、享用和世代传承演绎的商务文化形态。这种文化形态，以约定俗成的方式存在于社会经济生活之中，影响着人们在生产、流通与消费领域里的价值观念、心理意识、行为方式，是特定阶层族群或人群沿袭成俗的文化意识的综合体现。

（三）制度文化层

1、商务环境

商务环境是企业在商务活动的过程中能对企业的商务活动产生冲击和影响的外界因素和社会环境，如社会文化、自然环境、法律环境等。因此商务环境泛指一切影响和制约企业商务活动决策和实施的外部环境的总和。

2、商务礼仪

商务礼仪是在商务活动中体现相互尊重的行为准则。用来约束我们日常商务活动的方方面面。商务礼仪规则也随着我国商务历史的发展而演变。

握手的禁忌

商务交往中忌选话题：
➤ 不得非议党和政府
➤ 不可涉及国家秘密与商业秘密
➤ 不得非议交往对象的内部事务
➤ 不得背后议论领导、同事与同行
➤ 不得涉及格调不高之事
➤ 不得涉及个人隐私之事

忌谈的话题

（四）物态文化层

1、企业文化

企业文化是企业在一定的社会文化环境影响下，在长期的生产经营活动中形成的经过企业领导主动倡导培育和全体员工的积极认同、实践与创新所形成的整体价值观念、信仰追求、道德规范、行为准则、经营特色、管理风格以及传统和习惯的总和。本教材中所指企业包括了商务活动中各个环节的商务主体。

2、营销文化

营销文化是贯穿于企业整个营销活动过程中的一系列指导思想、文化理念以及与营销理念相适应的规范、制度等的总称。营销文化的精髓是营销理念与其价值观。营销是实现商务活动的一种主要手段和方法，因此，营销文化也必然成为商务文化的一种主要表现形式。

3、产品文化

产品文化是指以企业生产的产品为载体，反映企业物质及精神追求的各种文化要素的总和，是产品价值、使用价值和文化附加值的统一，又是一类消费者群体在某段时期内对某种产品所蕴涵特有个性的定位。

4、电子商务文化

电子商务文化即电子商务领域（行业、企业、人物）在发展中所积淀的精神财富和物质财富的总和，包括逐渐形成的理念、价值观、制度、规则以及各种表现形式。具体表现形式由企业环境、价值观、英雄人物、典礼仪式及文化沟通等五个要素构成。电子商务是现代商务的一种新兴的表现形式，也代表了未来的商务发展方向。

腾讯公司的经营哲学

5、物流文化

物流文化即人们对物流活动全部理念和整体运行过程的认识，是一种物流范围内具有特殊内容和表现手段的文化形态，是人们在社会经济活动中依赖于以物流技术、物流资源、物流信用为支点的经济活动而创造的物质财富和精神财富的总和。所有的商务活动、所有的商品交换都离不开货物、资金、信息的流转，物流是完成商务活动的必然支撑。

6、消费者文化

消费者是所有商务活动的终点，消费者也成为所有商务活动中不可或缺的重要的角色。消费者文化可以理解为消费者如何通过积极地重塑和转换那些暗含在广告、品牌、环境和实体产品中的象征意义，来体现他们的个性、身份、社会地位和生活目标。其核心思想是消费者如何通过对物的象征意义的阐释来体现他们的个性和自我价值。消费者文化同消费者信息处理、消费者决策购买一起，三者构成研究消费者行为的“三驾马车”。

7、商务旅游休闲文化

商务旅游休闲文化是在商务旅游活动过程中，以商务活动为载体，以旅游资源为依托，以休闲、旅游为形式所形成、反映和传播的文化现象。商务活动经常需要在出差、移动中进行，所以诞生出商务旅游的概念，主要涉及交通、迁移、住宿、体育赛事、文化或者饮食活动等，商务旅游休闲活动是商务活动的主要表现形式的一部分。

三、商务工程文化的特点

（一）全面性

由于商务工程领域的范围几乎涵盖了第一、二、三产业全部，那么在其全面的广泛的活动中，涉及各行各业、各个环节，几乎延伸到人类社会的每个方面。商务工程领域的范围决定了其文化的全面性。

小贴士

国际商务中的文化差异

在国际商务活动中，由于文化的差异和民族心理，常常影响到管理层的决策。不同的文化背景会使商业风格不同，如美国人感兴趣的主要是利润，而中国人感兴趣的则是市场份额。还有，使用不同的语言也会有不同的思维方式。严谨的德国人、灵活的美国人、冷静的法国人、热情的西班牙人、令人捉摸不透的日本人等，无不与他们的语言密切相关。因此，在国际商务活动中，不仅要熟悉商务活动的规则，而且要了解对方的社会风尚和文化特点。

（二）系统性

商务工程具有明显的系统性特点，是一个商务活动的主体投入大量的人力、财力和物力从事的商务活动，需要多方面的协调配合。在其进行过程中，文化的体现也同样具有系统性的特点。

（三）传承性

虽然我们对商务工程文化的研究才刚刚开始，但商务工程文化却由来已久。人类社会从通过物物交换的原始营销活动开始，发展到今天开放的市场经济社会，经历了多种商务活动的演变，其历史轨迹就是现代人所知晓并沿袭的商俗，其中文化内涵的传承不言而喻。

（四）全球性

虽然东西方在文化结构和思想方面存在差异，在商务领域发展方面也不均衡，但东西方的文化本来都是人类的文化，具有一体性，是需要互补和融合的。随着东西方在商务工程活动中不断地交流和相互学习，商务工程文化必然走向全球一体化。

（五）综合性

任何一个独立的经济主体或者从事经济活动的经济组织从事任何一种商务活动都离不开观念的支配、环境的制约、风俗的影响，依次形成了商务工程观念文化（商务工程文化的核心）、商务工程环境文化（观念形成的环境）、商俗文化（观念在以往文化中的积淀）和商务工程组织文化（观念的主体）等。这些正是商务工程文化的主要内容，也是其综合性的表现。

（六）表现性

表现性主要体现在企业营销文化、商务工程传媒文化、商务工程娱乐文化、商务工程体育文化。

四、商务工程文化的作用

商务工程文化诞生于商务、发展于商务、服务于商务，并推动着商务的发展。商务工程文化在商务的发展和精神文明建设中有着十分重要的地位，并发挥着积极的作用，主要体现在以下几个方面：

1、商务工程文化能维护正常的经济秩序。

2、商务工程文化是经济增长的重要因素。

3、商务工程文化能增强企业竞争力。

4、良好、有效的商务工程文化可以提高企业经济效益，是企业持续发展不可或缺的文化因素。

五、研究商务工程文化的意义

1、剖析商务的层次，探究商务的内核，将商务及商务活动具体化、物象化，寻找商务沿袭及发展的规律。深入分析我国的商务发展特色、规则和历史，有利于我们更好地学习和把握商务。

2、揭示商务工程文化的来历、特色和发展趋向，使人们特别是商务人士做到对商务文化的“文化自觉”。“文化自觉”是费孝通先生晚年提出的一个重要概念，它是指生活在一定文化中的人对其文化有“自知之明”，即明白它的来历、特色和发展趋向。自知之明绝不是自我封闭、沾沾自喜，而是在充分了解多元文化的基础上，提升文化转型的自主能力，取得文化选择的自主地位，以适应新环境、新时代的发展要求。

3、明晰商务工程文化，规范引导发展，使其更好地为我国的政治、经济、文化和社会建设服务。

4、从学术研究的角度来讲，有利于商科各专业学科的完善发展。对于商科的学员和从业人员，学习和掌握商务工程文化非常重要，有利于培养出明商道、讲规则、有文化的一流儒商。

第二节　商务工程文化的中西方比较

一个国家的商务工程文化既与经济发展的水平有关，更与该国的文化传统有着密切的关系。民族文化是商务工程文化的摇篮，区别于其他地区的民族文化一旦形成，就将对该地区人们的思维方式、行为方式产生深刻的影响，从而影响到了这一地区的管理方式和方法。世界各国在长期的经济发展过程中，形成了各自富有民族特色的文化传统，因而造成了各具特色的商务工程文化。

一、我国商务工程文化中传统文化的影响

（一）义务本位的价值观遏制中国商业的发展

“义务本位”——“重义轻利”——“重本轻末 ”——“重农抑商”

（民族价值观）　（行为准则）　（经济思想）　（经济政策）

1、"义务本位"的民族价值观

中国人追求美的历史形式，重视个人对社会的价值，仰慕安邦定国、名垂青史，在伦理原则上倾注了全部理性与情感，忧国忧民的屈原就是代表。

文化塑造一个人的人格，并进一步决定着民族性格。基于这样的理念，一些研究者把中国人看成是集体主义者，而把西方人（尤其是美国人）看成是个人主义者。主要原因就在于中国的文化强调人与人之间的社会联系，强调个人对组织的责任和义务，强调个人成就与集体目标的一致性；而西方文化则强调个人的自由与特性，强调个人的目标，强调追求个人成就的价值。

义务本位的价值观形成的安定哲学，对国家安定、家庭和睦、社会稳定起到积极的作用，但这种精神又成为变革和发展的阻碍。商业历来被视为不安定因素而遭到遏制。

2、"重义轻利"的行为准则

义务本位的价值观使中国人奉行"重义轻利"的准则，人为地将"义"和"利"对立起来，把追求"义"与追求"利"看成是高尚与低贱的分界，看成是君子与小人的界限。

孔子曰："君子喻于义，小人喻于利。"

孟子曰："何必曰利？亦有仁义而已矣。"

墨子曰："万事莫贵于义"……

商业是以盈利为目的的，因而"士、农、工、商"，商排末位。

3、"重本轻末""重农抑商"

中国历史上从来是以农为本，以商为末。自春秋战国至清朝，尽管也有过"清明上河图"上的商业和市井繁荣，但总的来说还是以不危及小农经济，不危及统治阶级的既得利益为限，超过了这个度，就会被念"紧箍咒"，中国的商业一直是在"重本轻末""重农抑商"的夹缝中求生存，求发展的。

（二）现代商业意识与传统文化的对立统一

在市场经济的大环境下，人们的活动无不受其影响、制约，游离于市场经济之外的社会活动几乎没有。

1、功利至上对重义轻利的冲击

功利主义的兴起具有其积极的一面，它对中国传统的义务本位的伦理型价值体系是一个巨大的冲击，它促使我们认真反思和正确对待"义"与"利"的关系，而不是人为地将二者对立起来。

我们传承和择取的正是中华民族文化中最有生命力的精华。"自强不息"、努力拼搏的民族精神；"厚德载物""推己及人"的博大胸怀；"君子爱财，取之有道"的道德观；"与朋友交，言而有信"的人际交往观；"和气生财""以和为贵"的兼容意识都是在现代商务中应该继承和弘扬的优秀传统文化元素。

2、有为主义在市场经济中表现为市场竞争意识

有为主义本身就包含着竞争意识，只是在不同的历史背景下，表现的舞台不同，表现的方式不同而已。中国传统的有为主义是相对于道家的无为主义而言的，可以概括为四个方面：修身治平、浩然正气、竞争奋斗和人本主义。因此，中国文化里并不缺竞争意识，只是两千多年来，由于受儒家“重义轻利”价值观的影响，在“重本轻末”经济政策的压制下，施展的领域不同。

二、西方商务工程文化

（一）商务工程观念文化方面

西方伦理道德文化是基于契约化社会的平等关系下的道德规范，其基本精神表现为人道主义、个人主义和敬畏上帝。

（二）商务工程环境文化方面

西方商务工程环境文化重视征服、竞争、服务、人文关怀、激励和顾客满意度；营造商务工程人居环境文化氛围以促进商务活动发展的做法已经成为现代经营管理之道。高度发达的商务水平反映了人们擅长利用环境文化经商。

西方商人到另一个国家或地区经商之前，首先要了解区域环境文化习俗。许多大企业为此建立了专门的研究机构，并要求驻外商务人员写出有关专题报告。

（三）商俗文化方面

西方商俗，无论从数字禁忌方面、颜色禁忌方面，还是从商业节日方面都与我国有一定的差异。例如西方国家一年中最大的节日——圣诞节，定于每年的 12 月 25 日，是基督教徒纪念耶稣诞生的日子。从 12 月 24 日于翌年 1 月 6 日为圣诞节节期，节日期间，西方各国基督教徒都举行隆重的纪念仪式，由于人们格外重视，它便成为一个全民性的节日，可以和新年相提并论，类似于我国的春节。

（四）商务工程组织文化方面

1、西方企业的文化价值观

在西方企业的发展过程中，企业营销价值观经历了多种形态的演变，其中最大利润价值观、经营管理价值观、社会互利价值观和以人为本价值观是比较典型的企业文化价值观，分别代表了不同历史时期西方企业的基本信念和价值取向。

2、西方企业的营销理念

（1）社会利益理念

社会利益理念主张“企业是社会之公器”，企业的利润是回报社会、服务社会的方式。

经营管理的核心就是要在全部生产和销售活动中，贯彻社会主导性原则。

（2）市场控制理念

市场控制理念认为：企业最高的经营目标是控制市场，而不是追求最高的利润。市场决定利润，控制市场就是控制利润。

（3）质量立国理念

西方很多企业把产品和服务质量看作是国家经济腾飞的基石，看作是企业兴衰存亡的生命线，他们以质量争夺市场。他们认为在激烈竞争的市场中，最重要的是如何灵活多变地适应用户的需求变化，并应以“用户至上”作为企业经营的最高指导原则，全力以赴提高服务质量。

3、提倡团队精神

（1）提倡集体主义管理。

（2）提倡以人为本的管理方式。

（3）提倡团队激励制度。

4、强调理性主义

这种商务组织文化追求明确、直接和效率，生产经营活动以是否符合实际、是否合理、是否符合逻辑为标准。重视“法制”，轻情感和面子，管理中较少受人情关系的纠葛。因此，西方企业中的各种规章、标准、制度如同法律一样多如牛毛。人们凭章办事，拉关系走后门的行为受到鄙视。

三、中西方商务工程文化的异同

由于地理环境、宗教意识、哲学思想、政治体制等方面的综合影响，中西方在思维方式、价值取向、信仰与态度等方面存在的差异必然会体现在商务活动过程中。借鉴荷兰学者霍夫斯泰德的民族文化维度理论、美国人类学家克拉克与斯乔贝克的六大价值取向理论，中西方商务工程文化的差异主要表现为以下六个方面。

（一）群体主义与个体主义

群体主义指人们关心群体成员和群体目标的程度，个体主义指人们关心自己和个人目标的程度。主要体现为中西方文化之间存在群体本位的和谐观与个人本位的竞争观的差异。

在国际商务活动中表现为西方从事商务工作的人员具有很强的个人奋斗意识和竞争意识，强调个人的作用，通常个人也有权利来处理各类日常和突发的事务。企业鼓励雇员个人奋斗，不断创新，个人能力是以个人的实际经营业绩为基础，将个人能力与企业报酬和补偿结合为一体。

而中国的企业文化往往更加强调个人利益服从群体利益，企业利益服从国家利益，个人的成就由企业和国家共同分享。个人的成就不是看他个人的能力如何出众，而是看个人为企业和国家的公众福利事业做出了多少贡献。和谐作为一个极具深刻历史传统的文化价值观念，在企业的经营活动中表现为公平、均富和稳定。

（二）权力与距离

权力距离是指一个社会中的人群对权力分配不平等这一事实的接受程度。接受程度大的国家，权力距离大，社会等级分明，倾向于自上而下的决策方式；接受程度低的国家权力距离小，人和人之间的关系比较平等，倾向于自下而上的决策方式。

不同文化中的人们因其个人财富、年龄、性别、教育、体力、成就、家庭背景和职业等的不同而享受不同的待遇。不同的是，在“高权势”文化中，每个人按照社会等级次序都有自己所受保护的地位，社会等级制度和不平等是合理而有效的，权威有权为任何目的而使用任何手段。所谓“低权势”是指社会应尽可能缩小等级差异，人们敢于挑战权威，消除等级制度，只有在出于法律的目的时才可动用权力。

在调节和处理商务纠纷方面，中国人习惯于从伦理道德上考虑解决。一些西方人更多从法律上考虑问题，惯用法律手段处置纠纷。西方文化是契约文化，他们非常重视契约的精确性，也非常尊重契约的权威，契约一旦生效就会严格执行。可是，在东方文化的传统中，更注重的是信誉和信任。这种差异的背后实际上是价值观的差异，是重规章制度还是重人情的差异。

（三）不确定性规避

在任何一个社会，人们对于不确定的、含糊的、前途未卜的环境，都会感到一种威胁，总是试图加以防止出现。不确定性规避是指人们忍受模糊或者感到模糊和不确定性的威胁的程度。弱“不确定规避”文化易于容忍非传统的行为举止，善于通过不确定因素和模棱两可的局面来应对压力和不安的情绪，所以人们在沟通中更加积极主动，灵活性也更强，而且在交流中更能应对自如，像这样的国家有丹麦、牙买加、爱尔兰和美国等。而在强“不确定规避”文化中，人们习惯生活在确定性强的环境中，追求稳定的生活与工作环境，认为变革会带来动荡不安，并把规避冒险作为其核心价值观，这样的国家有希腊、葡萄牙、乌拉圭、日本等。应该注意的是，不确定性规避应区分具体的领域（或指向），不能笼统地一概而论。

（四）男性度与女性度

社会上居于统治地位的价值标准，在男性气质突出的国家中，社会竞争意识强烈，成功的尺度就是财富功名，工作优先于其他职责，人们崇尚用一决雌雄的方式来解决组织中的冲突问题，其文化强调公平、竞争，注重工作绩效；而在女性气质突出的国家中，生活质量的概念更为人们看中，人们一般乐于采取和解的、谈判的方式去解决组织中的冲突问题，其文化强调平等、团结，认为人生中最重要的不是物质上的占有，而是心灵上的沟通。研究显示，斯堪的纳维亚半岛国家文化柔性较强，日本和奥地利文化刚性最强。美国是男性度程度较强的国家，企业的重大决策通常由高层做出，由于频繁地变换员工，对企业缺乏认同感，因而员工通常不会积极地参与管理。

（五）高背景文化与低背景文化

高背景文化与低背景文化又叫“强环境”文化和“弱环境”文化。根据人类学家爱德华·霍尔的观点，在跨文化沟通中，强环境和弱环境文化涉及沟通与沟通环境的关系问题。人们在强环境文化中交流时，有较多的信息量或者蕴涵在社会文化环境和情景中，或者内化于交流者自身，相对地说，语言本身负载较少的信息量。这就意味着，在强环境文化中，环境（包括形体语言）比言语更能表达交流者的意思。而在弱环境文化中，交流过程中所产生的信息量的大部分由显性的语码负载，即直接用言语表达和传送，相对地说，只有少量的信息需要通过环境来表达。

东方和西方在这方面的差异是非常悬殊的。东方文化属于强环境文化，西方文化属于弱环境文化。在跨文化沟通和交流中，表现为言语对话、非口头语言沟通、空间距离、时间观念等的差异。所以，中国人往往含蓄、内隐，反应很少外露，人际关系紧密，时间处理高度灵活；而美国人往往外显、明了，反应外露，人际关系不密切，时间处理高度组织化。

（六）时间价值取向

时间价值取向是指某一文化成员对待时间流逝所持有的价值观。主要涉及两个层面；一个是关于时间的导向，即一个民族和国家是注重过去、现在还是未来；另一个层面是对时间的利用，即时间是线性的，应在一个时间里做一件事，或时间是非线性的，在同一时间里可以做多件事。

总之，中西方商务工程文化差异的产生和存在有其客观性、合理性，片面地强调孰优孰劣都不是明智之举。通过比较，探索差异形成的原因，明确了解差异以及适应差异是双方面的，这有助于更加深刻地认识各自的文化，从而有助于批判地继承传统文化遗产，避免遇到差异时用自己认为正常的标准去作判断、用自己的文化作为参照物来评价他人。如果误将差异变为不可调和的对立，那么将失去不同文化互化与包容的良机，增加发展的成本和代价。

第三节　商务工程文化案例分析

沃尔玛的营销文化特色

美国的沃尔玛公司是世界零售企业的龙头，多次被评为全球500强榜首。沃尔玛在短短的40多年内从一家小型百货商店成长为全球第一，离不开其独特的营销文化。

1、成功的“十大法则”

沃尔玛的创始人山姆·沃尔顿曾总结出其事业成功的“十大法则”：忠诚你的事业；与同仁建立合伙关系；激励你的同仁；凡事与同仁沟通；感激同仁对公司的贡献；成功要大力庆祝，失败亦保持乐观；倾听同仁的意见；超越顾客的期望；控制成本低于竞争对手；逆流而上，放弃传统观念。这“十大法则”中有七条与员工关系有关，由此可见沃尔玛把员工关系放到了多么重要的位置。

2、三项基本信仰

（1）尊重个人

尊重每位同事提出的意见。公司经理们被看作“公仆领导”，通过培训、表扬及建设性的反馈意见帮助新的同事认识、发掘自己的潜能。使用“开放式”的管理哲学在开放的气氛中鼓励同事多提问题、多关心公司。

（2）服务顾客

“顾客就是老板”。沃尔玛公司尽其所能使顾客感到在沃尔玛连锁店和山姆会员商店购物是一种亲切、愉快的经历。

（3）追求卓越

沃尔玛连锁店和山姆会员商店的同事共同分享使顾客满意的承诺。在每天营业前，同事们会聚集在一起高呼沃尔玛口号，查看前一天的销售情况，讨论当天的目标。

3、合适的战略定位和先进的经营理念

战略定位：为老百姓提供低价格的商品。

经营理念：天天平价始终如一、顾客至上保证满意、自有品牌全新感受、营销互补共生共荣、员工关系伙伴同仁。

营销价值观：顾客永远是对的。

4、长期坚持的营销特色

（1）日落原则

日落原则是创始人山姆·沃尔顿对那句古老的格言“今天的事情今天做”的演绎。它是沃尔玛营销文化的重要组成部分，也是员工为什么以他们的顾客服务而闻名的原因之一。日落原则意味着员工要努力做到日落以前答复所有当天的来电，因为他们懂得顾客生活在一个忙碌的世界里，日落原则是一种向顾客证明沃尔玛想顾客所想，急顾客所急的一种做事方法。

（2）超越顾客的期望

山姆·沃尔顿向员工们倡导了“盛情”服务的理念，他说：“让我们成为最友善的员工——向每一位光临我们商场的顾客奉献我们的微笑和帮助。为顾客提供更好的服务——超越顾客的期望。我们没有理由不这样做。我们的员工是如此的出色、细心周到，他们可以做到，他们可以比世界上任何一家零售公司做得更好。超越顾客的期望，如果你做到了，你的顾客将会一次又一次地光临你的商场。”

沃尔玛的员工深知仅仅是感谢顾客光临商场是远远不够的，他们期望竭尽全力、以各种细致入微的服务去表达对顾客的谢意！他们相信这将是吸引顾客一次又一次光临商场的关键之所在。

（3）三米微笑原则

沃尔玛服务顾客的秘诀之一就是“三米微笑原则”。山姆·沃尔顿先生每次巡店时，都会鼓励员工与他一起向顾客做出保证：“每当你在三米以内遇到一位顾客时，你会看着他的眼睛与他打招呼，同时询问你能为他做些什么。”

（4）天天平价

沃尔玛通过低价销售的方式，一直在努力为顾客挖掘更多利益并将它转让给顾客。沃尔玛决心让全世界消费者认为沃尔玛是一个可以信赖，可以让顾客的钱财发挥更大作用的商店。在沃尔玛顾客永远无须等待降价而使顾客的钱财发挥最大作用！

（5）沃尔玛的欢呼

长期以来，沃尔玛的营销文化使沃尔玛公司的同仁紧紧团结在一起，他们朝气蓬勃，团结友爱。在沃尔玛公司特有的欢呼口号，你可以感受到一种强烈的荣誉感和责任心。“来一个W！来一个M！我们就是沃尔玛！来一个A！来一个A！顾客第一沃尔玛！来一个L！来一个R！天天平价沃尔玛！我们跺跺脚！来一个T！沃尔玛，沃尔玛！呼、呼、呼！”

这就是沃尔玛“工作中吹口哨”的哲学，不仅起到了欢迎顾客的作用，而且会使员工拥有轻松的心情，将工作做得更好。

沃尔玛坚守以顾客为中心，追求自身内在能力的提升，它通过向合伙人放权、保持技术优势和在合伙人、顾客和供应商之间建立忠诚来战胜竞争对手。也就是说沃尔玛并不是孤军奋战，而是带动着诸多产业一起发展。或者说，它更像是一艘航空母舰，周围萦绕着不计其数的护卫舰艇和战斗机群。正因为本身先进的营销理念和管理方式，造就了沃尔玛完美的营销文化，使沃尔玛成为世界上最强大的零售公司。

简析：作为世界零售企业龙头的美国沃尔玛公司从成立之初，就非常注重公司营销文化的建设，从营销价值观、营销理念的确立，到人性化的营销制度的制定，长期坚持自己独特的服务营销方式，协调处理好和消费者、上下游企业的关系，满足了大家的共同利益，得到了飞速的发展，从沃尔玛的成功，不难看出营销文化对于一企业的发展至关重要。

第四节　商务工程文化思考与实作

一、简述

1、简述什么叫商务工程文化，并说明其特点。

2、从你熟悉的一个品牌，谈谈商务广告文化对其品牌建设的作用。

二、论述

1、盘点2016年以来各大电商与实体店在“双11”中的比拼。

提示：

（1）电子商务企业网络营销的特点有哪些？

（2）在电子商务文化影响下电商企业的营销活动与传统营销有何不同？

2、香港“老字号”：京都念慈庵

在世界各地都享有卓越声誉的“京都念慈庵”品牌，其精良纯正的品质和浓郁真挚的情味一直令无数华人引以为傲。现在，让我们共同走进京都念慈庵的世界，回顾与品味和它一起经历的点滴时光。

京都念慈庵的品牌标识名叫“孝亲图”，这幅图画描绘了品牌创始人侍奉患病母亲的感人情景，“念慈庵”这个名称正是来自于这段孝母故事。

清朝康熙年间，县令杨谨因为孝敬母亲，被人们称为“杨孝廉”。他幼年丧父，母亲因为长期辛苦劳作，得了肺弱咳嗽的病，总也治不好。孝子杨孝廉非常着急，四处寻访名医为母亲治病，终于从神医叶天士那里得到了蜜炼川贝枇杷膏药方，治好了母亲的病。杨母以84岁高龄去世时，临终前叮嘱儿子要用蜜炼川贝枇杷膏造福世人，让更多人健康长寿。杨孝廉为纪念母亲和叶天士的恩泽，将枇杷膏命名为“念慈庵”，并绘出“孝亲图”商标，督促后人不能失去孝敬父母的传统美德。

念慈庵川贝枇杷膏自推出之后即深受大众好评，为此，杨氏后人在北京设厂生产，在“念慈庵”前加上“京都”二字，自此定名为“京都念慈庵蜜炼川贝枇杷膏”。

念慈庵孝亲图

京都念慈庵蜜炼川贝枇杷膏

1946年，接手经营“京都念慈庵”的谢兆邦先生在香港创立“京都念慈庵总厂有限公司”，精心研制枇杷膏及其他中药健康补品，产品行销全球20多个国家。从那时起，“京都念慈庵”品牌就已经成为“优质中药”的代名词。

1993年，“京都念慈庵”在新加坡成立大然物研发中心，1996年在台湾林口启用国际级全新厂房，经过数十年经营，研发出枇杷润喉糖及中药系列等多种产品。京都念慈庵蜜炼川贝枇杷膏是第一个荣获香港工业优质产品标志局所颁发优质标志的港制中药。此外，澳大利亚 TGA 发出的 GMP 证书、加拿大卫生局发出的 DIN 证书以及中国台湾新厂的 GMP 认证，都标志着京都念慈庵的产品质量已经达到国际水准。

几百年的发展历程，赋予了“京都念慈庵”浓厚的民族特色和丰富的品牌内涵，“孝亲图”所表达的含义也从个人的亲情上升到了对祖国母亲的热爱之情。

问题：

（1）结合案例分析京都念慈庵的产品文化及其包括的内容。

（2）结合案例分析企业文化与产品文化的关系。

学后感言：

第十二章　旅游会展工程文化

第一节　旅游会展工程文化的概念与特征

一、旅游会展工程文化的概念

（一）旅游会展与旅游会展工程

旅游会展是人们通过借助举办国际会议、研讨会、论坛等会务活动以及各种展览会而开展的与旅游相结合的一种活动的总称。

旅游会展工程是指人们在进行各种会展活动中（如各种类型的会议、展览会、博览会、交易会、招商会、文化体育、科技交流等活动）所开展的一系列旅游活动。例如：2008 年北京奥运会的举办，成功建成了鸟巢、奥运村等基础设施；2010 年的世博会，上海在浦东建立世博会展中心。这些设施除了举办各种盛会之时吸引了大批游客的前往，会展结束之后也引来了大批国内外游客前去观光。

（二）旅游会展工程文化

旅游会展工程文化是工程文化的一种表现形式，是在旅游会展工程活动中所形成、反映和传播的文化现象。

旅游会展工程文化现象的形成、反映、传播是不能割裂并在同一时空里实现的。由于工程文化是人类社会进入商品时代的一种精神产品，因而旅游会展工程文化当然是在旅游会展工程建设与实施过程中形成的一种文化现象。旅游与会展的结合搭建起了展示工程文化意义的平台，在这个平台上，自然就会形成、反映、传播独特的旅游会展工程文化。例如：日本人讲究森严的等级制度，在日本的旅游会展工程建设与旅游会展活动接待中，总是十分注意对宾主尊卑关系的安排；德国人严谨诚实，非常讲究信用，所以德国的旅游会展工程从策划到实施，都十分注意秩序与守信。

二、旅游会展工程文化的特征

（一）功利性

旅游会展业是以盈利为目的的行业，追求利润是旅游会展业的目的之一。而旅游会展工程是为了实现工程利益的最大化目的而进行的，所以旅游会展工程文化必然要表现出强烈的功利性。

范例

2012年北京市会展旅游收入超250亿元

2013年6月21日，第10届北京国际旅游博览会开幕，来自81个国家和地区、国内26个省市自治区的887家参展商云集在35000平方米国家会议中心展场内，资源展示、合作洽谈成了会展期间的主题。来自北京市旅游委的数据显示，2012年，北京规模以上会展单位实现直接会展收入250.9亿元，以会展为平台的旅游活动日益成为助推北京服务贸易业加快发展的重要引擎。

从2004年第一届算起，经过10年培育，北京旅博会已从早期的旅游资源展示平台发展为旅游商务交易平台：参展商从第一届的297个发展到第十届的887个，年均增幅12.9%；展览面积从11000平方米扩展到35000平方米，年均增幅13.7%；参展国家从30个扩大到81个，年均增幅为11.7%；参展交易额从无到有，2012年达到39亿元，年平均增幅为16.0%。

旅博会是北京会展旅游快速发展的一个缩影。京交会、科博会、旅博会、文博会……一个个逐渐亮起来的会议品牌在成为商务交易重要平台的同时，也带动了旅游会展的发展。

（来源：北京日报）

简析：从案例可以看出，随着旅游的发展以及会展业的发展，由旅游会展所带来的经济效益也在不断增长，并同时带动了当地经济的发展。由此，旅游会展工程文化也显示出巨大的功利性。

（二）信息的集约性

旅游会展工程文化的信息集中而节约，如会展时展品集中，观展顾客集中以及各参展方文化集中。展者（展商或展方）与观众（客商或观者）可以在短时间里集中交流信息。就商业展览而言，由于展览的主办者组织了大量的商品，邀请了大量客商，因而参展商（生产商、经销商）可以在短时间内接触到大量的客商，客商也可以在短时间内接触到大量的商品和参展商；就政治经济会议而言，参加者在短时间内与对立方或合作方交流沟通，这就最大限度地节省了时间，使他们能在短时间内互相了解、相互接触，实现合作。

（三）综合性

旅游会展工程是会议、展览、各种“节庆活动”与旅游相结合而显现出的综合性。展览与会议、展览与各类经贸、旅游、艺术节相结合，一方面是展览与会议以及节庆活动的内在联系使然，另一方面则反映了主办者对展览的重视，希望更隆重、更有效地举行。这种趋势大大丰富了展览的内容，提高了展览的档次，增加了旅游会展的吸引力，从而加大了旅游会展工程文化传播的有效性。

范例

1996—1999年为了迎接昆明世界园艺博览会的召开，云南省共投入了183.6亿元用于全省的机场、公路等基础设施建设、环境治理和昆明城区的改造。其中昆明机场改建花费10亿元，滇池治理一期投入35亿元。世界园艺博览会使昆明基础设施建设整整提前了10年，城市面貌焕然一新。另外，庞大的客流通过博览会对举办地产生直接认知并传播，可以迅速地、极大地提高该地的知名度和美誉度。

简析：旅游会展是一项集各种活动于一体的项目，因此旅游会展文化处处显示出其综合性。

（四）交融性

旅游活动是一种综合性的活动，世界各国、各民族的人民在旅游会展地相互融合、交流，使其文化和民俗在交流中得以传播和加强。

范例

第42届世界博览会（EXPO 2015）于2015年5月1日至10月31日期间，在意大利米兰举行。米兰举办世界博览会是推动意大利经济国际化的重要契机，也是加强意大利与各国间政治、经济、文化等领域合作交流的重要平台。米兰是意大利最大的工商业中心，汇聚了众多食品等行业加工企业和技术创新机构。同时，米兰还是一个国际时装和文化之都，每年举办的艺术、时装、音乐、电影等有影响的文化活动吸引了来自世界各地的业内人士和游客。

简析：米兰世界博览会汇聚了世界各参展国的精品展览，既加强了各国的文化交流，同时也为米兰提供了一个向各国展示的平台。

第二节　旅游会展工程文化的中西方比较

一、中国旅游会展工程文化简况

（一）中国旅游会展工程文化的形成与发展沿革

我国旅游会展历史大致分为三个阶段：旅游会展活动出现到新中国成立前期、新中国成立后到改革开放前、改革开放后至今。

1、旅游会展活动出现到新中国成立前期

原始社会早期由于生产力低下、缺少剩余食物、生存条件恶劣，人类不存在有意识地自愿外出旅行的需要。因此，这一时期基本无真正意义的旅游会展工程文化。

我国1873年首次参加在奥地利举办的维也纳世界博览会，此后，官方或民间商人又以组团参展、寄物参展、派员参观等形式，先后参加了20余次世博会。1905年，清朝商部颁行《出洋赛会同行简章》20条，对华商出国参加国际性博览会做出了统一规定，鼓励各省商家踊跃赴赛。自1926年参加美国费城博览会后，中国没能参加“世博会”，直到1982年，新中国才又登上“世博会”的舞台，参加了美国举办的诺克斯维尔“世博会”。这一时期中国的旅游会展工程文化表现出中华文化逐渐与西方文化撞击的特点。

同时，我国国内展也逐渐发展起来。自20世纪初以来，我国举办过各种类型的博览会和体育运动会，以1910年的南洋劝业会为典型。南洋劝业会是我国有史以来第一次全国性博览会，并初具“世博会”性质。博览会会场占地700余亩，设省展览馆30余个，并设参考馆分别展出英美日德等国的展品，还有暨南馆一所，陈列南洋华侨展品，会期5个月，仅两江地区物产展品就达100万件，会上获奖展品5269件，参观人数亦达20余万人。

虽然自20世纪以来，旅游会展活动开始缓慢发展，但因为国力虚弱，政局动荡，战争频繁，始终没能与世界旅游会展活动的发展同步。只是到了新中国成立，特别是改革开放以来，旅游会展活动才获得了迅猛发展，旅游会展工程文化极大影响了社会经济生活的内容和形式。

2、新中国成立后到改革开放前

1951年3月，我国在新中国成立后首次参加了“莱比锡春季博览会”，这标志着我国“出展业”工程的开端。

但此期间，无论是出国参加国际博览会、赴国外单独举办展览，还是接待外国代表团来华参加展览会，基本上都是展示经济建设的成就。无论是展会的功能、形式及其运作的方式，都与现代意义上的展览会大相径庭。旅游会展，在全国范围内还远没有成为一个产业。由于这一时期我国处在计划经济的特殊时期，所有旅游会展工程文化中的政治性都远超过甚至取代了商务性。

3、改革开放后至今

改革开放以来，我国的旅游会展经济从无到有，从小到大，从单一到多样，从综合到专业，以年均20%左右的速度递增，并开始走向世界。中国展览会经过多年的国内外竞争，有一批专业展逐步成为全球知名的展览会，例如，在北京举办的机床展、纺机展、冶金铸造展和印刷展已跻身国际同行展的前4名，这些展览会在展览规模、服务水平等方面已接近国际水准，已被列入全球行业展览计划，参与全球行业展览竞争。近年来，消费品专业展也越办越大，北京的春秋国际服装展，大连、宁波服装节，上海的国际家具展以及成都的“西部博览会”都逐步走向新的品牌化。整个以会展活动为平台的旅游会展工程活动表现出开放奋发与兼容的文化态势。

随着中国经济的发展以及民族工业的振兴，除了参加“世博会”以外，中国各企事业单位在其他国际会展的参加比例也越来越高，以一些比较成功的国际会展为例，其参会参展比例已由20世纪80年代末90年代初的20%增至现在的50%左右。参展的展品和装修水平也逐年提高，如通信展、汽车展，其装修水平不亚于国外的参展公司。中国参展商在国际展中数量和质量的提高，表明了中国民族工业的发展与壮大，也将是今后中国国际专业展经济效益增长的一个亮点。旅游会展工程文化中所展现传播的国际化特征也越来越明显。

（二）中国旅游会展工程文化的地域布局

中国各地旅游会展工程既有相通性，又有一定的地区差异性，因而旅游会展工程文化也因地区不同而各具特色。

1、北京

北京是中华人民共和国的首都，是全国的政治中心、文化中心以及国际交往中心。北京具有丰富的旅游资源，对外开放的旅游景点达200多处，有世界上最大的皇宫——故宫、祭天神庙天坛、皇家花园北海、皇家园林颐和园，还有八达岭、慕田峪、司马台长城以及世界上最大的四合院恭王府等名胜古迹。全市共有文物古迹7309项，其中国家文物保护单位42个，市级文物保护单位222个。

北京旅游会展业起步较早，会议、展览的规模较大，档次较高，发展全面。跨国公司的在华总部以及国有企业总部聚集在北京，使市场资源相对集中，为北京会展业奠定了得天独厚的基础。从目前的状况来看，无论是从会议和展览的规模和档次上，还是从场馆的建设上，北京会展业的发展都处于全国领先水平。正因为北京丰富的旅游文化资源及会展业的发达才促使北京的旅游会展工程文化在全国占据着领先地位。

北京的旅游会展工程文化处处表现出一种大气、稳健的主流文化特征。

2、上海

中国最繁华的城市之一，是我国优秀的旅游城市，素有“东方巴黎”的美誉。上海旅游资源比较丰富，名胜以人文景观为主，主要旅游点有：革命遗址——中国共产党第一次全国代表大会会址，名人故居——孙中山故居、鲁迅故居、豫园，另外还有嘉定孔庙、古漪园、秋霞圃、松江方塔、醉白池、青浦曲水园。自然景观有外滩，秀丽葱翠的佘山等。上海是中国较早的开放城市之一，在这里融入了东、西方各种建筑1400多幢，其中黄浦江畔的外滩建筑群素有“万国建筑博物馆”之称，构成了上海独特的风景线。

上海会展业是伴随着我国改革开放而迅速崛起的。虽然上海会展业发展时间不长，但发展十分迅速，这与上海作为全国经济中心的地位以及其蓬勃发展的势头是分不开的。上海开放意识较强、基础设施完善、政府办事效率较高、云集了大批优秀人才，并具有先进的技术理念，所有这些优势都吸引了众多国际企业的关注，也提升了上海作为中国会展中心城市的地位。20世纪80年代初期，上海会展业还一片萧条，专业会展公司没有几个，每年举办的大型会展也不过10个。但进入20世纪90年代以来，上海所举办的全国性和国际性的会展数量以每年20%的速度递增。专业的会展公司、搭建公司、运输公司已逾百家，会展业在上海已成为充满活力的朝阳产业。

国际博览会联盟（UFI）曾发表报告认为，一个城市或地区如果基础设施相对完备、人均收入在世界中等以上、服务业在GDP中的比重超过制造业且过半、行业协会的力量相对较强，那么会展经济就会在该城市或该地区得以强势增长，并发挥相关的积极作用。而上海恰恰具备了让会展经济获得快速发展的条件。

上海的旅游会展工程文化时时表现出“海派文化”，“东方明珠”般的精致与“石库门”般低调。

3、广州

广州，简称穗，别称羊城、花城，广东省省会，位于广东省中南部。广州旅游资源丰富，其中以羊城新八景、中山纪念堂、黄埔军校旧址、毛泽东同志主办的农民运动讲习所旧址、广州起义烈士陵园、黄花岗七十二烈士墓、广州花卉博览园、宝墨园、上下九路商业步行街、北京路商业步行街、广州塔等景点最为盛名。

广州是华南政治、经济、文化的中心，也是国内会展业发展最早、会展经济最活跃的地区之一。改革开放以来，广州及珠江三角洲地区成为外商投资的热土，成为中国乃至世界的加工制造中心，电子原配件、轻工、消费品类展会得以迅速发展，区域性展会成为广州展览会的主流，展览的数量、展览面积、展会规模和影响，都位居全国前列。广州之所以能够成为全国的会展中心之一，主要是因为广州每年举办的广交会。依托广交会的影响，广州周边地区的展会也蓬勃发展。

广州会展业的快速发展主要得益于其产业优势和市场优势。从产业优势看，广东是经济强省，国内生产总值、外贸出口总值、工业总产值和社会消费品零售总额都位居全国前列。在广东的工业行业中，电子信息制造业、机电业等53个行业的产值位居全国首位；全国范围内市场占有率超过20%的行业广东有9个，工业销售收入占全国的12%。从市场优势来看，广东的人均收入水平高，消费能力强，是一个巨大的旅游消费市场，吸引了大量的国内外厂商来广州参展。

广州会展业的快速发展与广州始终站在中国改革开放的前沿是分不开的，广州的旅游会展工程文化总是表现出中西合璧般的“洋气”与岭南文化的“兼容”色彩。

4、大连

大连，别称滨城，位于辽东半岛南端，地处黄渤海之滨，背依中国东北腹地，与山东半岛隔海相望，是中国东部沿海重要的经济、贸易、港口、工业、旅游城市；有“东北之窗”“北方明珠”“浪漫之都”之称，是中国东北对外开放的窗口和最大的港口城市；先后获得国际花园城市、中国最佳旅游城市、国家环保模范城市等荣誉。

目前，大连市的展览业已位于北京、上海和广州之后，名列全国第四位。

大连在发展会展的同时非常注重同其他国家的展览公司和协会建立广泛的联系，目前，大连已与13个国家和地区的40家展览公司和商会、协会建立了业务联系，并与香港海岸国际展览公司、香港工商业展览公司、香港汇显展览公司合作举办了几个展览。同时，大连还非常注重向发达国家学习会展管理经验，加快了大连会展业与国际接轨的进程。

大连的旅游会展工程文化总是既有东北亚“一口闷”般的“豪气”，又有内海文化的“排场”。

5、深圳

深圳特区一直站在中国经济发展的最前沿，市场经济相对发达，服务体系相对完善，再加上其得天独厚的地理位置，为深圳发展会展业创造了优越的条件。

目前深圳会展工程大致分为两部分：一是与传统产业相适应的各类展览，如钟表展、家具展等；二是与新经济和高新技术产业发展相呼应的会展，如高交会、国际互联网展等。

深圳的旅游会展工程文化总体表现为“时间就是金钱”般的“开放”与“春天的故事”般的“创新”。

二、西方旅游会展工程文化简况

（一）西方旅游会展工程文化的形成与发展沿革

西方旅游与会展的结合是一个相互融合与发展的过程，其发展过程可以分为原始、古代、近代和现代4个阶段。

1、原始阶段

人类的贸易起源于物物交换，这是一种原始的、偶然的交易，其形式包括了展览的基本原理即通过展示来达到交换的目的，这是展览的原始阶段，也是展览的原始形式，当然这时的人们还没有意识到旅游的存在，只是简单地以物品交换为目的。

世界上公认的最早的国际集市交易会是公元629年在法国巴黎近郊的圣丹尼斯举办的交易会。由于当时交通不便利，社会商品也不丰富，人们只能在一定的地区内，自发地将剩余的物品拿到集市进行最原始的商品陈列与交换。

从历史的角度来看，欧洲当之无愧是世界贸易业的发源地，具有十分悠久的历史。欧洲的展览会是从中世纪的“周市”发展而来。周市是每周举办一次的集市贸易，如古罗马的鱼市、米市、油市等，都是专门以买卖双方的交易活动作为办展的宗旨。欧洲的展览会一直具有很强的贸易性，当然，这一时期的旅游会展工程文化还处于原始萌芽状态。

2、古代阶段

随着社会和经济的发展，交换的次数在增加，规模和范围都在扩大，交换的形式也发展成为固定时间和固定地点的集市，集市产生、发展的时期称为展览的古代阶段。

早在中世纪时代，作为展览会前身的贸易集市就定期或不定期地在人口集中、商业较为发达的一些欧洲城市举行了。在中世纪的欧洲，著名的国际贸易集市是香槟集市，在12～13世纪时尤其重要。它名义上是依附于法国国王的香槟伯爵在其领地上建立的跨国界的集市贸易中心，位于当时法国的东北部，东邻德意志、北靠佛兰德，其边界被法国所环抱，正处在北欧诸国与地中海之间的贸易商道上，无论是陆路，还是水路，交通都极为方便。因而这里商贾云集，成为来自意大利、佛兰德、英格兰、德意志和法国其他地区的商人聚会之地，集市每年定期在伯爵领地内的四个城市轮流举行，是早期会展经济活动较为完善的形式。

在考察世界会展文化发展的历史时，现代意义上的贸易展览会最早诞生在德国，到15世纪，莱比锡和许多其他欧洲国家的城市都相继成为著名的世界展览大城市，因而欧洲这一时期的旅游会展工程文化无一不打上这些古代城市文化的烙印。

15世纪末至16世纪初，由于“地理大发现”，才开始有了真正意义上的世界经济及文化交流。旅游会展工程形成了连接大西洋、太平洋、印度洋的国际市场，出现了跨地区、跨国界的趋势。随着国际政治多元化、多极化的形成，贸易活动的频繁和经济全球化，旅游会展工程逐渐扩展到其他地区，旅游会展工程文化表现出“跨文化”的特征，如北美的旅游会展工程文化就被称为“大熔炉”“色拉碗”。

3、近代阶段

（1）欧洲旅游会展活动的发展

18～19世纪，在工业革命的推动下，欧洲出现了工业展览会。这一时期是展览的近代阶段，而同时期的旅游会展工程文化中也包含着许多工业文明特征。托马斯·库克是世界上第一个旅行社的创办者。1845年，库克正式成立了托马斯·库克旅行社，总部设在莱斯特，并开创了旅行社业务的基本模式。1855年，他以一次性包价的方式，组织了578人的大团去参观法国巴黎的博览会，在巴黎游览4天，包括住宿和往返旅费，总计为每人36先令。被当时的媒体称为“铁路旅游史上的创举”。实际上，这次旅游就是今天旅行社组织展览旅游的一种形式。

18世纪末至19世纪初的工业革命开始了欧洲发达国家工业生产的机械化。继纺织业之后，交通运输、电信和农业生产中机械的作用越来越受世人关注。工业革命极大地改变着全球社会经济活动的内容和形式，旅游会展活动成为重要的经济活动之一。工业革命使英国成为当时的“世界工厂”，为了显耀自己的强大，英国便举办了“万国工业博览会”，即1851年在伦敦举行的世界博览会。

1894年莱比锡举办了第一届国际工业样品博览会。这届博览会不仅规模空前，吸引了来自各地的大批展览者和观众，更重要的是配合资本主义生产方式和市场扩张的需要，对展览方式和宣传手段等方面进行了改革和创新，如按国别和专业划分舞台，以贸易为主，以便商人看样订货。这种方式引起了贸易界的重视，欧洲各地的展览会纷纷效仿，展览业走上了规范化和市场化的轨道。

（2）北美旅游会展活动的发展

一般认为，北美展览会开始于18世纪，是直接从西欧传过来的，这些展览会刚开始主要集中在早期殖民城市波士顿举办。1765年，美国第一个展览会在温索尔市诞生。

北美展览会起源于专业协会的年度会议。起初，展览只作为年度会议的一项辅助活动，而且只是一种信息发布和形象性展示，展览会的贸易成交和市场营销功能曾在很长一段时间里并不为企业所重视。

与欧洲相比，美国虽然堪称世界性经济强国，但美国展览会的国际性远不及欧洲。在大多数情况下，美国展览会更多地是为了满足美国各州间贸易往来的需要，称其是“州际贸易博览会”也许更为确切。在美国展览会上，最活跃的交易是在批发商和零售商间进行的，外国参展商的成交常常是小批量的，单个合同成交额一般都小于欧洲。尽管如此，由于美国国内市场容量巨大，美国展览会对国外参展商的吸引力仍然不小。

4、现代阶段

现代展览一般统称为贸易展览会和博览会，是在综合两者的基础上产生的形式，这一时期始于19世纪末，而这一时期的旅游会展工程文化也处处表现着各主要会展国家在全球会展市场上的扩张性。

（1）19世纪末至第二次世界大战前

19世纪末至第二次世界大战前，展览会与博览会成为发达国家争夺世界市场的场所。

（2）第二次世界大战到20世纪70年代

第二次世界大战结束时，一批因战争而停办的展览会和博览会重整旗鼓，为世界经济复苏注入了勃勃生机。当时世界著名的“米兰博览会”“莱比锡博览会”“巴黎博览会”被誉为连接各国贸易的3大桥梁。

（3）20世纪70年代到90年代

展览业达到国际性的产业规模是在20世纪70年代，也就是经济全球化形成之时。国际分工体系的深化和科学技术的进步，给国际展览业带来强劲的发展动力。世界各国，特别是发达国家纷纷将其贸易集市发展成为具有较大规模的国际展览会或博览会，掀起一股兴建大型展览中心热，并花巨资建造常设的展览场馆。各国都大量扩充会展从业人员队伍，国际展览业形成了庞大的产业规模。

（4）20世纪90年代以后

20世纪90年代以来，以信息技术为核心的新一轮科学技术革命使世界市场的时空距离大大缩短，为全球贸易的开展提供最便捷的手段。网络技术不断完善，网上会展日渐推广，电子商务日益普及。

目前，经过100多年的积累和发展，欧洲会展是全球会展经济中整体实力最强和规模最大的。在这个地区中，德国、意大利、英国、法国都是世界级的会展业大国。欧洲的展览会明显地具有数量多、规模大的特点。据统计，每年在欧洲举办的贸易展览会约占世界总量的60%，而且欧洲展览会的规模巨大，参展商数量和观众人数众多，绝大多数世界性“航母”级超大型和行业顶级展览会都在欧洲举办。在这方面，德国堪称最典型的代表。

世界著名的国际性、专业性贸易展览会中，约有2/3都在德国举办。按营业额排列，世界十大知名展览公司中，也有6个是德国的。美国、意大利、法国、英国、日本、新加坡等国家和我国香港地区的展览业，这几年也都有了很大的发展，在这些国家或地区的国民经济中占有相当的比重。

（二）西方旅游会展工程文化的地域布局

一个国家的旅游会展经济实力和发展水平是与该国综合经济实力和经济总体规模及发展水平相适应的。从目前世界旅游会展活动的地区布局来看，欧洲会展是全球会展经济中整体实力最强和规模最大的。在欧洲，德国、意大利、英国、法国都是世界级的旅游会展业大国。美洲地区的美国和加拿大也是旅游会展强国。亚洲的大部分国家虽属于发展中国家，但随着近期亚洲经济的崛起，以新加坡和中国为代表的亚洲旅游会展经济的发展也非常迅速。但是，其旅游会展工程文化无一例外地都表现出各自的特点。

1、欧洲地区的旅游会展活动布局

欧洲是世界会展的发源地，而且在展出规模、参展商数量、国外参展比例、观众参观人数、贸易效果及相关服务等方面，均居世界领先地位。绝大多数世界性的大型展览会都在欧洲举办。

（1）德国

德意志联邦共和国，简称德国，是位于中欧的联邦议会共和制国家，由16个联邦州组成，首都为柏林，领土面积357167平方公里，以温带气候为主。德国旅游业发达，每年有大量国内外游客在德国旅游。德国有38处世界文化和自然遗产，数量仅次于意大利、中国和西班牙，与法国并列世界第四，其中36处是文化遗产，仅有2处是自然遗产。著名景点有科隆大教堂、柏林国会大厦、慕尼黑德意志博物馆、海德堡老城、新天鹅堡、黑森林、国王湖和德累斯顿画廊等。

德国是世界会展强国，具有800年的会展历史。德国会展业的突出特点是专业性、国际性的展览会数量最多、规模最大、效益好、实力强。德国作为世界会展强国主要表现在：

从国际性贸易展览会方面看，德国是第一号的世界会展强国，当今世界上影响最大的150个专业展览会中，有近120个在德国举办。

从营业额排序上看，世界十大知名展览公司中，也有6个是德国的，它们分别在汉诺威、慕尼黑、法兰克福、科隆、杜塞尔多夫、纽伦堡。另外还有许多其他专业展览公司，分别在柏林、多特蒙德、埃森、汉堡、莱比锡等。

在展览设施方面，德国现拥有24个主要展览中心，其中超过10万平方米的展览中心就有8个。目前，德国展览场地总面积达244万平方米，世界最大的4个展览中心中有3个在德国。

德国的旅游会展工程文化由于受其民族性与制造业优势的影响，处处体现出自信、严谨的风格。

（2）法国

法国位于欧洲西部，南临地中海，西濒大西洋，西北隔英吉利海峡与英国相望。全国面积55万多平方公里。1789年爆发的法国大革命和1871年建立的世界上第一个无产阶级政权——巴黎公社，都曾在人类历史上留下浓墨重彩的一笔。法国悠久灿烂的文明，古今交融的秀丽风光享誉世界。首都巴黎这座历史名城以其无与伦比的艺术魅力独领现代国际大都市之风骚。

法国时装、法国大餐、法国香水都在世界上闻名遐迩，每年前来旅游的外国游客多达7000万人，超过法国人口总数。旅游业已成为法国营业额最高、收益最好、创造就业机会最多的行业之一。另外法国每年举办300多个展览，有近一半集中在“展览之都”巴黎。首都巴黎每年接待的国际会议也有300次左右，连续多年居世界各大城市之首，在这些会议中，约有60%是与会人数超过500人的大型会议，其余为100～500人的中小会议。国际会议每年给这个都市带来的经济收益达7亿美元。

法国的旅游会展工程文化总是表现出法兰西式的悠闲与唯美。

2、北美地区的会展活动布局

北美地区的美国和加拿大是世界旅游会展业的后起之秀，每年举办的展览会近万个，会展商近120万，观众近7500万。举办展览最多的城市是拉斯维加斯、多伦多、芝加哥、纽约、奥兰多、达拉斯、亚特兰大、新奥尔良、旧金山和波士顿。

北美地区的旅游会展工程文化由于历史与地理的原因，依然处处表现出多元与包容的风格。

3、亚太地区旅游会展工程文化的布局

亚洲经济的发展规模和水平比拉美和非洲要高，旅游会展工程的规模也仅次于欧洲。亚洲旅游会展工程以日本、新加坡、中国、阿联酋为代表，它们或凭借广阔的市场和巨大经济发展潜力，或凭借其发达的基础设施与悠久的历史文化资源，或凭借较高的服务业发展水平、较高的国际开放度以及较为有利的地理区位优势，分别成为亚洲的旅游会展发达地区。

日本是世界经济强国，但其会展业的发展却与其经济地位不相称。由于日本政府不重视发展会展业，对从事会展的组织和相关服务的公司、企业限制较多，不利于旅游会展行业实现充分竞争。同时，日本对外国旅游会展企业进入国内市场也有较多的限制，这样不利于日本旅游会展企业在国内实现国际竞争。另外，日本的公司利用会展形式进行产品宣传、推介的积极性不高，没有把会展作为有效的营销手段。也就是说，日本多数企业一般不通过展览会进行产品推介，而主要采取产品展示会的形式进行宣传。根据日本贸易振兴协会提供的材料，2001年，日本举办国际性贸易展览会391个，主要展览城市为东京和大阪，分别举办了178个和63个，千叶举办了40个。日本展会的特点是展出面积小，一般不超过3万平方米，外国企业参展面积不到一成。

新加坡的旅游会展业起步于20世纪70年代中期，旅游会展业发展的历史并不长，但新加坡对旅游会展业十分重视，新加坡会议展览局和新加坡贸易发展局专门负责对旅游会展业进行推广。由于新加坡本身具有发达的交通和通信等基础设施、较高的服务业水准、较高的国际开放度以及较高的英语普及率，新加坡2000年被总部设在比利时的国际协会联合会评为世界第五大会展城市，并连续17年成为亚洲首选会展举办城市，每年举办的展览会和会议等大型活动达3200个。新加坡现拥有3个展馆，即新加坡会展中心、世界贸易中心和新加坡展览中心。新加坡会展中心拥有10万平方米的占地面积，世界贸易中心拥有4万平方米的占地面积。新加坡展览中心拥有10万平方米的展览面积。

大洋洲会展经济发展水平仅次于欧美，但规模则小于亚洲。该地区的会展业主要集中于澳大利亚，其每年相关收入达70亿澳元，其规模在15人以上的会议和专业会议年收入为60亿澳元，展览业收入10亿澳元。每年约举办300个大型展览会，参展商超过5万家，观众660万人次。

亚太地区的旅游会展工程文化主要表现出“内陆文明”与“海洋文明”两种特征的融会，同时，目前这一区域后发国家与地区的旅游会展工程文化由于受经济全球化的影响，正快速与国际接轨，与本区域发达国家和地区共同表现出会展工程的国际化态势。

三、中西方旅游会展工程文化的异同

（一）中西方旅游会展工程文化的不同之处

1、西方：本书所提到的西方，是指经济地理的西方

（1）德法的行政干预模式

德国的行政干预模式：世界展览王国德国在世界会展业中具有举足轻重的地位。在德国旅游会展业的发展过程中，政府干预色彩较浓，主要表现在以下几个方面。

1）在管理方面，有一个政府授权的权威协调管理机构——德国经济展览会与博览会事务委员会（AUMA），对每年的国内外展览会、博览会进行组织和协调。

2）德国政府大力支持展览场馆的建设。为了支持会展产业的发展，德国政府不惜巨资建造大型现代化展馆，极大地促进了德国会展经济的发展。政府投资建立规模宏大的展馆设施，在确定展馆归属国有的前提下，不直接参与展馆的日常运作，而是以长期租赁或委托经营等形式把展馆的经营管理权授让给德国大型的会展管理公司。政府的职责主要体现在对行业的宏观调控方面。

3）国有展馆的市场运作模式。政府投资建设展览场馆后便委托会展公司经营，政府只作为展馆的所有者存在。

会展公司在成功组织会展项目后，便将所有的会展服务委托给会展服务公司实施，这些公司将根据与会展公司签订的合同，以专业化服务为参展商、观展商提供周到的会展及

配套服务。几十年来，德国会展业能在世界一直独占鳌头，很大程度上归功于这种运作模式的成功实践。

法国会展业的运作模式：

1）在管理方面，海外会展委员会技术、工业和经济合作署（CFME—ACTIM）是代表法国政府的唯一的会展管理机构。在法国的行业管理模式中，CFME—ACTIM 在法国犹如 AUMA 在德国的地位，代表法国政府行使宏观管理权。

2）法国政府大力支持展馆设施的建设。

3）旅游会展项目的运作方式。在具体会展项目中，会展公司采取与德国相同的方式，与各服务公司签订合同，将会展服务工作委托给各会展专业服务公司代理，最终完成旅游会展的服务工作。

德国与法国行业管理模式的比较：

虽然，德国与法国会展行业的运作方式不尽相同，但其基本管理构架和运作体系却十分相似，即政府扮演重要角色，起主导作用——投资兴建展馆设施，制定相应法规和经营规则，以经济合同方式委托专业公司经营管理会展场所，保障国有资产投资收益，保护会展公司、参展商和观展商的权益。

德法在会展管理时，也表现出其旅游会展工程文化中的严谨与灵活相统一的特性。

（2）新加坡与日本的政策扶持模式

新加坡把旅游会展业作为国民经济的支柱产业，各部门、各行业全力扶持，通力合作，制定了一整套扶持、服务、规范、协调和发展的计划。比如特准国际贸易展览会资格计划（AIF），即从国家贸易政策和发展目标出发，对符合政府产业发展方向的展览会，或者评估符合标准的委员会，授予 AIF 资格证书，并给予最高达 2 万新元的政府资助；为提高竞争力，新加坡减免参展企业税收，并压低展馆租金，从周边饭店、餐饮等服务设施收入中拿出 10% 补贴场馆。

日本政府 1994 年制定了《通过促销和举办国际会议等振兴国际旅游法》及《实施细则》，规定具备条件的市、街、道、村可向运输大臣提出办理资格认定申请，经认定的国际会议旅游城市由国际旅游振兴会负责提供信息、宣传促销、资金援助以及人员培训等。此外，东京投资 10 亿美元建造了一座 8 万平方米的现代化东京国际展览中心。

新加坡与日本的会展工程管理也体现出其旅游会展工程文化中的海洋文明的宽容与岛屿文明的资源节约特征。

2、中国的旅游会展管理体制“审批制”的变迁将带来旅游会展工程文化的改变

从整体上来说，我国目前对绝大多数旅游会展实行的管理体制都是审批制。审批制使中国的旅游会展工程文化表现出很多“官方”与“半官方”色彩。由于各类会展的类型和特点不同，审批制的具体规定也不一样。我们一般把展览分为国内展和国际展，国内展是在我国境内举办但无外商和外国观众的展览，而国际展的情况比较复杂。国际展览局公

约规定：有两个以上国家参展的展览会都可称为国际展览会。但国际博览会联盟规定，只有当展览达到“20%以上的参展商来自国外，20%以上的观众来自国外，20%以上的广告宣传费用使用在国外”这三个标准之一的展览才可以称为国际展览会，这是现今世界上普遍认可的国际展览会的标准。但我国现行管理的国际展览会与国际上的界定有所不同，主要根据举办地在境内或境外，分为在境内举办对外经济技术展览会（简称来展）和出国举办经济贸易展览会（简称出展）两种。我国会展管理体制的历史变革主要分为三个部分：国内展管理体制的历史变革、境内举办对外经济技术展览会管理体制的历史变革和出国举办经济贸易展览会管理体制的历史变革。

（二）中西方旅游会展工程文化的相同之处

1、旅游会展工程文化活动构建流程的一致性

旅游会展作为企业一种重要的营销方式，是企业进行市场调查、建立贸易联系、宣传产品的重要手段。但会展作为一个产业，其参与主体众多，产业链复杂，任何旅游会展的成功举办都需要每一个参与主体的密切配合，做好每一个环节上的工作。因此，了解会展管理运作的基本流程和每一个参与主体的基本职责是会展管理的首要前提。

从整个会展运作流程上来看，大体上可分为三个阶段：旅游会展前期准备工作，旅游会展现场管理工作和旅游会展后续工作。在旅游会展流程的每个阶段，都是由组展商和参展商两个主体相互作用共同推进，所以在每个阶段都以组展商和参展商两个主体为线索，分别进行各自的管理流程和职责分工。

旅游会展现场管理工作也是会展流程的重要环节，它是一个展会是否成功的直观体现。即使旅游会展前期准备工作做得非常充分，但如果没有一个好的现场管理，展会也不可能办得成功。作为组展商来说，其最终目的是在为参展商提供良好服务的同时使自己的利润最大化，而要为参展商着想，就得了解他们的需要，比如为参展商提供合适的摊位，举行盛大的开幕式以扩大展览会的影响，选择合适的承包商为参展商提供各种运输、装卸、设计、施工、餐饮等服务，为参展商提供必要的设备、良好环境，对突发事件的及时处理等。而作为参展商，则要尽最大努力在展览现场进行推介、宣传，从而能够与更多的客户建立业务联系，进行贸易洽谈，实现展览的最终目的。

旅游会展后续工作虽说是在会展结束之后，但它的重要性丝毫不亚于会展的前期准备工作和会展的现场管理工作。会展后续工作中所要做的评估工作以及收集信息和资料的工作都是一个成功展会的重要组成部分，许多展会之所以发展缺乏后劲，不能持续办展，这与展会的组织者和参展商不重视会展后续工作有直接的关系。因此，无论对于组展商还是参展商都应该非常重视会展后续工作，及时收集参展商和观众对所举办会展活动的评价，并将在展会上所建立起来的客户关系及时建立数据库，以便为今后的展会提供信息。

旅游会展工程文化体现于会展工程流程中的每一个环节里。

2、旅游会展工程文化活动的危机管理的相似性

我们所界定的危机是对整个旅游会展业产生全局性、宏观性影响的外部危机，具有突发性、不可预测性、严重破坏性。与旅游会展企业内部危机不同的是，外部危机不能单纯地依靠个别企业通过建立危机防范系统、提高改善经营管理水平等来防范或得到控制，而必须建立起政府、企业和行业协会分工协作的运行机制，从而建立起体现和谐、人本的工程文化的旅游会展危机管理体制。

第三节　旅游会展工程文化案例分析

一、国内旅游会展工程文化案例分析

杭州西湖博览会（简称“西博会”）

西博会始办于1929年。由于国民革命军北伐胜利，当时的浙江省政府为纪念统一，奖励实业，振兴文化，决定筹办西博会。西博会有8个场馆，分别为革命纪念馆、博物馆、艺术馆、农业馆、教育馆、卫生馆、丝绸馆和工业馆，展出商品达14.76万件，从6月6日开幕，到10月10日闭幕，前后历时137天，参观人数总计达2000余万，盛况空前。1929年西博会轰动了浙江和全国，影响波及国外，与历史上著名的1893年“芝加哥博览会”、1900年“巴黎博览会”和1927年“费城博览会”并称为国际性庆典，在秀丽的西湖山水间留下了永恒的记忆。

会展经济对于杭州的重要作用已经使人们达成共识，2002年3月随着国内规划设计规模最大的国际会议中心西湖国际会议中心的奠基，杭州市上下发展会展业的呼声更加高涨。会展业是国际公认的朝阳产业，能汇聚巨大的信息流、技术流、商品流、人才流和资金流，促进经济贸易合作并带动相关产业发展。

近年来，杭州会展业得到蓬勃发展，会展经济成就斐然。首先，西博会是杭州会展业发展的平台。2001年杭州市共举办展览109个，其中西博会项目占1/4，西博会成为杭州市会展业的龙头。其次，从杭州会展举办情况来看，取得较好的社会和经济效益。2000年浙江世贸中心举办的主要展览有20个，其中建筑、房地产类有7个，占35%；教育类有4个，占20%；人才交流类2个，占10%；信息产业类3个，占15%；传统产业类4个，占20%；带有国际性的展览8个，占40%。2001年杭州会展业在西博会的带动下，有了一定程度的发展，西博会期间的展览就有23个，其中的工艺美术展、丝绸博览会、茶叶博览会、人居展、女装展、汽车展等均举办得相当成功且具有一定的特色，如工艺美术展观众人数达17.5万，总成交金额为2.65亿元；汽车展观众人数达19.7万，总成交金额为11.4亿元；人居展观众人数达36.9万，总成交金额为14.21亿元。再次，杭州造就了一支专业化的展馆管理队伍，基本建立了展览业务咨询、展览工程展场租赁、会展物业管

理等较为完善的展览服务体系。

西博会中高档次的展览是汇聚商流、物流、技术流、人才流、信息流、资金流的平台，是商品展示、技术推广、寻找贸易机会的最直观、便捷、集中以及快速导入市场的载体。高层次的会议则是发布、传播、学习和交流新经济、新科技、新观念、新思想、新知识的载体。大型国际会议和国际展览还是发展对外经济贸易和技术交流的重要手段，依托西博会，与各地经贸人士开展经济、科技、贸易、投资、交流合作与竞争，凸现中心城市的集聚与辐射作用。

西博会将使杭州不断向国际性大都市迈进。举办国际性会展的能力，是国际性大都市的标志之一。萧山、余杭划入杭州市区行政区域后，杭州已成为长江三角洲地区仅次于上海的区域性大都市。为使城市建设和管理水平有更大的提高，结合办好西博会，杭州已建成了会展中心、西湖文化广场、杭州大剧院等。杭州市大规模投资基础设施建设，优化城市产业结构，树立“住在杭州”“游在杭州”“学在杭州”“创业在杭州”的品牌，实施“蓝天、碧水、绿色、清净”工程。杭州已获得国家卫生城市、全国双拥模范城、全国创建文明城市工作先进城市、全国园林城市、中国优秀旅游城市、全国环境保护模范城市、全国绿化造林优秀城市、全国科教兴市先进城市8项全国性荣誉称号。杭州市政府曾荣获2001年联合国人居奖。

西博会将进一步促进会展与旅游、会展与经贸、会展与文化、会展与主导产业的融合，把杭州建设成为全国著名、有国际影响力的会展城市。

简析：作为品牌会展的杭州西湖博览会时时处处表现出了山水杭州的中国江南水乡文化，同时也时刻表现出中国古老“越文化”与时代同步，并一天天走向和谐、节约、绿色、高效的国际化旅游会展。

二、国际旅游会展工程文化案例分析

世界博览会（简称“世博会”）

世博会是由一个国家政府主办，有多个国家或国际组织参加，以展现人类在社会、经济、文化和科技领域取得成就的国际性大型展览会。其特点是举办时间长、展出规模大、参展国家多、影响深远。自1851年英国伦敦举办第一届世博会以来，世博会因其发展迅速而享有“经济、科技、文化领域内的奥林匹克盛会”的美誉，并已先后举办过40届。世界博览会，是一个富有特色的讲坛，它鼓励人类发挥创造性和主动参与性，把科学性和情感结合起来，将有助于人类创造的新概念、新观念、新技术展现在世人面前。

世博会的成功举办对举办方有着非常重要的意义。

1、成功举办世博会，将有力地扩大举办国的投资和消费需求，拉动相关产业如旅游业、文化产业、餐饮业、通信及交通业的发展，从而有效拉动国民经济的增长。

2、成功举办世博会有利于推动举办国的自主创新和产业优化升级，并实现城市和谐和可持续发展的理念，这将会促进经济发展方式的转变，提高可持续发展能力。

3、有利于世界各国更加详细全面地了解举办国的文化，为弘扬该国文化提供了很好的契机。同时世博会也展现了世界其他文化的缤纷异彩，让国人不用出国门就能了解国外文化、风土人情，增强国人的见识和眼界。

4、对各国间的文化交流、贸易往来、技术学习等都有很大的推动作用。

按照国际展览局的最新规定，世博会按性质、规模、展期分为两种：一种是注册类（以前称综合性）世博会，展期通常为6个月，每5年举办一次；另一类是认可类（以前称专业性）世博会，展期通常为3个月，在两届注册类世博会之间举办一次。注册类世博会不同于一般的贸易促销和经济招商的展览会，是全球最高级别的博览会。2010年上海世博会属于注册类世博会。认可类世博会展出的内容要单调些，它是以某类专业性产品为主要展示内容，下列主题可以视为认可类世博会：生态、陆路运输、狩猎、娱乐、原子能、山川、城区规划、畜牧业、气象学、海运、垂钓、养鱼、化工、森林、栖息地、医药、海洋、数据处理、粮食等。参展国在主办国指定的场馆内，自行装修、自行布展，不用建设专用展馆。举办过世博会的国家有英国、美国、法国、奥地利、比利时、荷兰、德国、加拿大、日本、澳大利亚、西班牙、意大利、韩国、中国等。

简析：作为“经济、科技、文化领域的奥林匹克盛会”的“世界博览会”，与“奥运会”时刻展现出其“更高、更快、更强”的文化内涵一样，除了展现举办地的地域文化外，也时刻表现与构建其自身不断追求人本、宽容、和谐、民主、绿色、进步、和平这些进步的旅游会展工程文化。

第四节 旅游会展工程文化思考与实作

一、简述题

1、简述旅游会展工程文化的概念。

2、简述我国旅游会展工程文化发展的主要历史时期。

3、简述西方旅游会展工程文化的发展。

二、论述题

1、上网搜寻一个会展工程并分析其中所蕴含的旅游会展工程文化特点。

2、列表分析中西方旅游会展工程文化的异同。

三、实作练习

1、请教师或同学收集当地举办的大型旅游会展工程资料，并分析其所体现出的旅游会展工程文化特征。

2、请从旅游会展工程文化出发，给某单位的“希望工程”捐助活动设计一个方案。

3、请实地考察你所在城市举行的“××博览会”与“××节”各一次，比较其所表现出的旅游会展工程文化的异同。

学后感言：

附　录

自由人出行常识

一、自由人的定义

自由人指旅行社只负责游客旅行途中的某项或某几项的服务，其他的旅行内容由游客自己掌握，或所有项目完全由游客自主安排。

旅行社办的自由行，主要包括大交通（飞机、火车、船票）+酒店等作为产品核心，但不提供导游服务的旅行产品。若为出境游，一般还可含旅行社代为签证，当然也可完全由游客自己到目的地国驻本国大使馆领事部或领事馆办理签证。

自由行为游客提供了很大的自由性，游客可根据时间、兴趣和经济情况自由选择希望游览的景点、入住的酒店以及出行的日期，在价格上一般要高于旅行社的跟团产品，但要比完全自己出行的散客的价格优惠许多，主要分为以下两种：

（1）完全自由行：按照自己的计划到旅行社预订机（车、船）票、酒店。如果觉得行程可能有变动，则选择可更改的机票，由于旅行社与航空公司、酒店的长期合作关系，价格会比个人单独预订要便宜。

（2）准自由行：跟着旅行团队一同登上飞机，到达目的地后，脱离大部队，自由行动，直到回程的那天，重新“收编”进团队，一起乘飞机回来。或者与其他自由行游客同一时间出发/返回相同目的地，由于机票是团队价格，这种套餐价格会更便宜。

自由人出行又叫自助旅行。自由人出行一般有两种：一是参加团队（旅行团）；二是个人旅行。

二、自由人出行的基本要求与程序

1、要求

官网（如去哪儿网、携程网、同程网等旅游网站）查询票务、住宿情况；互联网查询相关旅游攻略；会基本英语对话（境外游）；有契约精神。

2、选择目的地

（1）选择旅行社自由人出行或是个人旅行。

（2）注意境内游、境外游、特别行政区游的不同要求。

1）境内游：通过网络找相关官网订交通票、酒店、景点门票、目的地旅游团等。

2）港澳台游：办理特别通行证；目前只对大陆部分城市开放自由行，其余须跟团。

3）境外游：办理护照找中介或自助办理旅游签证，通过网络找相关官网订交通票、酒店、景点门票、目的地旅游团等。

（3）密切注意各大航空公司与各目的地酒店、旅社推出的“物美价廉”的服务。

三、自由人出行前须做的准备

不管哪种形式的自由人出行，都要事先做好准备，做到有备而无患。

1、充分了解目的地

1）温度气候。

2）消费水平。

3）随身携带的物品：如相应衣物、药品、个人洗漱用品、相关证件、通信装备（智能手机等电子用品及充电器）、摄影器材（用衣物包裹严实以免破损）、一个足够大的旅行背包或旅行拖箱、国际转换插座、烧开水壶等。总之，尽量少带箱包，旅行不是搬家。

2、最重要的物品

1）最重要的是身份证或护照。

2）最关键的就是现金及银行卡。现金只拿出一小部分放置在其他处，而大量的现金或银行卡就要尽量24小时不离身，放置也要保证安全稳妥。

3）最让你有备而来是行前搜集资料做的吃住行游购娱“攻略”。

3、心态上的准备

1）旅行是过程而不是目的。

2）旅行是体验。

3）旅行是获得与分享文化的愉悦而不是炫耀与嫉妒。

四、自由人出行时的注意事项

（1）穷家富路。

（2）低调礼貌。

（3）注意尊重旅行地的政治、宗教、文化习俗。

（4）理性消费。吃住购物多做比较，三思而行，不要轻易去购买旅游区商品。

后 记

本书第1版2009年12月出版至今已7年了，有很多高等院校开设了“工程文化”课程，也有很多企业与读者将此书作为员工继续教育培训的教程或自我提升的读物。本书旨在培养与提升读者工程文化素质，使其了解、认识国内外工程文化现状，传承和发扬优秀的工程文化传统，把握工程文化的规律，树立工程文化的理念，自觉将所学到的科学知识与人文精神融入进去，不断发现和创新，从文化层次上解决工程建设与社会需求、工程服务与工程竞争的矛盾，从而提高整个社会的工程建设水平。

本书由张波主持编著（绪论、建筑工程文化），其他编著者及其所编著章节为：邹毓文、姜娟娟环境工程文化；蒋祖国、廖善维能源工程文化；张文玲、邹平、杨凯、邹翔交通车辆工程文化；李汝顶管理工程文化；籍广艳、朱小兵设计工程文化；冯美香企业工程文化；徐鸿农业工程文化；梅敬、陈洪涛机械工程文化；张戈、赖成电力电子信息工程文化；张恩俊商务工程文化；邓兰、沈民权旅游会展工程文化。

掩卷深思，从本书第1版发行至今，经历许多风风雨雨，心里有阳光，常怀正知正念传播人类进步的工程文化，我们何惧风雨。

本书坚守“贴近”读者的编写理念。在本书统稿过程中，四川省地质工程集团公司杜浚珲工程师对交通车辆工程文化提出了许多宝贵意见，四川工程职业技术学院2014级学生助教黄义等，2015级曾焜、唐皓星、尹阳、贾叶涛、李丹、刘一澎等，2016级曲鑫岳、胡勇、王婷，2017级何松馀、许开荣、刘承春、黄兴、郭丽娟、李清莲、谢开君、聂傲、叶久祺参与了书稿录入与排版校对工作，在此对他们的辛勤劳动，表示感谢！本书修订完毕，当然有成功的喜悦，依然更有“学然后知不足”的惶恐。所以恳请专家、学者、同行以及本书的所有读者不吝赐教。

在本书编写过程中，以下院校给予了我们无私的帮助，也给了我们许多有益的意见和建设性的建议，现特别鸣谢（排名不分先后）：

四川工程职业技术学院；

广西大学；

西安理工大学；

辽宁机电职业技术学院；

四川航天职业技术学院；

新疆农业职业技术学院；

四川城市职业学院；

广西技师学院；

嘉兴技师学院；

重庆工贸职业技术学院；

常州机电职业技术学院；

无锡职业技术学院。

2016年7月12～15日，本书编写组在丹东组织全国15个省、市、自治区的20多位专家召开了本书的审稿会，专家们对本书给予了高度评价，认为这是各高校尤其是工科院校提升学生文化素养不可或缺的重要内容；同时专家们也对书稿选材等细节方面提出了修改意见。

本书编写时，除参考、选取了列举于书后的“参考文献”和排于范例后的书籍、报刊、教材、专著、网络文献中的有关资料外，还参考了其他著述和书报、刊物的文章内容，由于篇幅所限，未能逐一注明，在此向已注明和未注明的教材、专著、报刊的文章作者表示诚挚的谢意！

编　者

参考文献

[1] 环境与人编写组. 环境与人［M］. 北京：石油工业出版社，2002.
[2] 郑丹星，冯流，武向红. 环境保护与绿色技术［M］. 北京：化学工业出版社，2002.
[3] 张岱年，方克立. 中国文化概论［M］. 北京：北京师范大学出版社，1994.
[4] 王续琨. 环境文化与环境文化学［J］. 自然辩证法研究，2000，11.
[5] 潘岳. 环境文化与民族复兴［J］. 中国青年政治学院学报，2004，1.
[6] 周晚田，周庆. 论环境文化［J］. 湖南师范大学教育科学学报，2005，5.
[7] 席跃良. 设计概论［M］. 北京：中国轻工业出版社，2004.
[8] 王荔. 中国设计思想发展简史［M］. 长沙：湖南科学技术出版社，2003.
[9] 刘经纬. 中国传统文化概述［M］. 北京：中国大地出版社，2001.
[10] 郭建庆. 中国文化概述［M］. 上海：上海交通大学出版社，2005.
[11] 刘聿鑫，刘景林. 汉字的演变［M］. 济南：山东教育出版社，1989.
[12] 刘宏章，乔清举. 论语·孟子全文注释本［M］. 北京：华夏出版社，2000.
[13] 许喜华，产品设计的文化本质［J］. 浙江大学学报，2002，7
[14] 薛澄岐，裴文开. 工业设计基础［M］. 南京：东南大学出版社，2004.
[15] 原研哉. 设计中的设计［M］. 济南：山东人民出版社，2006.
[16] 李约瑟. 中国科学技术史——机械工程卷［M］. 北京：科学出版社，1999.
[17] 范爱贤，栾贻信. 生态文化主客体模式论［J］. 山东理工大学学报，2004，7.
[18] 李会钦. “李约瑟”之谜的文化求解［J］. 湖北大学学报：哲学社会科学版，2005，3.
[19] 王东波. 中外信息化建设比较研究［J］. 情报杂志，2000，6.
[20] 黄建华，王宁，谢合荣. 我国企业信息化系统建设回顾及未来展望［J］. 中国制造业信息化，2004，4.
[21] 顾波军，李华. 灵捷制造与虚拟企业的关系研究——以波音-777 灵捷制造为例［J］. 科技管理研究；2007，9.
[22] 李秀莲；中日两国信息化比较研究［J］. 商场信息化；2007，2.
[23] 闻波，杨宗跃. 国家信息化战略的比较研究［J］. 情报探索；2007，6.
[24] 刘大可，王起静. 会展活动概论［M］. 北京：清华大学出版社 2004.
[25] 上海电信公司宣传处. 企业文化案例［M］. 上海：学林出版社，2002.
[26] 林佑刚. 企业文化是什么［J］. 企业管理，2004，3.
[27] 徐彦. 论企业文化战略的作用及其实施［J］. 企业活力，2004，2.

[28] 张国兴. 构筑现代企业文化战略的思考 [J]. 企业活力，2004，3.
[29] 王吉鹏. 企业文化的五大误区 [J]. 中外管理，2004，1.
[30] 梁红凤，游文丽. 企业文化与核心竞争力 [J]. 企业研究：策划 & 财富，2004，2.
[31] 陶岚. 如何正确认识企业文化 [J]. 企业研究：策划 & 财富，2004，4.
[32] 李莉莉. 你的企业文化具备竞争力吗 [J]. 东方企业家，2004，1.
[33] 陈晓萍. 跨文化管理 [M]. 北京：清华大学出版社. 2005.
[34] 荆林波. 外资进入中国物流产业的态势 [J]. 中国物流与采购，2005，23.
[35] 章海荣. 论企业人力资源的跨文化管理 [J]. 贵州财经学院学报，2002，5.
[36] 李汝顶. 项目管理 [M]. 成都：西南交通大学出版社，2008.
[37] 马勇. 旅游学概论 [M]. 北京：高等教育出版社，2008.
[38] 吴忠军. 等. 旅游概论 [M]. 北京：中国财政经济出版社，2003.